致命植物

PLANTS THAT KILL
A Natural History of the World's Most Poisonous Plants

致命植物

[英] 伊丽莎白·A.丹西
　　　 桑尼·拉森　　　　　著

魏来　译

重庆大学出版社

图书在版编目（CIP）数据

致命植物 / （英）伊丽莎白·A. 丹西
(Elizabeth A. Dauncey)，（英）桑尼·拉森
(Sonny Larsson) 著；魏来译 . -- 重庆：重庆大学出
版社，2021.7（2024.9 重印）
（自然的历史）
书名原文：Plants that Kill
ISBN 978-7-5689-2374-3

Ⅰ . ①致… Ⅱ . ①伊… ②桑… ③魏… Ⅲ . ①有毒植
物－普及读物 Ⅳ . ① S45-49

中国版本图书馆 CIP 数据核字 (2020) 第 141764 号
© 2018 Quarto Publishing plc
版贸核渝字（2018）第 284 号

致命植物 ZHIMING ZHIWU
[英] 伊丽莎白·A. 丹西　　[英] 桑尼·拉森　　著
魏来　译

特约编辑　张辉洁
责任编辑　王思楠
责任校对　万清菊
责任印制　张　策
版式制作　常　亭

重庆大学出版社出版发行
出版人　陈晓阳
社址　（401331）重庆市沙坪坝区大学城西路 21 号
网址　http://www.cqup.com.cn
印刷　北京利丰雅高长城印刷有限公司

开本：889mm×1194mm　1/16　印张：13.75　字数：453千
2021年7月第1版　2024年9月第4次印刷
ISBN 978-7-5689-2374-3　定价：99.00元

目录

序 言

植物会产生一些有毒的物质来保护自身。有些时候，这些有毒物质的含量会高到足以令其他生物死亡。通过不断尝试和失败，我们的祖先逐渐认识到，有些植物能吃，而有些植物则会对我们造成伤害；他们慢慢地学会避免接触有毒植物，或者利用有毒植物来制造武器以抵御入侵、处决罪犯或杀死动物，甚至把它们制成药品来制造幻觉、折磨敌人。如今，人们习惯于在超市和农贸市场购买食物，而不是亲自在野外采集，因此大众对有毒植物的关注和了解越来越少。但在科研领域，有关植物毒素及其功效的研究成果仍在大量涌现。

目标

全书综合运用文字、照片、图表和化学结构式，详细地讲述了植物（绝大部分是开花植物）是为何及如何产生毒素的。本书选取了在世界范围内最有历史和文化价值、最有趣同时也是最致命的植物，介绍了它们所产生的致命毒素以及这些化合物是如何作用于动物（特别是人类）的，并以通俗易懂的形式为读者呈现世界上最新的研究成果。

植物的毒性是分等级的，有些植物只会引起我们轻微不适。而本书所介绍的植物，大多数是那些站在毒性等级顶端的植物。事实上，它们中的大多数正是以致命的毒性而声名远播的，一如本书标题。同时，本书也介绍了通过接触就会给动物造成严重伤害的植物。这种伤害对于一些体型较大的动物来说也是非常危险的，会令它们在短时间内死亡；而对于小型动物或者微生物来说，这些植物会让它们瞬间毙命。

本书讲述的这些致命植物不包括食虫植物和寄生植物，也不包括大部分的真菌。不过，有少部分真菌能借助与其关系最紧密的植物来施展它们的毒性。

下图：夹竹桃（*Nerium oleander*），一种在地中海地区广泛栽培的灌木。早在亚历山大大帝时期，人们用夹竹桃的枝条作为烤肉串的扦子，许多士兵因此中毒。

如何使用本书

标题
化合物的种类或者本页所介绍的植物，有时也包括这些化合物的功效。

化学结构式
在某种或某类植物中最主要的毒性化合物的结构。它展示了植物有毒化合物结构的变化，也便于读者比较化合物之间的结构差异。

图片
一张展示植物或植物某特定结构的照片。在第十章（着重探讨有毒植物在药物中的应用）中，这可能会被植物科学画或者彩色的绘画代替。

红豆杉和你的心脏

红豆杉的拉丁文属名 *Taxus* 源于罗马人对这类植物的统称。因此，林奈也自然而然地将 *Taxus* 选为了这个有毒的属的属名。但是，在关于有毒植物的书籍中，这个词的词源其实十分有意思。罗马人对红豆杉的称呼来自希腊，而希腊人创造了一个词"toxikon"，意思是涂在箭矢上的毒药，词根是希腊语中的弓"toxon"。巧合的是，红豆杉的木材被认为是最好的制作弓的原料。因此在某种程度上，红豆杉这个词，就暗含了有毒的意味。

致命针叶

学名	毒素种类
Taxus baccata L.	红豆杉碱（紫杉碱 B）
俗名	**人类中毒症状**
红豆杉、英国红豆杉、欧洲红豆杉	循环系统：异常心跳 神经系统：瞳孔扩大、头 晕、虚弱、昏迷
科名	消化系统：腹部绞痛、呕吐
红豆杉科	

下图：欧洲红豆杉（*Taxus baccata*）图，可以看到针形的叶片背面有白色的气孔带，每一枚种子外面包裹着未成熟（绿色）和成熟（红色）的假种皮。

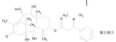
紫杉碱 B

红豆杉是本书介绍的少数几种不开花植物，它们实际上属于裸子植物。和其他大多数典型的针叶树一样，红豆杉的叶子为条形片，有时候我们也称它为针叶。它们的种子，也被称为"球果"，却和大多数典型的针叶树不一样。它们的"球果"只有一粒种子，当种子成熟的时候，种子外面会包裹一层红色的、肉质多汁的、类似浆果的杯状假种皮。

红豆杉生长速度很慢，并且寿命非常长。欧洲寿命最长的红豆杉位于英国威尔士德冯诺格的圣塞诺格教堂墓地，到现在已经有5 000岁了。在进化上，同样有证据证明这个属非常古老。在三叠纪地层中发现的一种古老的化石"*Paleotaxus rediviva*"通过研究被证实为一种红豆杉科的植物，它距今已经有2亿年的历史。之后在罗纪中期的地层里发现的侏罗纪红豆杉（*Taxus jurassica*），距今也有1.4亿年的历史了。

红豆杉属有12种，它们的分布遍布全世界，包括欧洲大部分地区、北美、中国、菲律宾、苏门答腊、墨西哥、美国和加拿大。

除了红色肉质的假种皮之外，红豆杉的其他部分都含有红豆杉碱。它的毒性不会因为干燥而减弱，所以镶嵌在篱笆上的装饰用的红豆杉的毒性几乎和新鲜植物一样高。一些鹿可以吃红豆杉

50

上图：目前整个英国最至欧洲最古老的红豆杉，位于威尔士的圣塞诺格教堂墓地，它的树龄估计已经有5 000岁。

的子，羊也就把红豆杉为食物；但其他动物，包括马、牛、狗和我们人类，都会因为取食红豆杉的叶子或枝条而中毒。保护家畜免受红豆杉毒害的办法是确保它们无法接触到这类植物。

鹿的食物

红豆杉产生的没有毒性的假种皮在成熟的时候会变成诱人的欧洲红色，味道也十分甜美。它们红色或橘红色的外观很吸引鸟类的目光。鸟类通常将它们整个吞下，包括里面的种子。种子通过鸟类的消化道后会便便排出，儿童也可能会被这些假种皮所吸引，不过种子可以比较积不太了，通常儿童在吃这些假种皮的时候都会把种子吐掉，所以孩子们口吃也不会中毒。

英国皇家植物园的科学家们发现，欧洲獾（*Meles meles*）也喜欢取食掉落在地上的红豆杉的假种皮，它们甚至还很愿意立起来以便吃到挂在树上的部位。科研人员很好奇为什么这类动物会中毒。也许我们能从欧洲獾的粪便里找到答案，这些粪堆里充满了部分消化的假种皮，但里面的种子基本上都是完好无损的，这种不完全的消化。科研人员使用了液相色谱－质谱联用技术（LC-MS）（这种方法可以分离和检测混合物中的每种化合物）来测定红豆杉植株上假种皮和种子里分别含有的生物碱的量，同时也测量那些通过獾的消化道之后的种子所含有的生物碱

的量。通过测量发现，种子里的主要有毒成分的含量在被吃之前和被吃之后几乎没有差别。这项研究同样确认了假种皮中不含有生物碱。粪便中出现的假种皮表明了假种皮和里面的种子通过消化道的速度非常快，研究也确认，排泄物中的种子完全没有被消化。

51

详细档案
植物的详细信息，包括植物的学名和命名人（参考英国皇家植物园邱园的药用植物命名系统，详细信息见第15页小贴士和第219页延伸阅读）；异名（目前已经被废弃了的、但曾经使用过的学名会以"syn"表示）；植物的科名（根据被子植物系统发育研究组第4版APG IV系统，详细信息见第219页延伸阅读）；最广泛使用的俗名；有毒化合物的种类，括号内标注了每一大类中最重要的或是含量最丰富的化合物；最后是这些毒素会引发的症状，这些症状以作用于身体的不同部位来分类，按照严重程度从低到高给出相应等级，这些症状通常是指人类单次接触或者食用这些致命植物之后的表现，其他情况或针对某些动物的情况会有特殊的说明。

小贴士
介绍某些特殊的中毒案例或解答一些读者们普遍感兴趣的问题。

本书章节排列

吃下这些有毒植物的个体几乎都逃不过死亡的命运，但造成其死亡的原因可能各不相同。这些有毒的化合物可能会攻击其食用者体内不同的器官和系统。本书将以这些不同的攻击目标来安排章节。本书每一章的第一页介绍了不同化合物的多样化的致病机理，紧接着详细介绍每一种化合物、特定的植物或者引发最严重和次数最多的中毒反应的植物。另外，一些在人类与这些致命化合物之间扮演重要角色的植物也会逐一登场。除此以外，第十章会着眼于那些在现代药物或杀虫剂中被成功应用的有毒植物。

在某些科中存在大量有毒植物，有趣的是它们中的大多数又常常被人类食用。在本书中，我们会在不同章节以彩页的方式来介绍这些科。本书彩页依据最新的分类系统对这些科进行全面介绍，它们与贯穿全书的有毒植物有紧密的联系。

第一章

为什么
有些植物有毒

植物的一生都通过根系固定在土壤的表面。因此，它们没有办法逃离食草动物的啃食，同样，它们也没法躲避真菌、细菌以及其他微生物的攻击。所以，它们需要找到其他办法来保护它们自己并且实施反击。其中的一个办法，就是通过化学途径产生一些有毒的化合物来防止被食用或被感染。在这一章里，我们会介绍植物是什么；我们如何运用分类系统和命名法则来描述植物的多样性；植物为什么和怎样产生毒素以及植物本身为什么不受这些毒素侵害。

植物和它们的多样性

在我们开始认识世界上最致命的植物和它们产生的毒素之前，需要考虑一下，那些被我们称作"植物"的品类到底意味着什么。通常情况下，我们会把形形色色的生物区分为可以运动的动物和不能移动的植物，但是在现代科学体系下，这种经验主义的区分是正确的吗？随着显微镜的广泛使用，我们发现肉眼不可见的单细胞生物种类繁多。对这些单细胞生物使用化学，甚至更先进的遗传手段进行分析之后，我们意识到这些看似"静态"的单细胞生物更类似于"动物"。那么，植物区别于动物的特征到底是什么呢？

什么是植物？

大多数人会认为植物最重要的特征是它们都是绿色的。在本章的最后会提到，这是它们光合作用的结果。光合作用指的是植物能够利用太阳光中的能量，将二氧化碳和水转变成糖类，同时释放氧气的过程。这一过程对包括人类在内的所有动物至关重要，但它并不是植物的专利。自然界中被称作"蓝细菌"的

细菌也有类似的功能。事实上，植物细胞内负责光合作用的细胞器——叶绿体，本身就是一种蓝细菌，只不过它在远古时期就被植物的祖先捕获并困在植物的细胞内。另外，自然界中也存在一些不能进行光合作用的植物，它们通过寄生在其他植物上或是利用真菌获取营养。尽管寄生植物对其寄主以外的植物通常情况下不具有致命性，但它们有时也会造成一些伤害，尤

寄生和半寄生植物

这是一本关于致命植物的书，主要关注那些通过本身所含有的化学物质影响其他生物的植物。其他生物主要有真菌、牲畜等，当然也包括我们人类自己。有些植物会对其他植物造成危害，或者是通过它们释放一些化合物到环境中（例子详见第 143 页），或者是通过寄生和半寄生在其他植物上。这些植物会以各种不同的形态出现，从世界上最大的花 [如下图展现的大王花（*Rafflesia arnoldii*），它的直径大约超过 1 米]，到和普

通植物没什么两样，却能对谷物造成极大破坏的独脚金（独脚金属 *Striga* spp.），再到只寄生于木本植物枝条上的槲寄生（比如槲寄生属和肉穗寄生属）。其中，大王花是完全寄生的，它从寄主植物那里获取全部的营养。而独脚金和大部分槲寄生属于半寄生，它们从寄主植物获取营养的同时自己也能进行一部分光合作用。

因为对寄主植物有很强的依赖性，这些寄生和半寄生植物一般而言不是真正的致命植物。但某些寄生植物碰巧是人类的食物，这就产生了另外一种中毒风险。因为这些寄生植物既然从寄主那里获取水分和营养，它们也有可能从寄主那里吸收一些其他化合物。因此，如果一种植物寄生在一种有毒植物上，那么这种植物就很有可能具有毒性。例如，寄生在夹竹桃上的槲寄生体内就含有强心苷类物质。当寄主植物是一种软木茄属的植物时，它们就会富集尼古丁。这种从寄主上吸取毒素的现象解释了为什么美国土著居民只吃长在已知无毒寄主上的槲寄生浆果。

上图：热带雨林景观，照片拍摄于澳大利亚。热带雨林是地球上已知的生物多样性最丰富的区域之一，植物和其他生物的种类和数量都十分丰富。

其是对农作物（详见第12页小贴士）。

　　植物细胞和动物细胞相比，前者最外层有细胞壁，而不仅仅是细胞膜（详见第30页的比较）。但细胞壁也不是植物细胞所特有的，细菌和真菌同样具有细胞壁。和其他种类的细胞壁相比，植物细胞的细胞壁由碳水化合物组成，而在碳水化合物中最常见的物质是纤维素。这也是所有"植物"的一个共同特征。细菌的细胞壁主要包含的是蛋白质类物质。真菌一度被认为是植物，但它们的细胞壁主要由几丁质组成。几丁质同时也是昆虫和甲壳类动物外骨骼的主要成分。这一特点也暗示真菌和动物的关系可能更密切。有些植物会用木质素来进一步加固它们的细胞壁，木质素是木材的主要成分。有些植物用的是木栓质，这是一类在软木塞中能看到的物质。

植物的多样性

　　植物王国具有极其丰富的多样性。当你在花园或者公园里环顾四周，或是在乡间的小路上徜徉时，你一定能真切地感受到这种多样性。这种多样性表现为植物界拥有各大门类，其中某一些门类你可能比较熟悉。在这些门类里，种类最为丰富和多样的一类是开花植物，也就是被子植物。本书介绍的绝大多数植物属于这一类。这一类植物进化出了最复杂的、用于防御的化学手段。其他的类群，比如苏铁、蕨类和松柏类植物等，其中的有毒植物少之又少。剩下的类群，包括苔类、藓类、角苔类和石松类等，则几乎没有致命的有毒植物。

　　植物的规格多种多样，既有单细胞的藻类，也有超过100米的参天大树。多细胞的植物非常倚重被动的物理途径来运输水分和营养物质，而动物则是通过肌肉和循环系统来完成的。植物利用浓度梯度建立起一个渗透压系统，拥有这个渗透压系统，植物能通过根系从土壤中吸收水分，再通过蒸腾作用将水分从叶子表面蒸发到空气中，这种方式被称为蒸腾拉力。蒸腾拉力使水分和营养物质的运输能够达到最远端的器官和组织（详见第18—19页）。

分类和命名

作为人类，我们会本能地对身边一切重要的事物和概念进行分类和命名，这样做是为了在这个纷繁复杂的世界建立起一定的秩序，方便交流。植物对我们的祖先来说是非常重要的，有些植物是他们的食物来源，而有些植物危机四伏，要尽量避开。可以想象得到，不同氏族对于植物的命名和分类不尽相同，一开始情况比较简单，但随着语言的发展，情况变得复杂起来。这种情况促使了植物分类的发展，而这种分类思想在今天植物的俗名中仍能看到痕迹。

许多植物的名称本身就具有辨识性，它们与植物花和果实的颜色、大小、质地特征相对应。有一些特殊的名字预示着植物本身是有害的，比如毒芹，甚至有些名字人们一听就知道这种植物会对哪种动物造成伤害，例如猪殃殃和狼毒。

分类学之父

随着文艺复兴时代的来临，拉丁语成了学术界通用的语言。因此，1735 年瑞典植物学家卡尔·林奈 (Carl Linnaeus, 1707—1778) 在其著作《自然系统》(Systema Naturae) 中为植物、动物和矿物提出分类规范的时候，他使用的也是拉丁语。事实上，直到 2012 年之前，描述植物新物种时必须使用拉丁文，其名称才是合法、有效的。现在，描述新种的时候使用拉丁文和英文均可。

在植物界内，林奈提出了一个名为"性系统"的分类系统。在这个分类系统内，林奈依据雄蕊或者被称为"丈夫"的部分的数目和特征将植物界划分为 24 个纲。在每个纲内，则按照雌蕊即被称为"妻子"的部分的数目和位置来分目。林奈进一步将每一类植物分为不同的属，在属内又基于相似的形态特征将植物分为不同的种。这就是一个典型的分级分类系统的例子。

林奈认为他的分类系统是人为的，并且相信随着研究的深入，这个分类系统会被改进甚至被取代。许多植物学家继续着林奈的工作，比如法国植物学家安东尼·劳伦特·裕粟 (Antoine Laurent Jussieu，1748—1836) 在 1789 年出版了《植物属志》(Genera Plantarum)。在这本书中，他在目和属之间引入了科的概念。在裕粟提出的科中，有超过 100 个命名沿用至今。

右图：北极花（*Linnaea borealis*)，又名林奈木，一种分布于北半球，很不起眼的小花，也是林奈最为钟爱的植物。这种植物由林奈的老师命名，由林奈在 1753 年发表（见第 15 页小贴士）。

左图：林奈画像。在他的外套上衣口袋里插着的就是北极花。

植物双名法

学名，也被称作"双名"，由属名和种加词组成。种加词用以区别同属内的物种。虽然之前也有其他人用过双名，但林奈是第一位坚持使用双名法并将其运用到分类中的人。他于1753年出版的1 200页的著作《植物种志》（*Species Plantarum*），被公认为物种学名及其科学描述的开山之作。

因为双名法行之有效，所以植物学家至今仍用它给植物命名。和俗名不同，双名法必须由拉丁文单词组成，不过这些单词的词根可以来自任何国家的语言。这也是世界上所有植物学家共同遵守的法则。1753年至今，大约有370 000种植物的超过900 000个名称被发表。之所以发表的植物名称会多于植物本身，可能是因为有的植物学家在发表一个学名的时候并不知道这种植物已经被命名了，或者是由于不同植物学家对于"物种"这个概念有着不同的理解。今天植物学家的工作是根据标本和可用的技术手段去研究和区分植物，并根据植物命名法为每种植物确定一个统一的学名。通常情况下，最先发表的名称（双名或者某些特殊名称）被称为"接受名"，而同一种植物之后被发表的名称则只能被称为"异名"。

因为少数情况下会有不同的植物学家对不同的植物发表了一个完全相同的双名，所以在学名发表的时候，双名的后面会加上命名人名字的缩写，例如用"L."代表林奈，以此来加以区别到底是哪一个双名（同名）。本书只有在详细档案中对特定植物引用学名的时候才会附上命名人。根据惯例，学名在书写的时候属名和种加词要斜体，而命名人用正体。例如：*Aconitum ferox* Wall. ex Ser.

植物的分类举例（科以上的等级，不同的学者可能会有不一样的观点）

界 plantae 植物界

门 Magnoliophyta 被子植物门

纲 Magnoliopsida 木兰纲

目 Solanales 茄目

科 Solanaceae 茄科

属 *Atropa* 颠茄属

种 *Atropa bella-donna* L.

分类的自然化

人为分类系统通常依据的是比较少见的特征，因此，在人为分类系统下组成一类的植物的其他共同特征很少。后来的分类学家则通过运用更多种类的性状致力于构建一个更加自然的分类系统，这些性状包括植物化学、微形态以及染色体特征。这种分类系统被称为表征分类系统，它基于物种间所有的相同与不同来构建。这也是我们目前所用的分类系统。

这种分类系统通常以反映植物之间关系和进化趋势为目的，因此也被称作"系统发育"分类系统。国际间的合作，例如被子植物系统发育研究组（详见第219页）正在利用比较基因序列所获得的信息重建种子植物所有目和科的分类系统，包括开花植物（被子植物）、松柏类和它们的近亲（裸子植物）等。

进　化

大多数读者朋友对进化都有所了解。但其实很多人都仅限于一些错误概念，比如"人是由猿进化来的"或者几句如"适者生存"和"自然选择"这样的口号。实际上，"进化"尝试解释的是生命世界的多样性，包括每一个物种以及它们是怎样出现的。

左图：欧洲柳穿鱼的反常整齐花。控制两侧对称花发育的基因被关闭不表达，造成了欧洲柳穿鱼出现了辐射对称的花。

左图：正常情况下的欧洲柳穿鱼（*Linaria vulgaris*）具有两侧对称的花，在花中只有一个对称面。这种直立的二年生草本在欧洲和部分温带亚洲地区均有分布。

富有挑战的观点

虽然今天我们仍在使用 18 世纪林奈建立的描述生命世界多样性的原则，但它是基于有神论观点的。在这种理论下，一个个体按照特定的意志被创造出来，扮演特定的角色，完成特定的使命。所以当林奈发现欧洲柳穿鱼的变异花的时候，他一度非常纠结于其在植物界的位置，并给它取名叫 Peloria，意为"怪物"，来自希腊语。林奈认为物种是稳定的、不变的。但这种表型的欧洲柳穿鱼恰恰表明物种是可变的。植物学家认为这种奇怪的花由欧洲柳穿鱼和另外一种目前未知的植物杂交而来。

物种起源

伟大的博物学家查尔斯·达尔文（Charles Darwin，1809—1882）在 1859 年 11 月出版了他的巨著《物种起源》（*On the Origin of Species*）。在这本书中，达尔文首次在科学界提出了进化理论，不过直到该书的第 6 版，达尔文才首次使用了"进化"这个词。达尔文认为，地球上的每一个生物个体都在努力地生存下去，任何有利于生存或者繁衍后代的个体变异都将会受到自然的青睐从而在后代中被保留下来。这个理论也意味着关系最紧密的物种拥有一个共同的祖先，例如人类、类人猿和其他灵长类动物。虽然在那个年代，遗传的机制并不清楚，但这个理论完美解释了来自胚胎学、畜牧业以及生物地理方面的观察结果。实际上，"自然选择"的概念是位于伦敦的林奈学会提出的。达尔文的理论和阿尔弗雷德·拉塞尔·华莱士（Alfred Russel Wallace，1823—1913）的理论曾被一同递交给该学会发表。后者是公认的生物地理学之父，也常常被认为是进化论的共同提出者。

遗传

在进化论提出的同时，一位奥匈帝国的神父正在独自研究豌豆。这位神父叫作乔治·孟德尔（Gregor Mendel，1822—1884）。孟德尔当时并不了解进化论，但他的研究成果让人们在窥探遗传本质的过程中向前迈进了一大步。在他的研究中，孟德尔把具有不同颜色和位置的花，以及不同颜色和形态的果实的豌豆植株杂交。统计多代以后子代豌豆表现出与亲本性状相同的个体数目后，孟德尔认为一定有一种不可见的因子在控制着这些性状在后代之间传递。同时孟德尔认为，这些遗传因子一定是成对出现的，一个来自父本，一个来自母本，而且它们在决定后代表型的时候有两种状态和一种遗传因子，只要后代从任意一方亲本中获得，它就将表现出相应的表型；而另一种遗传因子，只有后代从父母双方均获得同样的遗传因子时，这种因子才会发挥作用。他把后者称为"隐性因子"，把前者称为"显性因子"。可惜直到孟德尔去世，他的研究成果都没有被科学界认可。今天，我们早已认可了孟德尔研究成果的伟大，而他所说的遗传因子就是我们耳熟能详的基因。在1953 年 DNA 双螺旋结构被发现之后，对基因的研究几乎渗透到当代生物学的每一个角落。

中间小图：**乔治·孟德尔。**他在他的修道院花园里发现了遗传学的基本原理。

下图：豌豆花色遗传图示。孟德尔选用豌豆作为实验材料的原因是豌豆存在大量的变异，以及豌豆每一个世代的时间很短。

上图：仙人掌和仙人球演化出一系列的措施以便在干旱的条件下生存。这些措施包括使用可以储存水分的茎和厚的表面角质层，以阻止水分通过蒸腾作用散失到空气中。

成功的进化

选择不同的遗传因子传递给下一代，从长远来看会造成生物个体演化成一个新的物种。这种选择受很多因素影响。因为植物通常是固定地生活，容易受当地环境的影响，这些生态因子会强烈地影响性状的选择。例如，在干燥环境下，仙人掌和仙人球就会演化出肥厚的可以储存水分的茎。

扎根于土壤意味着植物在面临害虫或者饥饿的食草动物时不能逃跑。所以通过进化，植物发展出不同的方式来保护它们自己。木质化、刺和蜇毛让植物能够对抗大多数食草动物。不过这些招数对付真菌和有害昆虫好像不那么有效。另一种用来对付食草动物和害虫的策略，同时也是本书要着重讲述的，就是产生一些有毒性的化学物质。然而，进化是所有生物共同遵循的天理，动物也能通过进化来获得某些机制以食用这些有毒的植物（详见第 23 和第 35 页），甚至利用植物这些毒素来保护自己免受捕食者的追击（详见第 43 页）。

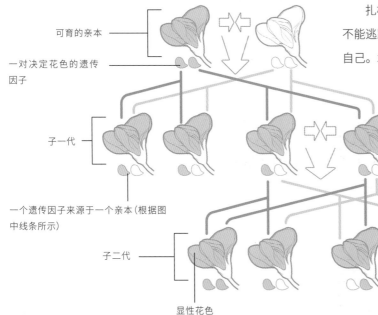

可育的亲本

一对决定花色的遗传因子

子一代

一个遗传因子来源于一个亲本（根据图中线条所示）

子二代

显性花色　　　隐性花色

从根到叶子

种子萌发时，首先出现的器官是根、茎和叶。在这一节，我们将简要地展示这些重要器官的功能，以及它们为什么会成为产生毒素的潜在部位。

根

根系将植物固定在地面上；对于那些附生植物而言，根系则将它们固定在乔木树枝的缝隙里。根还有一个功能是吸收水分和无机盐，比如硝酸盐。根有不同的形态，有些植物的根会在土壤的浅表层形成一个巨大的网络，在深入土壤层之前就开始吸收水分和无机盐。而有些植物会长出一条粗壮的主根，深入土壤的深层，吸收深层土壤中所蕴含的营养。

根，尤其是类似于胡萝卜的主根，通常情况下还兼有储存营养物质的功能。它们会储存大量的碳水化合物，例如淀粉和其他一些在植物休眠期能安全储藏的营养物质，让植物顺利地度过不良的环境，比如世界温带气候下寒冷的冬天。这些营养物质会在新的生长季来临时被分解，再被运输到植物体的其他

器官。新的储藏器官会逐渐形成，增大体积并开始积累淀粉，为下一个休眠期做准备。地下还有一些其他的植物储藏器官，有的是"根"，有的不是。比如红薯的储藏器官——块根，是根的一种变态；洋葱球实际上由鳞茎和许多的鳞片叶组成；还有一些比如芋头的球茎、姜的根状茎和土豆的块茎等，它们都是茎的变态。

因为吸收水分和储存营养物质对植物来说至关重要，这些地下的器官通常具有一些保护措施，比如草酸钙结晶或者在这些器官中合成和积累一些有防御作用的化学物质来保护它们免受食草动物、诸如细菌和真菌这类病原微生物，甚至是一些蠕虫的侵害。

茎

植物通常具有茎，草本植物和木本植物的新生茎一般是柔软细嫩的，而大的灌木和高大的乔木的茎一般比较坚硬。茎的一个重要功能是将叶子抬离地面并将其送到特定的位置，以便让它尽可能多的吸收阳光。茎的另外一个重要功能是运输水分和营养物质。这一功能主要由茎中间的维管束和维管束之间一些特殊的传递细胞完成。其中木质部负责从根向植物上部的器官中运输水分和可溶性矿物质；而韧皮部负责在植物的各个器官之间运输糖分。

因为韧皮部组织运输大量的糖分，所以它们很容易成为昆虫、真菌和细菌攻击的目标。这些昆虫和病原微生物通常以韧皮部里溶解的大量营养物质为食。为了保护维管系统，植物在茎中会有大量的木质纤维，而在一些植物中，还会有贯穿植物茎整个长度的管状细胞。一旦受到损伤，这些管状细胞会分泌黏稠的树脂和刺激性的乳胶，树脂和乳胶中有能够减轻感染、防御昆虫和食草动物取食行为的物质。这种令昆虫避之不及的分泌物在大戟（*Euphorbia* spp.，详见第114—119页）和罂粟（*Papaver somniferum*，详见第200—201页）中很普遍。

左图：欧洲防风（*Pastinaca sativa*，见第129页）的主根储存有大量的碳水化合物使得植物能安然度过寒冷的冬季。栽培的欧洲防风通过人工选育具有了更粗大的主根和更温和的口感。

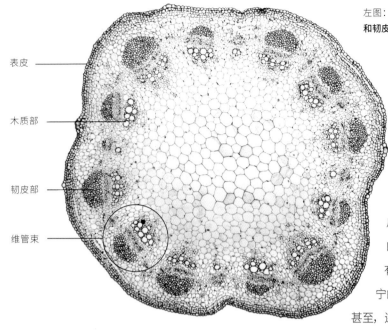

左图：显微镜下向日葵（*Helianthus annuus*）茎的横切。维管束由木质部和韧皮部组成，它们排列成一圈，环绕着中央的髓。

表皮

木质部

韧皮部

维管束

叶

在植物中，叶子无疑是最为显眼的，尤其是在温带地区的生长季中。它们通常是植物进行光合作用的主要器官（详见第 24—25 页）。除了运输水分和营养物质的叶脉之外，植物的叶子里面还包括一部分海绵状的组织。当叶片表面的气孔打开，这些海绵组织区域里就会进行着氧气和二氧化碳的气体交换。叶子在某种程度上可以被认为是植物体最重要的器官，在进化上植物也不断

进化以保护叶子免受食草动物和有害微生物，以及极端环境条件比如干旱的威胁。

在高温、干旱的环境下，叶片通常会通过表面厚的蜡质层和表皮毛来阻止水分蒸发，或者像仙人掌那样趋于退化，而转由茎来执行光合作用。有些植物的表皮毛含有非常强烈的刺激性化合物，或者直接化身为小小的注射器，通过注射有害的化学物质来抵御食草动物。在有些植物的叶子内，会积累不溶性结晶、纤维或者类似单宁的化合物，这些物质能够阻止食草动物和害虫消化叶片。甚至，还有一些植物叶片由于含有一些特定的化学物质而变成致命的毒药（详见第 26—27 页）。

叶片的毒性在不同的情况下会发生变化。嫩叶通常情况下比老叶具有更大的毒性，在一些植物中就能观察到，只有到了秋天，叶片已经完成它的功能并即将落叶的时候，食草动物才能对这些树叶造成伤害。叶片的毒性可随着特定的触发机制而增加。被病原微生物或食草动物攻击会促使植物针对这些特定攻击者产生毒性化学物质。这种化学物质被称为"植物毒素"，例如当芹菜（*Apium graveolens*）被真菌攻击时所产生的呋喃香豆素（详见第 128 页）。生态因素例如干旱同样也会引发植物产生毒素，正如在苦瓜中所观察到的那样（详见第 150—151 页）。

下图：**叶片横切模式图。**显示细胞通过特定的排列方式来最大限度地获取阳光同时在气体交换的时候尽可能地防止水分蒸发。

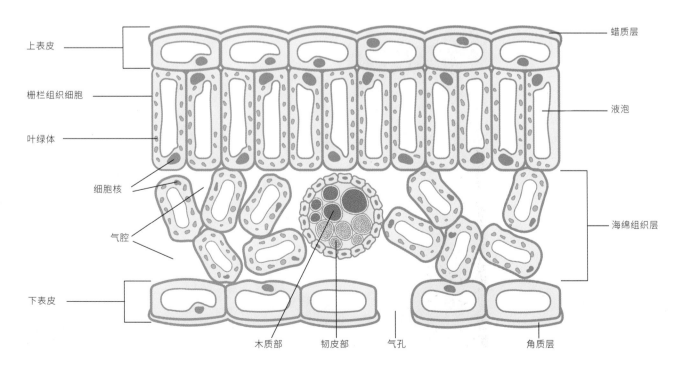

上表皮

栅栏组织细胞

叶绿体

细胞核

气腔

下表皮

蜡质层

液泡

海绵组织层

木质部　　韧皮部　　气孔　　角质层

花

绝大多数有毒植物属于开花植物（详见第12—13页）。因此，尽管有一些植物，例如蕨类，通过其他结构和机制来完成繁衍后代，本书所探讨的植物主要通过花来完成这一重要功能。

繁殖

一朵花中的雄性部分被称为雄蕊。一朵花通常情况下不只一枚雄蕊，每一枚雄蕊由花丝和顶端的花药组成。花药可以产生花粉，也就是雄性配子。一朵花的雌性部分被称为心皮，雌蕊由1枚心皮或多枚心皮组成。一朵花通常只含一枚雌蕊（译者注：这里是作者的错误，一朵花也会存在含有多枚雌蕊的情况）。雌蕊由柱头、花柱和子房组成。柱头在最顶端，是接受花粉的部位。子房在最下方，花柱则连接了柱头和子房。在子房里面包含了胚珠或者卵细胞，也就是雌性配子。

与动物不同，植物不能通过移动来寻找合适的配偶。有一些植物，如草和一些树木，它们依靠风把花粉带到几米甚至几公里之外的同类植物的柱头上。这种传粉方式成功的关键在于植物具有一些排列密集的小花，比如悬挂在空中的柳絮等，产生大量而轻的花粉，同时拥有一个大的羽毛状柱头能过滤空气中的花粉。为了不妨碍花粉的流动，这一类花通常很小，而且不美观。

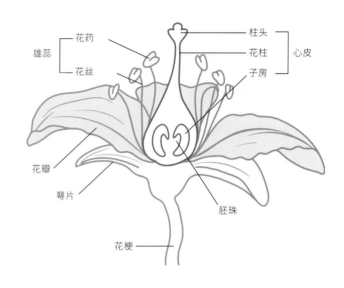

上图：花的模式图。一朵花的雄性部分（雄蕊）和雌性部分（心皮）被花瓣包围。花的结构、数目和排列方式的不同通常情况下被用来鉴定植物。

吸引传粉者

对于那些依靠昆虫和其他动物传播花粉的植物而言，花朵的变异就比较大了。花朵会演化出相应的结构和特征去吸引特定的传粉者。同时，传粉者也会通过协同进化来固定访问少数几种形态的花朵，甚至只特定访问一种植物的花。植物的花朵通过气味、颜色以及特定的食物回报去吸引相应的传粉者。其中气味在吸引和选择有效传粉者的过程中起最主要的作用。花朵和果实的香味通常会吸引蝴

右图：花朵吸引传粉者。例如这一只豹纹蛱蝶（*Argynnis* sp.）正在边给毒芹（*Cicuta virosa*）传粉边吸取毒芹产生的花蜜。

上图：欧乌头（*Aconitum napellus*）的花具有有毒的萼片来防止盗蜜行为，同时，选择那些具有长口器的花园雄蜂（*Bombus hortorum*）作为其传粉者。

蝶、蛾子和蜜蜂，而一些腐烂或者发霉的味道是苍蝇和甲虫的最爱。

　　通常情况下花瓣具有鲜艳的颜色，但在有些植物中，花的其他结构也有相似情况：花萼，一朵花最外层的结构，通常是绿色的，起着保护花朵的功能，但是在铁线莲（*Clematis* spp.）和乌头（*Aconitum* spp.）中，它们则色彩鲜艳；有些花朵的花萼和花瓣区分不明显，而被统称为花被，例如郁金香（*Tulipa* spp.）；有时，苞片（实际上是一种变态的叶子）是一朵花中最为鲜艳的部分，比如红掌（即花烛 *Anthurium andraeanum*）。传粉者常常有不同的颜色视觉范围，某些传粉者只会被某种特定的颜色吸引。例如：鸟类通常会选择红色或橘红色的花，而蜜蜂通常更喜欢蓝色的或者紫外线下显色的花。许多蛾类或者蝙蝠传粉的花是白色的，因为这是一种在弱光下最为显眼的颜色。

传粉者回报

　　传粉者通过访花获得回报，这种回报一般是花蜜———一种含糖非常丰富的甜蜜液体。在一些花中，蜜腺常被一些具有短口器的昆虫访问，比如蚂蚁和苍蝇。而另外一些花的蜜腺就不那么容易到达。要访问这种花的蜜腺，昆虫需要有一个长长的口器或者需要爬进花朵的内部。不管是哪种情况，花朵中的这些结构一定是经过精心装配的，确保传粉者在取食花蜜的同时一定会将花粉带走。然后当这些传粉者下一次再访问相同种类的花朵的时候，这些花粉就会被传送到雌蕊的柱头上。通过限制传粉者的种类，植物能够极大地提高传粉成功率，同时，传粉者也不需要浪费时间去访问一朵它们无法获得回报的花朵。

阻止盗蜜现象

　　植物花朵产生果实和种子需要极大地消耗叶片通过光合作用产生的营养物质。当然，为了繁衍后代，这种消耗无疑是值得的。因此，除了上文所述的提高传粉成功率的方法之外，植物还会用各种各样化学手段保护它们的花朵。有一些非传粉昆虫或者动物试图绕开植物给蜜腺设置的屏障，另辟蹊径去盗取花蜜。它们通常会从外部吃掉花瓣或其他一些保护性的结构来接触到蜜腺。为了抵御这类盗贼，有些植物长着有毒的花瓣，比如木曼陀罗（*Brugmansia* spp.，详见第 83 页）和乌头（*Aconitum* spp.，详见第 48—49 页），有些植物甚至会产生有毒的花蜜，比如杜鹃花（*Rhododendron* spp.）（为什么这些植物仍然能够成功的传粉，详见第 78—79 页）。

果实和种子

成功的传粉让卵细胞和同一物种的花粉所带来的精子结合，完成受精作用。之后，胚珠将发育成种子，种子仍然受到心皮的保护，而整个心皮最终发育成果实。然而，正如植物在传粉过程中需要借助外界的因素那样，它们无法控制生活史中下一代开始的时间。有些果实和种子只能被动地依靠风和水进行传播；有些种子可以附着在动物的皮毛上进行传播；有些种子甚至被动物吃入体内并通过消化系统排出体外后才可以萌发；有一些植物的果实是喷射状的，或者利用一个弹射装置将其种子弹出，希望这些种子能落到一片适宜生长的沃土。基于以上不同的传播方式，果实的多样性自然也就十分丰富。

保护作用

　　果实和种子中的毒性是为了保护下一代而存在的，毒素的种类和含量在其不同的成熟时期变化非常大。植物的种子本身就是动物最喜欢取食的器官之一，胚和胚乳都为种子的萌发储存着大量的营养物质，因此不管是发育过程中的种子，还是成熟的种子都可能含有某些化合物来抵御捕食者（例如"芥末炸弹"，详见第120—121页）或者保护它们自己免受真菌等病原微生物的攻击。另外，成熟的种子通常被坚硬的种皮保护，种皮还能够防止胚在找到合适条件萌发之前干死。

上图：罂粟（*Papaver somniferum*）干燥的蒴果通过上部一圈开裂的小孔释放成熟的种子。种子本身几乎不含生物碱，不足以造成风险。

左图：曼陀罗（*Datura stramonium*）的蒴果，通过果皮上的硬刺来保护自己。当果实成熟，蒴果在顶端开裂成4个部分，暴露出藏在里面的种子。

肉果和干果

那些需要借助动物取食方能完成种子传播的植物，需要在果实发育的不同时期调控毒素的合成。它们的毒性足够抵御真菌的感染和其他害虫的攻击，而对于那些真正能帮助它们传播种子的取食者来说却鲜美可口。这类植物会在二者之间找一个微妙的平衡。所以，当果实里面的种子逐渐成熟时，果实本身也经历着一些相应的变化。

果实既可以是鲜美多汁的，也可以是干燥的。尽管在有些时候，人们只把前者称为果实。当鲜美多汁的果实成熟的时候，心皮开始增厚，并且至少在最外层，会从绿色变成一些比较鲜艳的色彩，例如黄色、橙色、红色甚至蓝色。一些影响口感的化合物，比如让食草动物很难消化的单宁或一些使果实变得难吃的苦味物质，纷纷开始降解。与此相对应的是，果实细胞的细胞壁开始软化、果实的酸碱度发生变化、含糖量大大增高，这一系列变化使得果实更加美味。在很多情况下，即便果实的毒性已经很低了，取食种子仍然是一个危险的行为，例如桃仁和苦杏仁（详见第182—183页）。在某些情况下，植物会产生一些并不属于果实的肉质化结构，它们有助于传播有毒的种子（详见第50—51页和第72页）。

干燥状态的果实在种子成熟过程中也会发生变化。干果的形态多种多样，包括坚果、翅果（带翅膀的坚果）、荚果和蓇葖果。不似肉果的果皮那样可口，干果的果皮变得纤维化、干燥，同时发展出一个坚硬的鞘来保护里面的种子。有些干果也是通过动物来传播的，例如有一些松鼠专门收集坚果。但更多的情况下，干果依靠被动的传播方式。它们可能会长出翅膀或者羽毛状的结构，以便借助风力传播。荚果和蓇葖果通常会在果实上裂开一个小口。动物不经意的触碰或者被风吹动时，种子就会从小口中散播出去。这一类果实通常情况下没有毒，但种子可能有潜在的毒性，使其在萌发前免受攻击。

有毒果实和种子

即便植物需要动物替它们传播种子，世界上仍有不少果实是有毒的。为什么会这样？某些颠茄（Atropa bella-dona，详见第80—81页）的浆果，即便通过烹饪加工，对人类来说毒性依然非常大；但这种毒性对鸟的影响却比较小，因为鸟类正是它们有效的种子传播者。有意思的是，有些食草动物甚至演化出抗毒性的特点，如兔子是哺乳动物中少数几种对颠茄的毒性完全免疫的。有些兔子在体内会产生阿托品酯酶，它会在颠茄里阿托品毒性发作前将其降解。虽然兔子可以毫发无损地取食颠茄，但那些捕食刚吃完颠茄的兔子的食肉动物可就没那么安全了。曾经就有人类吃兔子中毒的案例，这只兔子碰巧刚刚吃过一些富含阿托品的植物（第101页讲述了另外一个毒芹中毒的例子）。

上图：成熟颠茄（*Atropa belladonna*）果实纵切，从切面上可以看到紫色的汁液和很多的种子。在果实的基部有5枚宿存的叶状萼片，联合成一个星状的环。

左图：成熟桃子（*Prunus persica*）的果实是可食用的，而且非常鲜美可口，能够吸引能帮它们传播种子的动物。但是，它的果仁可是有毒的，果仁外面还包裹着一层坚如磐石的内果皮。

光合作用和新陈代谢

正如在这一章一开始所提到的那样，植物大多呈现绿色是因为它们具有叶绿体，叶绿体是进行光合作用的细胞器。光合作用能够捕获阳光中的太阳能，并将它们转化为化学能，同时以水和二氧化碳为原料，产生糖类和氧气。对于那些不能进行光合作用的生物而言，糖类是它们最主要的能量来源之一。动物消耗糖类、释放能量的过程需要氧气的参与，同时产生二氧化碳，这在某种程度上可以看作植物光合作用的逆向过程。

光合作用

　　光合作用有两个阶级。第一阶段，叶绿素（即叶绿体中绿色的色素）吸收光能，并利用光能分解水分子，产生氧气、质子，并释放出电子。质子将产生通用的能量携带者三磷酸腺苷（ATP）。ATP 几乎是细胞所有耗能反应的能量供给者，包括光合作用的第二阶段。光合作用的第二阶段，通常也被称为暗反应，因为这一阶段反应不需要阳光，主要是固定二氧化碳。这个反应的第一步，需要在核酮糖 1, 5-2 磷酸羧化 / 加氧酶的催化下进行，这种酶可以简写为 RuBisCO，它可能是世界上最广泛存在的一种酶。在该酶的催化下，将气孔吸收的二氧化碳固定到一种糖类化合物——核酮糖上，生成磷酸甘油酸。一部分磷酸甘油酸用于重新合成核酮糖，开始新一轮的二氧化碳固定，剩下一部分则会合成葡萄糖，进一步生成纤维素和淀粉，成为其他生物可利用的能源。要产生一分子的葡萄糖，RuBis-CO 要在二氧化碳和核酮糖之间进行 6 步催化反应。RuBisCO 作为酶的催化活性会在高温或是氧气含量高的环境下大大降低。因此有些植物在其解剖结构和生化过程上加以调整来维持 RuBisCO 的高催化活性。那些生活在高温、干旱环境中的植物需要在白天保持气孔关闭以避免过多的水分蒸发，然而气孔关闭同样会阻止它们吸收空气中的二氧化碳。这类植物中，大部分演化出一套系统，在夜晚比较凉爽的时候开放气孔，允许二氧化碳渗透进来，而此时的水分蒸发比较弱，例如仙人掌（详见第 86—87 页）。它们将二氧化碳以一种酸（译者注：苹果酸）的形态固定下来，这些酸在白天的时候可以释放二氧化碳来维持 RuBisCO 的工作。

左图：森林中的大树都会朝着阳光的方向生长，以便叶片中的叶绿体能尽可能获得更多的光，进行光合作用。只有极少数的光线能够到达森林树冠下方的地面。

新陈代谢

除了产生氧气和糖类，叶绿体也是植物合成一些主要氨基酸的场所。这些氨基酸会进一步合成蛋白质。这几乎同光合作用同等重要。植物所合成的这类必需氨基酸是动物无法自己合成的，必须通过取食植物或者捕食食草动物来获取。在这些必需氨基酸中，3种具有芳香环的氨基酸尤为重要，它们是苯丙氨酸、酪氨酸和色氨酸。它们在一些重要的生命活动中不可或缺，例如它们是合成人体内调节心率和血压，以及大脑中与运动、情绪和睡眠相关的信号分子所必需的。在植物中，它们通常被用来合成毒素，例如著名的马钱子碱（详见第66—67页）、某些种类的箭毒素（详见第94—97页）和吗啡（详见第200—201页）。除了光合作用和必需氨基酸之外，动植物新陈代谢还有一些不同。其中一个和植物毒性相关的是植物存在着类异戊二烯化合物，它由多个异戊二烯单元组成，每个单元含有由5个碳原子构成的异戊二烯单位。尽管这一类化合物中有包括动物自身可以合成的类固醇，但在植物中，这些物质的多样性会大大增加，例如萜类。另外，植物会以乙酸为前体合成一系列多聚乙酰和聚酮类化合物。在动物中，这种代谢途径主要用来合成脂肪酸，但在植物中，这些化合物除了合成脂肪酸外，同时还会形成一系列物质，这些物质具有多种多样的功能。接下来我们将对这类物质和其他的有毒植物中的化合物做进一步的讨论。

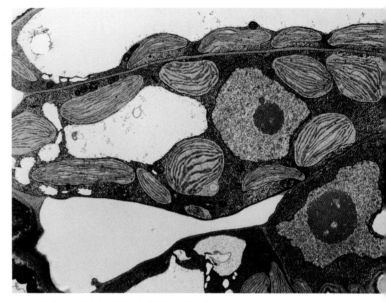

上图：人为后期着色的植物细胞透射电镜（TEM）图，每一个细胞都有一个细胞核（棕色）和几个叶绿体（绿色）来完成光合作用。

区室化

植物产生的能够驱赶和伤害食草动物的化合物以及那些抵抗微生物感染的物质，对植物本身来说可能同样是有毒的，这些化合物可能会潜在影响到细胞内正常的生命过程。植物通过分区储存这些化合物来避免自己受到伤害，例如将这些物种储存在液泡中间。液泡是植物细胞中最大的细胞器，可以占植物细胞总体积的30%～90%。当液泡充满水分的时候，它能为植物细胞提供足够的支撑强度。液泡除了储存毒素以外，它还储存营养物质以及一些其他化合物，例如色素。当然，当食草动物破坏植物细胞的时候，毒素就会从液泡中释放出来，对食草动物造成伤害。

右图：叶绿体内发生的光合作用的简单图示。在第一个阶段，光中的能量用于产生三磷酸腺苷（ATP）和氧气。在第二个阶段，不需要光，ATP释放能量用于二氧化碳的固定并进一步转变成葡萄糖，这一过程被称为卡尔文循环，它是世界上几乎所有生物赖以生存的基础。

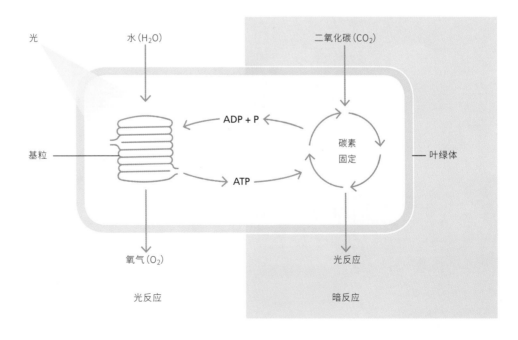

小分子化合物

正如我们把植物区分为不同的类群和物种那样，我们也把化学物质分为不同的类别和成分。但是与植物的分类和进化（详见第 14—17 页）不同，没有证据显示不同种类的化合物之间彼此存在着演化关系，所以我们不能把所有的化合物都追溯到某个单一的共同祖先物质。

我们通常会把植物中的代谢化合物分为初级代谢产物和次生代谢产物，前者指的是那些与细胞和个体生存息息相关的重要物质（例如糖类、蛋白质和脂肪），而次生代谢产物的出现使物种在进化上获得了一些优势，但它对物种来说并不是必需的。除了按上述方法分类，我们还可以根据其化学性质或者合成方式对化合物进行分类。

植物和动物在化合物的使用和选择上是有区别的。以那些对个体起保护性的化合物来看，动物的毒液通常情况下是蛋白质，这是一类由氨基酸组成的大分子化合物。相反，植物通常利用氨基酸或者其他化合物作为前体或最初的成分，最终会形成很多小分子的化合物作为它们的毒素。因此，几乎所有植物中的毒素都可以归到小分子化合物这一类（第 146—149 页还展示了植物中的蛋白质毒素）。在本节，我们对植物毒素中最为常见的几类小分子化合物做一个简短的介绍。

聚酮和多聚乙酰

动物通常利用乙酸为前体来合成脂肪，而植物利用同样的前体物质来合成一系列化合物。基于乙酸残基保留的多少，这些化合物可以被称为聚酮或者多聚乙酰。这类化合物包括了花瓣中完全没有毒性的黄酮类色素，和能够引起肚子不适的单宁类。有些植物会产生强效的多聚乙酰类物质，它们具有非常强劲的泻药功效（详见第 144—145 页）。另一个关于多聚乙酰类物质毒性的例子是它们在漆树科中是过敏源的前体（详见第 130—131 页）。

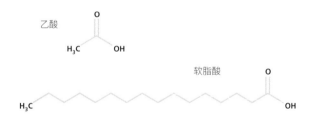

上图：乙酸对于细胞内的生命活动来说是至关重要的，它也是很多植物化合物合成的起始原料，例如聚酮和多聚乙酰。软脂酸（译者注：又名棕榈酸）就是一种多聚乙酰，它是从棕榈油中分离出来的一种主要的脂肪酸。

左图：瓶装的棕榈油和用于提取棕榈油的棕榈的果实。绝大多数棕榈油来自非洲油棕榈（*Elaeis guineensis*）。

没食子酸

儿茶素

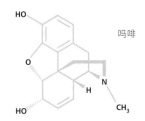

吗啡

左图：吗啡是第一种被分离和提纯的生物碱，它来自著名的罂粟（*Papaver somniferum*）。

上图：单宁不是一种单一的化合物，而是由没食子酸和儿茶素形成的一类苷类化合物

下图：异戊二烯是萜类最常见的组成单元。橡胶里就含有成百上千这样的单元。

异戊二烯

橡胶

萜类

萜类的名称源于松脂，它是由具有 5 个碳原子的异戊二烯单元组成的。依据所含单元数的不同，它们又可以被分为不同的种类，而这些种类的命名也是依据其所包含的单元数，不过这些名称容易让人犯糊涂。单萜类包含 2 个异戊二烯单元，二萜类包含四个单元，四萜直到多萜就包含了很多的单元。这些多萜类化合物在水中的溶解度极差或者完全不溶于水，最出名的例子就是橡胶，它是由成千上万的异戊二烯单元组成的分子。小分子的萜类易挥发，它们是花朵具有香味的原因。虽然它们具有很好的抗菌活性，不过它们在植物中的含量太低以至于对人几乎造成不了什么伤害。然而，分子量大一些的萜类就有可能引发癫痫，从而对人造成巨大的伤害甚至致死（详见第 70—73 页）。类似的情况也出现在植物类固醇中，它们中的一个亚类会造成致死性的心律不齐（详见第 54—61 页）。

生物碱类

这一类化合物对于植物毒理学家来说可能尤为重要。这一类中的化合物并非来自同一类前体，但它们都含有 1 至数个氮原子，并在生物体中的分布非常有限。典型的生物碱是氨基酸的衍生物，如那些能够引起癫痫或者瘫痪（见第 66—69 页和第 94—97 页）、产生幻觉（见第 80—83 页和第 86—87 页）、引起呕吐（见第 136—137 页）和干扰细胞

右图：药品远志是从干的远志（*Polygala tenuifolia*）的根中提取出来的，它的成分里有远志皂苷 III。

分裂的化合物（详见第 152—153 页）。但植物同样可以通过在其他化合物如萜类中插入氮原子来合成生物碱。通过这种方式产生的生物碱通常是一些植物激素，但它们也能引发心律不齐（见第 48—49 页）。在茄科植物中，通过将氮原子整合到类固醇中得到的生物碱会引发一系列胃肠道的问题（见第 140—141 页）。

皂苷类

这类化合物同肥皂一样，遇水能产生泡沫，而且也同肥皂一样，一部分可溶于水（亲水），另一部分可溶于脂类（疏水）。它们是通过将糖类连接到一个不溶于水的母体分子上形成的。这是一种在植物体内运输物质的最常用的方法，可以用来运输多种类型的母体物质。那些常见的皂苷的母体化合物通常是萜类，它们在植物体内的功能仍不清楚。有可能起到的是避免食草动物取食的作用，因为其味道很苦，但其中一些物质又能够提升食草动物消化和吸收营养物质的效率。除了能造成胃的问题，有一些皂苷类被用来钓鱼，它们能够通过影响鱼鳃功能将鱼类杀死。

远志皂苷 II

下图：从蛇根远志（*Polygala senega*）中提取出来的远志皂苷 II 是一种三萜皂苷。

第二章

被攻击的目标

植物化合物可以通过多种途径与其他生物发生相互作用。在这一章,我们会简要介绍人体是如何工作的,以及人体体内各种容易被植物毒素攻击的靶器官。认识不同器官的正常功能、生理系统以及它们的弱点可以很好地理解其中毒机理。这一章也会介绍同一种毒素作用于不同的动物会产生的不同效果,比如有些昆虫能够从有毒植物中获利,它们利用这些植物的有毒化合物来抵抗和威慑捕食者,从而保护自己。

细胞和器官

不管是单细胞生物，还是多细胞生物（尽管多细胞生物被认为比单细胞在进化上更高级），所有的生物有机体都遵循最基础的生物化学过程。在多细胞生物中，细胞会通过分化形成不同的组织，这些组织联合在一起最终形成我们体内执行不同功能的器官。

细胞的组成

每个细胞的最外层都有一层细胞膜。对于植物和某些生物而言，在细胞膜外还存在细胞壁。细胞膜通常由两层磷脂分子排列而成，因此细胞内外就被薄薄的一层油脂隔开。这层膜的功能可以看作一层半透性的屏障，让细胞可以调控细胞液中无机盐和其他可溶性物质的浓度。细胞内是各种各样的细胞器，例如能为生命活动提供能量的线粒体；供核糖体附着的内质网；核糖体本身则能合成细胞必需的蛋白质。所有细胞都含有生物有机体的遗传物质，在植物、动物和真菌中，这些遗传物质存在于细胞核中。

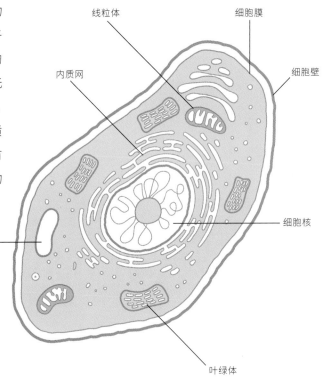

线粒体　　　　　　　细胞膜
内质网　　　　　　　细胞壁
液泡　　　　　　　细胞核
细胞核
叶绿体

上图：**典型植物细胞解剖图**。植物细胞与动物细胞的区别在于是否拥有一个坚硬的细胞壁（它可以控制细胞的形态）和叶绿体（进行光合作用的场所）。

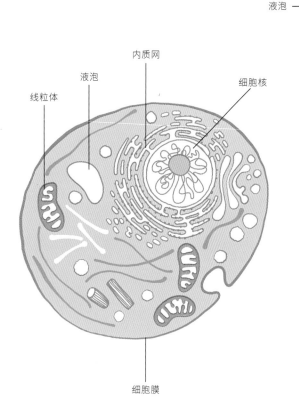

内质网
液泡
线粒体
细胞核
细胞膜

上图：**典型动物细胞解剖图**。除了没有细胞壁，动物细胞和植物细胞有很多相似的特征，比如细胞核、线粒体和内质网。液泡主要起运输作用。

生生不息

基本上来讲，决定每一个生物有机体身份的信息储藏在DNA（脱氧核糖核酸）中，由 4 种不同的碱基（腺嘌呤、胸腺嘧啶、鸟嘌呤和胞嘧啶）编码完成。这些核苷酸碱基序列接下来会通过转录和翻译指导蛋白质的合成，而蛋白质最终将组成细胞和生物有机体并完成它们特定的生理功能。DNA 序列的任何一个变化都可能会改变蛋白质生产的方式和位置，这些变化如果发生在配子（性细胞）中，就会影响到后代个体，甚至有可能，只要时间足够长，影响到物种的进化。

蛋白质可以根据它们的功能被分为不同的类别，比如酶负责提高或者降低其他化学反应的速度，而受体负责在细胞间识别和传导信号。有些蛋白质会作为载体，在细胞膜甚至不同的组织和器官之间运输离子和其他化合物。其他一些蛋白质会作为结构蛋白，构建生物体的某些重要结构，例如组成肌纤维的肌动蛋白和构成皮肤外层保护层、指甲和毛发的角蛋白。

从细胞到器官

从第一个细胞——受精卵，到身体发育完成，我们将会拥有 30 万亿个细胞（如果算上共生在我们消化系统和皮肤上的、为我们提供某些帮助的细菌的话，这个数字将突破 40 万亿）。在这样一个如此庞大的系统里，细胞不能仅靠从周围的环境中吸取营养或者仅仅与相邻的细胞进行物质和能量交换来完成其使命。为了完成特定的功能，特化的细胞组成组织，再进一步形成器官是必须的。从功能的角度来看，维持动物个体生存的首要系统是确保它们能够取食并且从食物中吸收营养物质的系统。这个系统最简单的形式是一个管子，随着食物从管子的一端到另一端流经整个身体，营养物质逐渐被吸收。但是，如果你取食不同种类的食物，或者食物中的营养物质难以直接被吸收，这根简单的管子就需要辅以不同的组织和器官来完善。这些组织和器官能够产生某些酶或者进行一些机械性的运动来将食物分解。在动物中，这些因素就导致了进化上不同口器的出现、1 个或者多个胃的出现、肠道的分化以及肝脏的出现（详见第 32—35 页）。

如果动物的躯体还包含躯干或者其他不与这根"食物管道"直接相连的结构，则需要一个循环系统，利用某些液体将营养物质运输到身体的各个部分。由于这样的液体同样会吸收代谢废物，因此就需要一个过滤系统将这些废物排出体外。以上功能在人体内由血液、心脏、血管和肾脏（详见第 35—37 页）来完成。在脊椎动物中，循环系统还有一个功能是将肺或者鳃获取的氧气运输到进行呼吸作用获得能量的各个细胞。

在这个由不同的组织和器官组成且彼此之间还有相互作用的大系统里，需要一个控制中心来接收和处理信号、发出指令。这个系统同时还要为运动提供信号和指令。运动对于动物来说同样至关重要，只有运动，动物才能找到食物。接下来，我们将会对大脑、神经系统以及运动系统做一个概述（详见第 38—41 页）。

右图：有毒植物中的毒素在人体内呈现出不同的作用水平。当这些毒素攻击重要的器官，或者影响所有组织，又或者它们不分青红皂白地摧毁细胞时，人体就会表现出严重的症状。

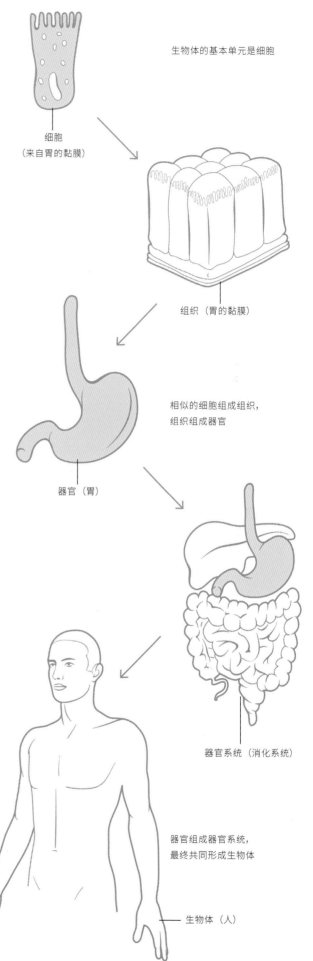

生物体的基本单元是细胞

细胞
（来自胃的黏膜）

组织（胃的黏膜）

相似的细胞组成组织，
组织组成器官

器官（胃）

器官系统（消化系统）

器官组成器官系统，
最终共同形成生物体

生物体（人）

味觉和内脏

和其他动物一样，人类也需要吃东西才能生存下去。但不是每样东西吃下去都是安全的。因此，我们演化出了一些机制来避免吃到有高中毒风险的食物。不过，目前频发的意外食物中毒事件告诉我们，这套机制可能并不那么保险。

第一道防线

对于人类而言，食物散发的气味是我们对其是否可食的第一感知，我们会本能地避开一些味道，比如变质的牛奶、腐败的肉类和蔬菜以及粪便等散发的气味。闻到这些气味时，我们会产生不安的感觉，如果这种感觉足够强烈，甚至会引起呕吐反射。这些都是暗示告诉我们要马上离开的信号，让我们不要吃这些令人不快的东西。然而，这些恶臭仍然能吸引某些动物。一些植物的花就是用这种气味来吸引正在寻找尸体或粪堆的苍蝇和甲虫作为它们的传粉者。

如果植物的气味不能有效地驱赶食草动物，那么味道和一些物理机制可以限制这些植物被食草动物取食的量。植物含有某些化合物使它们尝起来是苦的、涩的或者是馊的，甚至会直接刺激到食草动物柔软的口腔表皮。这些都是明显的标识提示动物应该避免取食这种植物。如果以上两招仍然不能驱赶食草动物，有的植物会产生一些树脂和乳胶，将一些小型动物比如毛虫的口器堵住，从而有效地防止它们破坏整个植物体。

分解食物

植物被食用以后会发生什么?动物消化系统的功能就是将食物进行分解，使它们成为身体的燃料。这个过程从口腔开始，通过机械的咀嚼，食物被切割成小块并和唾液混合，唾液相当于润滑剂，它能让食物从口腔通过食道到达胃的过程更加容易。一些动物（包括人类）的唾液中含有消化酶，这种淀粉酶能够将食物中的淀粉分解为小分子的糖类。味蕾可以检测该食物是不是一个好的营养来源。

在胃里，胃酸和大量的消化酶开始分解蛋白质和脂肪。为了防止胃酸和酶对胃本身表皮细胞的伤害，一些腺体会分泌黏液在胃的内表面上，形成一层保护层。

植物的大多数能量被储存在纤维素和类似的碳水化合物中，这些物质对于大多数动物来说不能被有效分解利用。与人类和其他大多数动物在消化系统中只有一个单一的胃不同，反刍动物，例如牛、绵羊、山羊、鹿、长颈鹿和骆驼有 4 个胃，

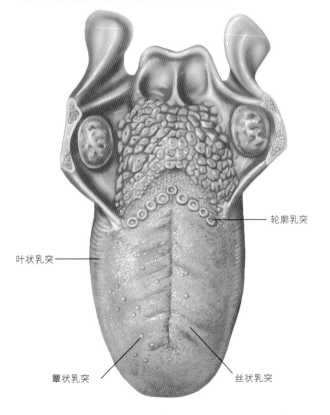

左图和下图：舌头（左图）和味蕾（下图）的解剖图。舌头的表面分布着很多乳头状突起，在这些乳突的表面有味蕾。味蕾由一些类似神经的细胞组成，它们能向大脑传递神经冲动。

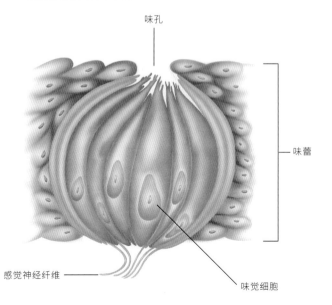

叶状乳突

轮廓乳突

蕈状乳突

丝状乳突

味孔

味蕾

感觉神经纤维

味觉细胞

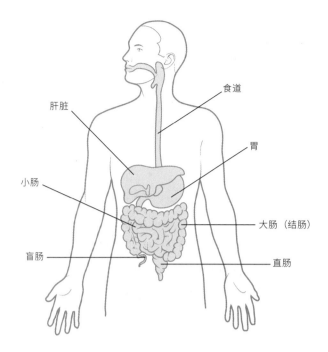

肝脏
食道
胃
小肠
大肠（结肠）
盲肠
直肠

人类的消化系统（左图）是单胃的——即一个胃只有一个胃室。而反刍动物例如绵羊（下图）则具有由4个胃室组成的胃。图上的数字代表食物经过胃室的顺序。

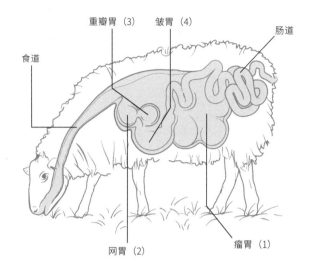

重瓣胃（3）
皱胃（4）
肠道
食道
网胃（2）
瘤胃（1）

这种特殊的结构能帮助它们消化其主要食物来源中的复杂的碳水化合物。在前两个胃中，微生物（主要是细菌）帮助这些动物分解纤维素。因此那些含有抗菌成分的植物，例如含有高浓度单宁的植物，会严重影响反刍动物从它们的食物中吸收营养物质。

不论动物含有多少个胃室，食物最终会通过胃进入肠道，那里是大量营养物质被吸收的场所。在肠道的最开始区域，半消化、半流体状的食糜会转变成碱性以保护肠道，更多的酶被分泌到食糜中继续分解食物，特别是脂肪。当这些物质进入大肠，残余食物中的水分被吸收，食物残渣则转变成半固体的形态。所有残留的蛋白质和淀粉都会被肠道菌群分解，最后的废料都将以粪便的形式排出体外。

为了协调所有的功能，消化系统被认为有一套独立的神经系统，即肠道神经系统。虽然这个神经系统也会接受来自身体其他部分的信号，但它同时能独立工作。组成肠道神经系统的神经细胞可以控制肌肉将食物沿着消化管道运输、分泌消化酶，以及对化学状态和物理状态的反馈。

处理毒素

毒素通过消化系统的时候也会经历上面描述的所有过程。消化酶既可以解毒，也可以增强毒性。不同阶段酸碱度的不同也会影响毒素的活性。这些因素都将影响我们吃下有毒植物后症状出现的时间及严重程度。一旦我们的身体检测出毒性，消化系统会有一系列措施来限制毒素的危害。胃受到刺激的时候会引发呕吐，当肠道检测到毒性，它在消化系统中的蠕动就会加快，使这些毒素尽早排出，也就是我们都经历过的腹泻。

右图：橡子和橡树叶中富含单宁，例如图中所展示的这种植物——无梗花栎（*Quercus petraea*）。这类植物对于反刍动物是有严重毒性的，但一些单胃的动物例如猪，却不那么敏感。

肝脏和肾脏

正如植物进化出化合物来保护它们自身那样，人类（包括其他食草动物）也演化出了与之相应的对策。人类身体里主要负责解毒和排毒的器官是肝脏和肾脏。这一节我们将会介绍这些器官如何被毒素所影响。

肝脏

　　肝脏也被视作消化系统的一部分（详见第32—33页）。几乎所有通过胃并被肠道所吸收的物质在运往全身其他各处之前都会先通过肝脏。肝脏对于人体健康和基本生命活动的重要之处体现在：它可以储存一些维生素和葡萄糖；它可以按照需要合成胆固醇和在饥饿时提供葡萄糖；它可以产生胆汁和凝血因子等。另外，它还能降解正常细胞呼吸作用过程中产生的毒素，如氨；同时它也能降解血液中从消化道吸收的毒素，例如酒精、药物和植物毒素等化学物质。在解毒过程中，这些化合物被分解成小分子或者转化为可溶于水的化合物，这样它们就更容易通过尿液由肾脏排出体外。如果通过肝脏的代谢，这些毒素的水溶性依然很低，那么它们可以通过胆汁分泌到小肠中，最终以粪便的形式排出体外。然而，在某些情况下，这种方式可能会延长毒素在体内存留的时间，因为胆汁可能会被重新吸收，而其中的毒素又会回到肝脏，这种方式被称为肝肠循环。

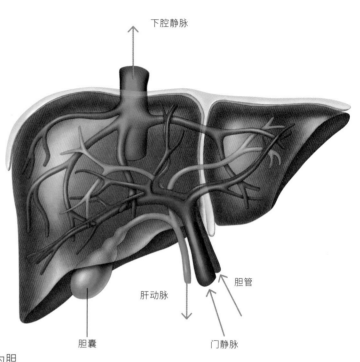

上图：从消化系统吸收来的营养物质和毒素会先通过门静脉运输到肝脏，经肝脏处理后再通过下腔静脉运输到全身各处。肝动脉主要给肝脏提供氧气，不提供营养物质。

解毒的不同阶段

　　肝脏处理从肠道中吸收来的毒素通常有两阶段，这两个阶段由不同的酶来调控。第一个阶段，酶（通常属于细胞色素P450家族）会改变化合物的结构，通常是向化合物的分子骨架中加入氧原子。第二个阶段，转移酶会把其他一些化合物例如葡萄糖醛酸（存在于软骨或其他一些连接性组织中）连接到刚刚插入的氧原子上，以增加这些毒素的水溶性，最终使这些被中和的毒素能顺利地从肾脏排出。

　　这个解毒系统通常情况下是有效的，但是有些毒素是肝脏毒性的，这就意味着这些毒素一旦被吸收会直接攻击肝脏。最著名的具有肝脏毒性的毒素就是存在于白鹅膏菌（*Amanita virosa*）中和毒鹅膏菌（*Amanita phalloides*）中的鹅膏毒素。不过它们都是真菌，不在本书重点讨论的范畴。另外，肝脏解毒过程第一阶段发生一些化学反应也会生成肝脏毒素。一些中间产物会对肝细胞的线粒体产生毒性，或者会影响到肝脏基本生命活动中的酶，包括解毒过程中所涉及的酶。它们同样可以摧毁肝脏中有特殊功能的细胞，例如它们会攻击胆管细胞，导致肝脏中的胆汁过度淤积。在对不同植物肝脏毒素，包括香豆素（详见第170—171页）和吡咯里西啶类生物碱（详见第164—167页）的讨论中，我们可以看到肝脏受损的严重后果。

肾脏

肾脏负责清除体内可溶性的代谢废物和毒素。人类有两个肾脏，位于胸廓的下方，左右各一个，每一个都跟拳头差不多大。它们可以过滤血液、维持电解质，例如钠离子和钾离子的平衡；更重要的是，它们能够控制血压。肾脏同时也能产生具有活性的维生素 D，这是骨骼正常生长所需的一种维生素。另外，肾脏还会产生一种激素，这种激素能够促进骨髓产生红细胞。

代谢废物和多余的水分从肾脏中被过滤出去，并以尿液的形式储存在膀胱中，最终被排出体外。清除代谢废物的速率取决于肾脏过滤的效率，而肾脏过滤的效率受肾脏本身的状况、血压以及液体和盐分的摄入量影响。有些化合物对肾脏是有毒性的，例如马兜铃属（*Aristolochia*）植物中所含有的马兜铃酸（详见第 168—169 页）。马兜铃酸能增加患肾病的风险，同时它还是一种诱变剂，如果长年累月取食含有马兜铃酸的食物，会增加膀胱癌和尿道癌的发病率。

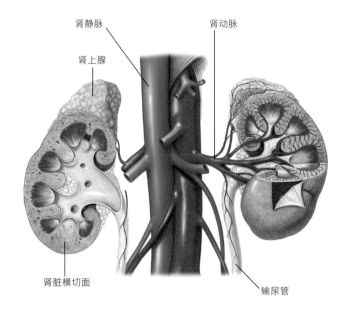

上图：**肾脏的解剖图**。血液通过肾动脉进入肾脏，经过过滤后，再由肾静脉流出。多余的水分和废物通过输尿管以尿液的形式排出。位于肾脏顶端的肾上腺能够产生激素，例如肾上腺素。

每个细胞的解毒之法

能产生酶来降解植物毒素的并不只有肝脏。有的植物会产生微量的氰化物，这是一种剧毒的物质。为了应对这种危险，动物细胞都会产生硫氰酸酶，这种酶能够把氰化物转变成毒性大大降低的硫氰酸根离子，然后通过尿液排出。所以那些能产生氰化物的植物通常会产生超过动物细胞处理能力的氰化物，借此有效地保护自己免受食草动物的取食（详见第 182—185 页）。但是，有些动物，例如马达加斯加的金竹狐猴（*Hapalemur griseus*）仍以这些富含氰化物的植物为食且不会受到毒害。至于它们是如何解毒的，目前还不清楚。

左图：**白鹅膏菌**（*Amanita virosa*，在西方被称为毁灭天使）富含鹅膏毒素，这些毒素对于肝脏来说是剧毒的。

上图：金竹狐猴可以取食富含氰苷的竹子而不会中毒。按照它们的个体大小而言，它们可以承受相当于致死剂量 12 倍的氰化物。

心脏和循环系统

一颗跳动的心脏是生命最重要的象征。心脏在体内的功能究竟是什么？心脏是一个由肌纤维组成的泵，它产生的动力能够使血液通过血管在全身循环流动。在人类和其他哺乳类中，它由四个腔组成。上方的两个腔，称为左、右心房，收集血液，下方的两个腔，称为左、右心室，泵出血液。这种结构能让血液在两个回路中流动。在较短的回路（肺循环）中，血液从右心室到肺，再通过左心房回到心脏。在较长的回路（体循环）中，血液从左心室泵出，流经全身各处，再通过右心房回到心脏。

在肺循环中，血液流经肺的外壁，排出二氧化碳同时获得氧气。这种"富氧血"流回心脏，再由心脏泵出，经由动脉流到身体其余各部分，包括大脑。在这个过程中，血液将氧气供给细胞利用，并将细胞产生的二氧化碳带走。这些"贫氧血"通过静脉流回心脏，回到右心房，准备开始新一轮的肺循环，如此周而复始。在静息状态下，一个红细胞走完整个一圈的循环大约需要 60 秒钟。

跳动的生命

心脏由特殊的肌肉组织组成。心肌的收缩是由组成这些肌肉的单个细胞的收缩来驱动的。这些细胞的收缩由心脏起搏细胞协调。这些起搏细胞首先触发心房收缩，将收集来的血液泵入心室，然后触发心室收缩，迫使血液分别进入肺部和身体其他器官。当心肌舒张的时候，血液可以流回心房，并为下一次收缩做准备。这些起搏细胞能独立于其余身体神经系统自行工作，它们可以自发地产生神经冲动。当然，它们也可以接收其他神经的信号，让身体在不同的情况下也能对心脏的节律做出调控。例如，在正常静息状态下，心脏收缩或者"跳动"的频率一般在每分钟 70 次左右，当有体力消耗的时候，这个速率就会显著地上升。

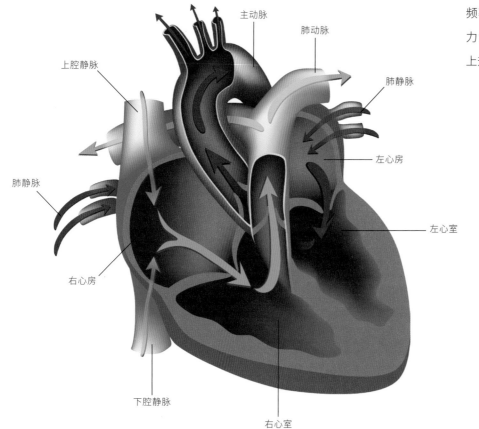

主动脉

肺动脉

上腔静脉

肺静脉

肺静脉

左心房

左心室

右心房

下腔静脉

右心室

左图： 人类的心脏和其他哺乳动物以及鸟一样，分成四个腔，在心房和心室之间的瓣膜能防止血液倒流。贫氧血从身体各处回流到心脏之后进入右心房，再从右心室泵入肺部。完成气体交换后，富氧血从肺部流回左心房，再从左心室流到全身各处。

血管

　　动脉将血液从心脏输送出去，其血压比较高；而静脉将血液传回心脏，其血压比较低。在身体各个组织内连接动脉和静脉的微小的血管称为毛细血管。这些血管是可渗透的，它们可以让血管中的血液在动脉的末端通过渗透作用或者直接流出血管，进入组织细胞之间，再在静脉的末端将血液重新吸收回来。在这些毛细血管区域不仅有氧气和二氧化碳的交换，也有营养物质和其他代谢废物的交换。

　　血管还起到调节血压和体温的作用。血管壁上的肌肉调节着血管的直径，当这些肌肉收缩的时候会增加血液流动的阻力从而使血压升高。某些位于毛细血管网处的肌肉，可以完全封闭毛细血管管腔。这样的调节方式能够决定有多少血液流入该组织，也比较容易观测。比如在冬天如果不戴手套，你的手就会显得特别白，又或者你刚刚跑上一截楼梯，你的脸就会显得比较红。在第一种情况中，位于皮肤的毛细血管收缩防止损失更多的热量，在第二种情况下，毛细血管则完全打开让血液流入，从而让身体迅速降温。

毒性影响

　　毒素有多种方式影响循环系统的正常功能。改变神经信号或者直接作用于心肌都可以改变心脏跳动的频率、周期和强度。毒素也可以使血管收缩，导致十分危险的高血压状态，或者使血液无法流动从而造成身体各个组织中的细胞无法获得氧气和营养物质。

上图：海檬树（*Cerbera odollam*，详见第 53 页），和其他夹竹桃科（Apocynaceae）的种类一样，含有强心苷，这种毒素会影响心脏的正常运作。

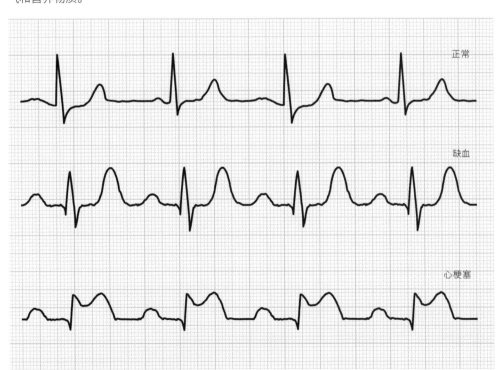

正常

缺血

心梗塞

左图：心电图（ECG）是心脏收缩过程中电信号的体现。在心电图中，我们可以监视和测量心脏跳动的次数，并能够发现由疾病或者毒素引发的潜在的风险。

大脑和神经系统

尽管我们能感知并且能主动控制我们的某些行动，但我们体内仍然有大量的运动和过程是在无意识情况下发生的。本节将介绍神经系统（它负责我们的意识、感知和调控）及植物毒素是怎样影响神经系统的。

左图：这是来自南美洲的一种豆科植物大果柯拉豆（*Anadenanthera colubrina*）的荚果，其种子含有色胺类物质，例如蟾蜍色胺，它可以被用来制作成可以致幻的鼻烟，卷在小管中以供吸食。

意识

我们常常相信我们掌控着自己的行动，但事实并非如此。我们的意识常常在回顾过去或展望未来，或者在某些时刻，活在当下。这些思维可以伴随着运动发生，但通常情况下我们对于行动的起始和调控并无意识。我们会从感官接受信息，包括外在的（比如视觉、听觉、嗅觉、味觉和温度）和内在的（例如饥饿或者需要排尿的感觉）。有时这些信息被接收了，在我们没有意识的情况下，身体就做出了回应；有时我们会有模糊的意识，并做出如何回应的决策。

我们能够做出回应得益于我们复杂的大脑和体内神经系统的天性。大脑根据功能不同划分为不同的区域。比如当我们大脑的某块区域被一些特定的化合物例如多巴胺刺激的时候，我们就会感受到快乐。因此，在这块区域内，一些能够提升或者降低多巴胺产量的物质就能影响我们的情绪。大脑另外的一些区域可以控制呼吸的频率和深度，运动或者语言，或者能让我们集中注意力，不过这仅是大脑功能的一小部分。

神经系统

我们身体的神经系统由一类特殊的细胞——神经元组成。大脑和脊髓中的神经元组成了中央神经系统（CNS），并通过外周神经系统（PNS）与身体其余各处联系起来。外周神经系统由感觉神经元和运动神经元组成，前者负责把信号传递给中央神经系统，后者负责把指令从中央神经系统传递到身体各处。

所有的神经元通过一类被称为神经递质的复杂化合物与相邻细胞联系。多巴胺就是其中一种神经递质。其他一些重要的神经递质会被不同种类的植物毒素影响，例如去甲肾上腺素，5-羟色胺，乙酰胆碱和 γ-氨基丁酸（GABA）等（详见第四章和第五章）。

外周神经系统中的运动神经元又被分为躯体神经系统和自主神经系统。在自主神经系统中有两类神经，它们共同控制着身体的各项机能，但又不受我们主管意识所管控（所以被称作自主神经系统）。

◆ 交感神经系统，通俗来说，控制着"战斗还是逃跑"，能对感知到的危险做出响应，比如加快心跳的速率；

◆ 副交感神经系统，调控着能让身体进入休息和消化状态的一些功能，比如减缓心跳的速度。

和自主神经系统相对的躯体神经系统，是受我们主观意识控制的神经。它们将来自大脑和脊髓的信号传递到骨骼肌，让我们产生相应的动作。

右图：神经系统的各个部分：大脑；脊髓（包括一个横切面图）；单独的一个神经细胞，这个神经细胞具有一个长的轴突和很多短的树突；突触，是信号从一个细胞传递到另一个细胞的区域。

神经元细胞

神经元有多种形态，但通常我们可以通过其与周围细胞，特别是周围的另一个神经元之间很多的联系将它们辨别出来。和其他细胞一样，它们有一个包含细胞核的细胞体，但同时它们还有许多的突起，我们称之为树突和轴突，这些突起负责与其他细胞相互联系和交流。轴突将信号传递给其他细胞而树突则接受来自其他神经的信号。负责将信号从中央神经系统传递到各处肌肉的运动神经元具有很长的轴突，而一些位于中央神经系统中的神经元，轴突和树突区别不大。在轴突的末端会与其他树突或者神经元细胞体形成连接结构。这种连接结构并非直接相连，而由轴突释放神经递质，这些神经递质能够穿过细胞之间的缝隙（我们称之为突触），并与相邻树突表面的受体结合，从而激活下一个神经元。

神经毒性

当神经递质发挥作用以后，通常由转运蛋白将其运走，或者在酶的作用下将其分解，以确保神经元不会长时间处于兴奋状态，同时也能允许下一个信号再次传递到同一个受体上。如果毒素干扰到了酶的作用，会使神经递质不能迅速被分解，那么神经细胞会处于一个被过分刺激的状态。此外，毒素还会替代神经递质或者简单的阻断受体，从而抑制神经信号的传递。

多巴胺

去甲肾上腺素

5-羟色胺

乙酰胆碱

γ-氨基丁酸

上图：**人体神经系统内主要的神经递质**

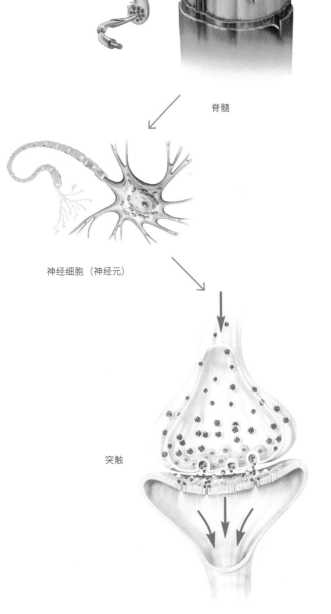

大脑

脊髓

神经细胞（神经元）

突触

肌 肉

当处于"动"的状态的时候，我们清楚地知道肌肉在工作：骨骼肌让我们运动，心肌则保证了心脏在不停跳动。除此之外，人体内还有第三种肌肉——平滑肌，它和前面两种肌肉一样重要，但通常情况下并不受我们的意识控制。

肌肉的种类

骨骼肌因其通常附着于我们的骨骼而得名，通过它的收缩和舒张，我们能完成各种动作。骨骼肌的收缩受我们的意识控制，由来自中枢神经系统的信号发起（见第38—39页）。这种控制与我们所需要的动作十分协调，当我们快速奔跑时，我们的大腿肌肉会快速且强有力地收缩，当我们的手指进行某些精细动作时，肌肉的收缩就会变得柔和。有些骨骼肌的运动被称为反射性运动，并不受我们的控制，例如当我们感觉到冷的时候身体会颤抖。

心肌只在心脏中分布，它的收缩会引起心脏的跳动，是血液在循环系统中流动的动力来源（详见第36—37页）。心肌只接受来自自主神经系统的信号，不接受其余神经信号的调控。当受到交感神经刺激的时候（战斗还是逃跑状态），心肌的收缩速率加快，收缩力加强。而受到副交感神经刺激的时候（休息和消化状态），心肌的收缩减缓，恢复到一个基本的节律。

平滑肌不受意识的控制，只受自主神经系统和激素的调节。它们主要分布在消化道（见第32—33页）、肺泡的周围、血管的周围以及眼睛和其他一些地方。正如前面所提到的那样（见第36—37页），平滑肌通过控制进入体表皮肤的血液量参与调节体温，同时它们也可以通过让人起鸡皮疙瘩来达到同样的效果。鸡皮疙瘩实际上是细小的平滑肌收缩，导致毛发直立，从而限制空气的流动。虹膜中的平滑肌能够调节瞳孔的大小，进而控制进入眼球的光的多少。

肌肉是怎样工作的

组成 3 种肌肉的肌细胞是各不相同的。在骨骼肌中，单个细胞彼此融合形成一个很长的单元，因此看上去好像有很多的细胞核；心肌细胞呈分枝状，但只有一个细胞核；平滑肌细胞也只有一个细胞核，但它们不分支。为了完成各自的功能，它们都需要充足的氧气供应来保证线粒体通过呼吸作用产生足够的 ATP。肌肉的收缩需要大量的 ATP，同时还需要储存在一种被称为肌浆网的细胞器中的钙离子。肌浆网释放钙离子受到钠离子和钾离子流动调控，这通常由神经信号激发。

骨骼肌在无氧条件下可以通过厌氧呼吸过程维持一小段时间的工作，但这种方式会导致乳酸的堆积，所以一段时间之后这些肌肉必须进入休息状态来清除这些副产物。正是这些乳酸导致了收缩过后肌肉的酸痛。这种通过厌氧呼吸来维持肌肉的收缩并不适用于心肌，因为停下来清除乳酸的过程就意味着心脏要停止跳动。谢天谢地我们的心肌从来不会觉得疲倦，因为心肌有大量的线粒体以及充足的血液带来的足够的氧气供应，确保能提供足够的能量。

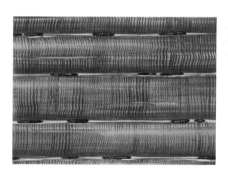

左图：**骨骼肌：由很多细胞彼此融合形成的长且直的纤维，属于多核细胞。**

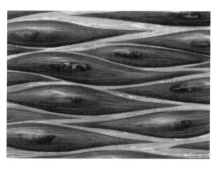

左图：**平滑肌：不分支的纤维或者单个、不分支的梭状细胞，属于单核细胞。**

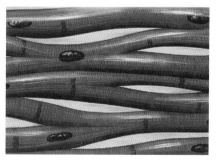

左图：**心肌：直纤维或者单个分支的细胞，属于单核细胞。**

上图：木曼陀罗（*Brugmansia* spp.）中的莨菪类生物碱可以造成单侧瞳孔扩大。人们可能会因为在花园里劳作时眼睛接触到了这种植物的汁液，或用接触过这种植物的手揉眼睛而导致这种情况发生。

毒素对肌肉的影响

有数种不同的方式能干扰肌肉的正常功能，而植物正好演化出了其中的一部分。有些植物含有能够干扰神经信号传递到骨骼肌的化合物，这会造成痛苦的癫痫、麻痹收缩（详见第四章），或者肌肉的松弛性瘫痪（详见第五章）。有些植物含有影响平滑肌的化合物，中毒的人瞳孔会放大（详见第 80—83 页）或者瞳孔无法聚焦（详见第 200—201 页）。平滑肌在胃肠道周围很常见，有些植物的化合物会影响胃肠道中的平滑肌正常工作，例如减少唾液的分泌造成一个很干的口腔环境，或者改变食物通过肠道的时间（详见第 144—145 页）。最致命的植物毒素是那些能够造成异常心脏节律（详见第三章）的种类，它们要么降低每分钟心跳的次数，或者造成不规则的心脏收缩，从而阻碍血液循环的进行。

下图：虹膜括约肌收缩导致缩小的瞳孔，又称为缩瞳（上图）；抑制虹膜括约肌同时桡侧虹膜肌收缩会导致扩大的瞳孔，又称为散瞳（下图）。阿片类药物例如吗啡会导致缩瞳，而莨菪类生物碱物质例如阿托品会导致散瞳。

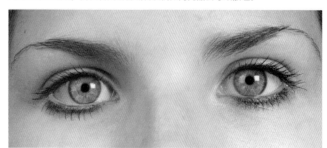

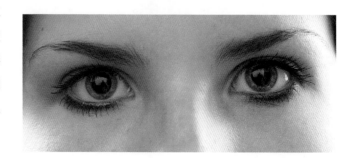

共生和隔离

根据达尔文的理论，所有的生物都在持续地进行生存竞争。植物会产生一些化合物来保护它们自身，而动物、真菌和细菌则演化出一些方式来抵抗这些毒性。但实际上，它们有时也会产生合作关系。

从感染到获利

植物和动物一样，很容易受微生物的感染（详见第88—89页），有时这种感染能毁掉一整片农作物，成为农业上的危害。例如爱尔兰19世纪中叶的大饥荒，很大程度上就是因为类真菌微生物造成了马铃薯晚疫病，麦田被真菌锈病破坏，同时稻田受到了细菌的感染。

正如我们人类在肠道和皮肤表面有很多细菌生存那样，一些植物与细菌和真菌之间也发展出了错综复杂的关系。在特定的植物类群，例如豆科植物中，根上会长出根瘤，这是固氮细菌的家，这些细菌能够将空气中的氮气转化为铵盐，供植物利用。最极端合作的例子恐怕要数地衣，它是由真菌细胞和可以进行光合作用的藻类混杂在一起组成的共生体。在这种情况下，真菌细胞给地衣提供保护，甚至能让其变得有毒，作为回报，它们可以从藻类那里获得其光合产物——糖类。其他一些真菌会和大型植物的根形成一种称之为菌根的共生体，菌根能让这些植物更有效率地吸收水分和无机盐。

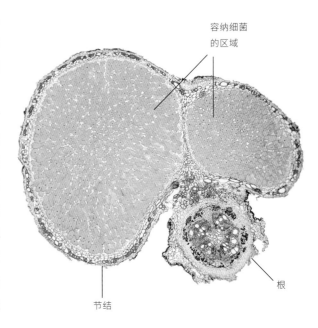

容纳细菌的区域

根

节结

上图：显微镜下大豆（*Glycine max*）根瘤的横切面，切片中固氮细菌（*Bradyrhizobium* sp.）染成黄色，而大豆根的维管束染成橘红色。

在植物体内生长

在很多例子中，真菌和共生的植物组织是相互独立的。在大多数情况下，这些共生的真菌到底扮演了什么角色不得而知，但在某些时候，真菌其实是其共生植物毒性的来源。这种情况可能是因为真菌本身就能产生毒素（详见第88—89页），或者它们能将这些植物产生的特定化合物进行代谢，产生有毒物质（详见第170—171页）。

在那些植物中的有毒化合物恰好是人类药物或者杀虫剂来源时，找到产生有毒化合物的共生真菌往往是十分重要的。对

左图：豆科植物（Fabaceae）大豆（*Glycine max*）的植株，其暴露出来的根部显示了很多的根瘤，这些根瘤是共生固氮细菌的居所。

于我们来说，为了产生足够量的某种化合物，培养真菌远比种植植物要简单许多。这种方式已经在许多植物来源的药物中获得了成功，例如被用作抗癌药物的紫杉醇（最初是从红豆杉中提取）、喜树碱（最初是从喜树中提取）和长春新碱（最初是从长春花中提取）等。在多数情况下，真菌似乎可以获得宿主植物产生这些化合物所必需的基因。

隔离植物毒素

在植物和食草动物之间发生着一场无声的化学战争。在进化中获得一种强效的毒素或者有威慑作用的物质对于植物而言无疑是有利的，但这种演化时间通常十分漫长，因此也给了食草动物足够的时间去进化出一种抵抗毒素的机制。这种对抗速度的方式也许是一种或者几种机制的结合。我们在前文介绍过兔子可以产生一种特殊的酶来分解植物中的阿托品（详见第 23 页）。其

他防御机制还包括拒绝吸收毒素，或者存在着一些能将吸入体内的毒素排入肠道最后排出体外的转运蛋白等。不同种类的动物在毒素作用位点的结构上也会有差异。例如，昆虫对烟草里的尼古丁非常敏感，而人体中和昆虫中的尼古丁结合位点在结构上有很大差异，这就意味着尽管尼古丁对昆虫是致死的，但同样剂量的尼古丁对人类只会产生轻微的刺激。

昆虫不仅演化出了对抗植物毒素的机制，一些昆虫还能将植物毒素在体内隔离储存起来用以对抗它们的天敌。例如叶甲会以富含吡咯里西啶类生物碱的菊科植物为食，从而获得毒性来对抗天敌；蛾子能够在体内储存氰苷让它们的天敌鸟类中毒；角蝉吸食木曼陀罗的汁液在体内富集东莨菪碱；而叶蜂被认为含有白藜芦（*Veratrum album*）的生物碱。隔离植物毒素最著名的例子是黑脉金斑蝶（*Danaus plexippus*），它们以富含强心苷的马利筋属植物为食，使自身变得口感极差并且对鸟类有毒（详见第 53 页）。

上图：**一种角蝉（*Alchisme grossa*）在厄瓜多尔的亚马孙雨林中产卵。角蝉能够隔离储存来自木曼陀罗的毒素，用以抵抗它们的天敌。**

左图：**来自欧洲和北部亚洲山区的白藜芦富含生物碱，而膜翅目的叶蜂（*Rhadinoceraea nodicornis*）的幼虫可以将它们隔离储存起来。**

第三章

心脏毒素

有节律的心跳是生命最基本的特征。植物通过进化发展出了许多能够影响心

脏正常功能的化合物。这一章将会介绍那些威胁人体最重要器官功能的毒素

以及产生它们的植物。

心脏毒素：作用机理

在现实中，不止一种方式能够干扰或者直接让心脏停止跳动。植物产生的化合物可以用不同方式来达到这一效果。在这一章中介绍的毒素，包括二萜生物碱和通过类固醇内酯代谢形成的糖苷类物质，都可以直接影响到心脏的肌肉和神经。

乌头碱

这类生物碱（详见第48—49页）最初在毛茛科（Ranunculaceae）植物中被发现，它是通过向二萜的基础结构上加入氮原子来形成的。它们作用于可以传递神经冲动的细胞（可兴奋细胞）的细胞膜上受电压控制的钠离子通道。当神经信号传来的时候，这些通道打开，钠离子流入细胞内，而带负电荷的离子会排出细胞外。而细胞膜两侧由于离子浓度的改变会最终关闭这个可兴奋细胞的钠离子通道，并打开下一个细胞的钠离子通道，从而将神经信号传递下去。在最终的效应器官，这些神经信号会转变为肌肉的收缩或激素的释放。

乌头碱可以阻止钠离子通道关闭，使可兴奋细胞无法复位且无法传递下一个神经信号。在骨骼肌，这会导致刺痛感的产生，如果受影响的钠离子通道众多，则最终会导致瘫痪。在心肌中，乌头碱会干扰肌肉收缩的协调，导致心律失常，最终会导致心脏停止跳动而无法泵血。

红豆杉碱

这类生物碱主要存在于红豆杉属（Taxus spp.）植物中，它的基本结构也是二萜类，与乌头碱不同的是，它的氮原子作为支链，连在其中一个基本结构单元上。这类化合物最初是从欧洲红豆杉（Taxus baccata）的天然提取物中分离出来的，被统称为紫杉碱，其中以紫杉碱A和B最为常见含量也最丰富。这一类化合物实际上有超过400种，但其中最出名的应该是作为抗癌药物使用的紫杉醇。这种化合物只在存于短叶红豆杉（Taxus brevifolia）中，并且只在其树皮的内层中有极少的含量。谢天谢地，紫杉醇攻击癌细胞所需的浓度远远低于它开始攻击我们心脏的浓度。

紫杉碱和乌头碱一样，也作用于钠离子通道，但与后者不同，紫杉碱能够持续关闭钠离子通道，并且它更特异地作用于心肌细胞。由于钠离子通道被关闭，钠离子无法流入细胞，

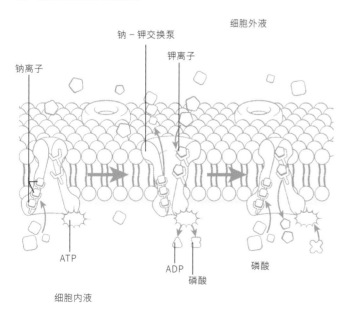

下图：钠－钾泵工作原理模式图，显示了钠－钾泵利用 ATP 分解为 ADP 和磷酸所释放的能量，将细胞内的钠离子和细胞外的钾离子进行逆浓度的跨膜运输。钠－钾泵可以被强心苷所阻止。

细胞外液

钠－钾交换泵

钾离子

钠离子

ATP

ADP

磷酸

细胞内液

右图：西欧最常见的毛地黄（Digitalis purpurea）可以提取强心苷。强心苷可以作为药物，但大剂量的强心苷是有毒的。

所以神经信号也就没有办法传递。当这一切发生的时候，那些为泵血提供动力的心肌收缩就没有办法通过神经系统来协调，最终会导致人体心律失常。

上图：植物翠雀（*Delphinium* spp.），例如这种栽培类型，是常见的花园植物，但它们和乌头一样同属毛茛科，都含有剧毒的乌头碱。

强心苷

强心苷得名于它们作用于心脏的特性，这类化合物在植物界甚至一些动物中广泛存在。它们主要是衍生于三萜的 C_{23}-甾族化合物。在植物中有两类强心苷，比较常见的强心甾和不那么常见的蟾蜍二烯内酯。这两类化合物结构有所不同（详见第 54—61 页），但对心脏细胞的作用是一样的。

强心苷可以抑制钠钾 ATP 酶。在正常情况下，这种酶可以利用水解 ATP 释放的能量，逆着浓度差将钠离子泵出细胞而将钾离子泵入细胞，维持一种细胞内高浓度的钾离子和细胞外高浓度的钠离子的状态。这种状态对于细胞膜传递神经信号来说是必需的。

强心甾和蟾蜍二烯内酯可以增加部分中枢神经系统的活性，降低每分钟心脏跳动的次数。通过与心肌细胞膜上的钠钾 ATP 酶结合，它们能造成一种细胞内钠离子浓度升高的环境，导致钙离子的积累。这种效应最终会导致心肌细胞收缩强度的

增加。在低剂量的情况下，强心苷能给人类提供一些帮助（详见第 198—199 页），但在高剂量下，会造成心力衰竭。

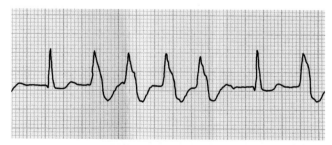

上图：额外心脏搏动（室性期前收缩）的心电图，这种情况有可能最终导致致命性心律不齐。它是乌头碱和红豆杉碱的一种毒理效果。

乌头碱

除了最常使用的"乌头"这一名称，乌头属植物还有一些其他常用的俗名，例如"附子"或者"狼毒"。早在公元前3世纪，古希腊著名的哲学家和植物学之父狄奥弗拉斯图（Theophrastus，公元前371—公元前287）在他的著作《植物问考》（*Historia Plantarum*）中就已经记载，乌头是一种剧毒的植物。乌头属植物中一系列的生物碱，是其毒性的主要成分，食用这些物质是致命的。这类化合物通过干扰哺乳动物的神经系统来发挥其毒性。乌头中毒的症状包括有刺痛、触觉麻木、肌肉麻痹以及心跳节律改变等。

分类地位和化学特征

学名
Aconitum napellus L.
和 *A. ferox* Wall. ex Ser.

俗名
A. napellus— 附子、
头盔花、乌头
A. ferox— 印度乌头

科
毛茛科

毒素种类
二萜生物碱
（乌头碱、伪乌碱）

人类中毒症状
循环系统：心律不齐
神经系统：刺痛、麻木、
虚弱、麻痹

乌头碱只存在于毛茛科的少数一些属中，最主要的就是乌头（*Aconitum* spp.），以及它的近亲翠雀（*Delphinium* spp.）。具有乌头碱似乎给这些植物带来了进化上的巨大成功，因为这几个属几乎占据了毛茛科接近三分之一的种类。乌头和翠雀能通过一种名为双香叶基焦磷酸盐的物质来产生剧毒的乌头碱。前者是进行光合作用所必需的叶绿素的一部分。这类毒素可以分为3类，分别是维钦碱、附子碱和乌头碱。其中，乌头碱是毒性最为强烈的一种，这可能是因为它能通过脂溶性的屏障，例如细胞膜和皮肤。这就解释了为什么有些园丁或者花农不戴手套修剪或者研磨一些乌头和翠雀茎秆的量足够大，或者接触时间够长的情况下，会出现轻微的刺痛或者麻木的症状。

左图： 保禄乌头（*Aconitum vulparia*，syn. *A. lycoctonum* ssp. *vulparia*）是一种欧洲分布的开黄花的乌头。它被称为狼毒乌头，因用于毒杀狼而得名。

乌头碱

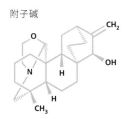

左图：乌头碱，乌头属植物中毒引发的致死性心律不齐的元凶。

附子碱

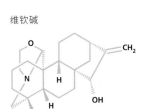

左图：附子碱，它可以引发麻木或者刺痛感，常常通过影响哺乳动物的神经系统来引发上述症状。

维钦碱

左图：维钦碱，对于这类生物碱我们知之甚少，但其实它十分重要，因为它是合成其他生物碱的起始阶段。

上图：在北半球的自然环境中，大约生长着 250 种乌头属植物。同时，它们也是温带地区花园里常见的观赏花卉和切花的花材来源。

在药物中的应用

某些种类的乌头在传统中医药中被用来治疗关节痛，使用方法通常是进行药浴或者制成软膏来涂抹，这能让生物碱可以通过皮肤被吸收，并作为局部麻醉剂起效。它们同时可以被用于口服药，来治疗哮喘、肠胃炎以及各种肿瘤，或者作为一些保健品。这怎么可能呢？我们之前已经提到，这些植物是剧毒的，哪怕非常少的量就能对心肌和呼吸系统的肌肉造成严重的，甚至是致死性的伤害。

在使用之前，生药要经过炮制（一种解毒的方法），即加热和在确保疗效下最小剂量的浸泡。通过炮制，这些剧毒的生物碱转变成毒性不那么强的化合物。所以，这些剧毒的化合物才可以长久以来一直被当作药物使用。然而，即便经过了炮制，每年依然有为数不少的病人因为接受了传统中药中的乌头碱治疗而中毒住院。

在传统中医药中，日本绣线菊（Spiraea japonica）也含有乌头类毒素。属于蔷薇科，与毛茛科的乌头、翠雀这一类植物并不相关。不过日本绣线菊所含的乌头类毒素属于维钦碱，是三大类乌头类毒素中毒性最小的一类。

致命料理

在 2009 年，英国有一起由嫉妒导致的投毒案例。一个女人将印度乌头（Aconitum ferox）的粉末加入她的前同事及其未婚妻的饮食中。在吃下这些食物 10 分钟之内，这位男士就已经开始感觉口腔有刺痛感，并伴随有麻木和肌肉虚弱。几个小时之内，这对情侣就开始出现心律不齐和呼吸困难。最后，这位男士死于室颤，他的心脏已经无法持续跳动来维持整个身体的血液循环。而未婚妻则依靠呼吸机挺过了最初的两天，并在一周后痊愈。化验他们的食物以及在住处搜查到乌头粉末后，投毒的女人谋杀罪成立入狱。

红豆杉和你的心脏

红豆杉的拉丁文属名 *Taxus* 源于罗马人对这类植物的统称，因此，林奈也就自然而然地将 *Taxus* 选为了这个有毒的属的属名。但是，在关于有毒植物的书籍中，这个词的词源其实十分有意思。罗马人对红豆杉的称呼来自希腊，而希腊人创造了一个词"toxikon"，意思是涂在箭矢上的毒药，词根是希腊语中的弓"toxon"。巧合的是，红豆杉的木材被认为是最好的制作弓的原料。因此在某种程度上，红豆杉这个词，就暗含了有毒的意味。

致命针叶

学名
Taxus baccata L.

俗名
红豆杉、英国红豆杉、欧洲红豆杉

科名
红豆杉科

毒素种类
红豆杉碱（紫杉碱 B）

人类中毒症状
循环系统：异常心跳
神经系统：瞳孔扩大、头晕、虚弱、昏迷
消化系统：腹部绞痛、呕吐

紫杉碱 B

上图：**紫杉碱 B 的基本骨架是一类二萜生物碱，在其支链中有一个氮原子。它在很多红豆杉属植物（*Taxus*）中都存在，其结构非常类似于抗癌药物紫杉醇。**

红豆杉是本书介绍的少数几种不开花植物，它们实际上属于裸子植物。和其他大多数典型的针叶树一样，红豆杉的叶子为条形叶，有时候我们也称之为针叶。它们的种子，或被称为"球果"，却和大多数典型的针叶树不一样。它们的"球果"只含一粒种子，当种子成熟的时候，种子外面会包裹一层红色的、肉质多汁的、类似浆果的杯状假种皮。

红豆杉生长速度很慢，并且寿命非常长。欧洲寿命最长的红豆杉位于英国威尔士德尼诺格的圣塞诺格教堂墓地，到现在已经有 5 000 岁了。在进化上，同样有证据证明这个属非常古老。在三叠纪地层中发现的一种古老的化石"*Paleotaxus rediviva*"通过研究被证实为一种红豆杉科的植物，它距今已经有 2 亿年的历史。之后在侏罗纪中期的地层里发现的侏罗纪红豆杉（*Taxus jurassica*），距今也有 1.4 亿年的历史了。

目前，红豆杉属有 12 种，它们的分布遍布全世界，包括欧洲大部分地区、北美、中国、菲律宾、苏门答腊、墨西哥、美国和加拿大。

除了红色肉质的假种皮之外，红豆杉的其他部分都含有红豆杉碱。它的毒性不会因为干燥而减弱，所以镶嵌在篱笆上的装饰用的红豆杉的毒性几乎和新鲜植物一样强。一些鹿可以吃红豆杉

下图：**欧洲红豆杉（*Taxus baccata*）图，可以看到针形的叶片背面有白色的气孔带，它的种子位于叶腋处，每一枚种子外面包裹着未成熟（绿色）和成熟（红色）的假种皮。**

上图：**目前整个英国甚至欧洲最古老的红豆杉，位于威尔士的圣塞诺格教堂墓地，它的树龄估计已经有 5 000 年。**

的叶子，羊也能以红豆杉为食；但其他动物，包括马、牛、狗和我们人类，都会因为取食红豆杉的叶子或枝条而中毒。保护家畜免受红豆杉危害最好的办法是确保它们无法接触到这类植物。

獾的食物

红豆杉产生的没有毒性的假种皮在成熟的时候会变成诱人的胶冻状，味道也十分甜美。它们红色或橘红色的外观很吸引鸟类的目光。鸟类通常将它们整个吞下，包括里面的种子。种子通过鸟类的消化道后由粪便排出，借此可以散播到各处。儿童有时也会被这些假种皮所吸引，不过种子可比葡萄籽大多了，通常儿童在吃这些假种皮的时候都会把种子吐掉，所以孩子们也不会中毒。

英国皇家植物园的科学家们发现，欧洲獾（*Meles meles*）也喜欢取食掉落在地上的红豆杉的假种皮，它们甚至靠后腿站立起来以便吃到仍然挂在树上的那些。科研人员很好奇为什么这类动物不会中毒。也许我们能从欧洲獾的粪堆里找到答案，这些粪堆里充满了部分消化的假种皮，但里面的种子基本上都是完好无损。不过科研工作需要更严谨地测量种子是否被獾的消化系统所消化。科研人员使用了液相色谱－质谱联用技术（LC–MS）（这种方法可以分离和检测混合物中的每种化合物）来测定红豆杉植株上假种皮和种子里分别含有的生物碱的量，同时也测量那些通过獾的消化道之后的种子里所含有的生物碱

的量。通过测量发现，种子里的主要有毒成分的含量在被吃之前和被吃之后几乎没有差别。这项研究同样确认了假种皮中不含生物碱。粪便中出现的假种皮表明了假种皮和里面的种子通过獾消化道的速度非常快，研究也确认，排泄物中的种子完全没有被消化。

《黑麦奇案》

英国著名的推理小说家阿加莎·克里斯蒂（Agatha Christie，1890—1976）曾在 1917 年获得了药剂师助理的资格，并在两次世界大战中担任配药师。她的这段经历让她对 20 世纪早期的药品和毒药了如指掌，并常常把这些内容写入她的侦探小说作品之中。《黑麦奇案》（*A Pocket Full of Rye*，1953）讲述的故事发生在红豆杉小屋，在那里，一位富翁和他的新婚妻子以及他们的女仆遭到谋杀。第一起死因就是源于红豆杉碱中毒。在这个关于隔代复仇和隐藏身份的错综复杂的故事中，凶手需要解决红豆杉碱味苦这一问题。为了掩盖这一口感，凶手把红豆杉碱混合在一种由塞维利亚橘子制成的英式果酱中。后者的皮略带苦味，红豆杉碱混在其中不易被察觉。

夹竹桃科

夹竹桃科是被子植物中的一个大科。到目前为止，该科有336属，超过5 000个物种，这其中包括了曾经被置于另外一个科——萝藦科的成员。夹竹桃科在全世界都有分布（仅仅在最北部的地区没有原生的种类分布），它们能适应各种各样的环境，并具丰富的形态多样性。

夹竹桃科的植物有草本、藤本植物、肉质植物和高大乔木等形态。它们的花通常鲜艳或者形态特殊，常伴有气味。它们的许多种类演化出了特殊的花粉传播机制，比如花粉块，这是一种通过花粉粒互相粘连形成的团块，能黏附在传粉昆虫的身上以传播到其他植株上去。这种结构在马利筋（*Asclepias* spp.）和球兰（*Hoya* spp.）以及它们的近亲中尤其典型。因此我们能够十分容易地将具有这一特征的类群归类为夹竹桃科（尽管分属和分种依然困难重重）。

对于人类的重要性

夹竹桃科植物数量众多而且分布广泛，因此不难理解这个科里有许多植物都被人类加以利用。鸡蛋花（*Plumeria* spp.）的花鲜艳美丽并且具有蜡质的花瓣，因此它常作为波利尼西亚花环中的花材；大麻状罗布麻（*Apocynum cannabinum*）富含纤维，常常被用来制作服装或者绳索；有一些植物被用在宗教仪式中（详见第68页）；有一些属，例如卷枝藤属（*Landolphia*），在19世纪和20世纪初曾经是橡胶的重要来源。这个科里的不少种类都是箭毒（详见第55—57页）和传统药物的重要来源，如长春花（*Catharanthus roseus*）是一种重要的抗癌药物的来源（详见第208—209页）。

两种有毒成分

夹竹桃科中绝大多数植物在某种程度上都是有毒的，不过造成中毒的原因在不同类群中并不相同。有些种类会产生作用于心脏的类固醇作为其毒素的主要成分（详见第54—59页），而有些种类会产生单萜吲哚类生物碱（详见第68页）。这个科的植物会造成不同的中毒表现，这通常来源于不同器官的中毒反应，有的会导致急性心力衰竭伴随心律失常，有的会导致神经系统的问题，例如癫痫、麻痹和幻觉。夹竹桃科植物分布广泛，而且很多种类都会产生致命毒素，因此在世界各地使用夹竹桃科植物投毒或自杀的例子屡见不鲜。

左图：象藤（*Strophanthus amboensis*，一种羊角拗属植物）分布于扎伊尔和纳米比亚，它富含作用于心脏的类固醇类毒素。它的5枚花瓣在基部愈合成杯装，在顶端具有5枚开展的长裂片。

上图：生长于泰国的海檬树（*Cerbera odollam*）。它每一粒未成熟的绿色果实中含有一枚剧毒的种子。

自杀树

　　夹竹桃科中的一个属：海芒果属（*Cerbera*）是夹竹桃科中数量不多的一种乔木，通常生长在生态学上非常重要的热带海岸的红树林群落。这个属中的一种来自马达加斯加的植物——马达加斯加折磨豆（*C. manghas*，即海芒果），正如它的俗名一样，曾经被用来作为一种折磨犯人的毒药。而另一种植物海檬树（*C. odollam*），在它的原产地印度喀拉拉邦的海岸，造成半数植物中毒案例，在所有中毒案例中的比例超过 10%。海檬树的种子常被用来投毒或者自杀。在喀拉拉邦，每年大约有50 起死亡与之有关。关于这种植物毒性的知识也就随之传播开来，在当地的报纸上，它们通常和"自杀树"这样的标题联系在一起。

左图：海檬树去掉外果皮之后干燥的果实。这种果子在某些地区被用作装饰物。

狡猾的黑脉金斑蝶

　　分布于北美洲的黑脉金斑蝶（*Danaus plexippus*）以其季节性的大迁徙闻名于世。它们需要在夏季生活区美国和加拿大与越冬地墨西哥和南美洲之间来回迁徙。同样出名的还有它们能隔离有毒的强心苷（详见第 43 页），它们的幼虫以马利筋属植物为食而不中毒，同时让它们自身对于捕食它们的鸟类来说是有毒的。这种毒性在幼虫变态之后保留了下来，保护着黑脉金斑蝶的成虫不受天敌的捕食。这里发生了两步进化过程。首先，它们演化出一套机制让自身可以忍受食物中的毒素，之后又演化出另外一套机制来储存这些毒素用于对抗天敌。

　　这个植物和蝴蝶的系统常常被用作拟态的案例，一个无毒的物种通过模拟一种有毒的物种来防止被天敌捕食。在黑脉金斑蝶的这个例子中，这种拟态方式被称为布氏拟态（Browerian mimicry，同种间拟态），这解释了种内没有毒的个体如何通过模拟有毒个体的外观获得保护。因此，即便少数黑脉金斑蝶由不含毒素的幼虫羽化而来，但它们均一的外观同样能震慑捕食者，因为绝大多数黑脉金斑蝶由以夹竹桃科植物为食的幼虫羽化而来，它们的体内含有被隔离储存的剧毒强心苷类毒素。

下图：黑脉金斑蝶的幼虫具有独特的条纹，它以马利筋属植物为食。这种植物的花具有反折的花瓣、芳香的气味和一个伞形花序。

强心苷之一——强有力的心跳

富含强心苷的植物在世界上热带和温带地区都有分布，人类对于它们的开发甚至滥用已经有好几百年的历史了。这类物质本来的功效并不十分清楚，但至少其中的一些成分确实能够帮助植物抵抗食草动物。

心脏类固醇

植物	人类中毒症状（食用）
在被子植物不少科中都存在，例如夹竹桃科、车前科、毛茛科和天门冬科等。	**循环系统：**心律失常、血压升高、心脏衰竭
毒素种类	**神经系统：**头疼、虚弱、精神错乱、昏迷
强心苷（强心甾、蟾蜍二烯内酯）	**消化系统：**恶心、呕吐、腹泻
	人类中毒症状（注射到血管）
	循环系统：在几分钟之内就会心脏衰竭

强心苷是一种植物类固醇。和所有的类固醇一样，强心苷是线状的三萜角鲨烯衍生物。不同的类固醇化合物在动物和植物细胞中都被用来稳定细胞膜、作为激素或者产生维生素 D。在生物化学中，我们把一种只需要做一些细微的改动就能发挥多种不同作用的化学结构称为"优势结构"。在类固醇中就有这样一种优势结构，它是由 3 个互相连锁的 6 碳环和一个 5 碳环相连组成的。这也解释了为什么在被子植物中亲缘关系很远的科都具有类似的强心苷类物质。在进化上，我们把这一现象称为趋同进化。

结构特点

除了都为类固醇之外，强心苷还有其他一些共同特点。它们都有两个环状结构，其中一个连接到类固醇核心骨架的特定位置。如果这个环是戊环（即 5 个原子），就像毛地黄毒苷那样，就属于强心甾类（详见第 56—59 页）；如果这个环是己环（即 6 个原子），则属于蟾蜍二烯内酯类（详见第 60—61 页）。这两类强心苷在植物中都存在，但它们绝不会同时出现在一种植物体内，也几乎不可能同时出现在同一个科的植物内。蟾蜍二烯内酯在动物中同样存在，它的名字就源自蟾蜍。蟾蜍能够分泌以蟾蜍二烯内酯为结构基础的毒液，例如蟾毒灵。

强心苷的环状结构对其活性而言是必须的，因为它能够表现出醇类的特性，换言之，它包含一个排列在与类固醇相对末端位置的羟基。在植物中，这一位点称为糖基化位点，可供一个或者多个糖类化合物连接。糖基化对于强心苷来说并不是必需的，但它可以改变这类化合物的效力和其持续起作用的时

左图：正在开花的铃兰（*Convallaria majalis*）。这是一种分布于欧洲到温带亚洲的植物，它富含强心甾。铃兰的叶子有时会造成中毒。

角鲨烯

毛地黄毒苷

蟾毒灵

上图：强心苷包含一个由线性三萜角鲨烯合成而来的核心类固醇结构。其中，一个不饱和的内酯环和对位末端的羟基是发挥其活性所必需的。强心甾例如毛地黄毒苷具有一个 5 原子的内酯环，而蟾蜍二烯内酯例如蟾毒灵具有一个己环。

间。箭毒素中使用的强心苷通常只包含不超过一个糖类分子，以便让这类强心苷能够迅速地作用于心脏。但由于它能够快速地通过肾脏排泄出去，所以持续起效的时间也比较短。随着强心苷上糖类分子的增加，其持续起作用的时间也随之延长。

肠道对于不同种类的强心苷吸收程度也不一样，例如毛地黄（*Digitalis* spp.，详见第 198—199 页）中的地高辛几乎可以完全被吸收，而来自羊角拗（*Strophanthus* spp.，详见第 56—57 页）中的毒毛旋花苷吸收率就很低。吸收量上的差异跟这类化合物脂溶性的差异有关。脂溶性会被强心苷中糖基的部分和非糖基部分（糖苷配基）中羟基的数量所影响。

深远的影响

强心甾和蟾蜍二烯内酯通过影响钠钾 ATP 酶来发挥它们的毒性，后者是一种在很多细胞膜上都存在的离子泵（详见第 46—47 页）。在植物体内，这个泵参与调解细胞内的水分含量从而调控细胞的体积。这可能是植物的一种自我防御机制。因为对于食草动物而言，失水会导致植物的茎、叶和枝条口感变差；而对于真菌和其他一些微生物而言，脱水的组织能阻止传染因子的扩散。

文森特·梵高的黄视症

在 19 世纪晚期，从毛地黄中提取的药物不仅仅被用来治疗心脏疾病，还被用于治疗癫痫。人们推测，荷兰著名画家梵高（1853—1890）患有某种周期性发作的疾病，需要持续服用此类药物。而这类药物带来的一个副作用就是黄视症，在梵高的眼里，很多东西都是黄色的。所以在他的画作中，明艳而生动的黄色常常成了色调的主角，正如他的不朽名画向日葵中所展现的那样。关于这一推测的一个佐证，是两幅梵高的画作中，他的医生都拿着一株毛地黄。

下图：梵高的画作《加歇特医生》（*Portrait of Dr Gachet*），绘于 1890 年，即梵高艺术生命中最后的几个月。

在人类中，钠－钾离子泵在肠壁和眼球中也很常见，这也解释了为什么急性强心苷中毒通常会导致腹泻以及超过规定剂量服用强心苷类药物会导致颜色感知障碍和所有物体都会呈现出浅黄色（见本页小贴士）。接下来我们会详细介绍产生强心甾和蟾蜍二烯内酯的植物。

强心苷——强心甾

夹竹桃科（详见第 52—53 页）中的很多植物都含有强心甾。其中有几种非常出名，因为它们有毒的特性长久以来被人类用于制造毒箭、折磨囚犯、毒杀老鼠、投毒谋杀以及自杀。它们也被一些昆虫加以利用，这些昆虫通过演化使自身的细胞能够忍耐这种毒素，并通过储存这些毒素来抵御捕食者。

箭毒

学名
Strophanthun kombe Oliv.

俗名
孔贝羊角拗

科名
夹竹桃科

毒素种类
强心甾（G 型毒毛旋花苷）

人类中毒症状（食用）
循环系统：心律失常、血压升高、心脏衰竭
神经系统：头疼、虚弱、精神错乱、昏迷
消化系统：恶心、呕吐、腹泻

人类中毒症状（注射到血管）
循环系统：在几分钟之内就会心脏衰竭

在所有曾被非洲原住民用作箭毒的夹竹桃科植物中，产于东非的长药花属（*Acokanthera*）在历史上最为著名。正如索马里箭毒（*A. schimperi*）可能是公元前 3 世纪被埃塞俄比亚人用来涂抹在箭矢上有致死效应的毒素。不过，在箭毒使用中排名第一的植物是来自羊角拗属的。

孔贝羊角拗（*Strophanthus kombe*）有时会长成灌木，但更多的时候是一种木质藤本，借助其他植物，它能长到 10 米高。它的果实为一对坚硬的蓇葖果，蓇葖果之间张开的角度超过 180°。每一个蓇葖果能长到 50 厘米长，直径达 2 厘米，里面包含超过 100 枚种子。

当欧洲人在 15 世纪中叶的时候首次"发现"并开始探索非洲的时候，外来的探险者们就在土著人毒箭矢下吃尽苦头。有时探险者们甚至还没有下船，就止步于岸上射来的毒箭。欧洲人在船上还看到了原住民猎杀大象，根据他们的记载，在毒矛的攻击之下，大象轰然倒地，这进一步证实了毒药效力之强。不过这些致命武器背后的秘密却很难被发现，直到 1858—1864 年，探险家大卫·利文斯顿（David Livingstone）带领了一个考察队深入赞比西河地区，考察队中的苏格兰植物学家约

乌本苷

左图：乌本苷是孔贝羊角拗以及其他一些夹竹桃科植物中存在的一种鼠李糖强心苷，常常被用作箭毒素。

左图：人们发现植物能产生不同的毒素，这其中就包括强心苷。把强心苷类毒素涂抹在箭或者飞镖的尖端的时候能够极大提高打猎的效率。

上图：旋花羊角拗（*Strophanthus gratus*）的种子富含乌本苷，常常被加蓬、喀麦隆和中非等国家的猎人用作箭毒。

翰·科克（John Kirk，1832—1922）在马拉维湖的南边采集到了一种当地名为孔贝的植物，有毒箭矢的秘密才被揭开。

现在我们知道，在非洲，不止一种羊角拗属的植物被用作箭毒。在非洲东部，最常用的是孔贝羊角拗；在非洲西南部干旱地区，箭毒羊角拗（*S. hispidus*）是主要的毒素来源；而在非洲西北部，人们主要用的是西非羊角拗（*S. sarmentosus*）。据说，在干旱的西非国家里，箭毒羊角拗使用的频率也非常高，因为它们更加耐旱，在干旱条件下，种子在果实中保存的时间也更长。羊角拗的果实成熟时，它们通常会炸裂开来，让里面羽毛状的种子能够借助风力传播到更远的地方。所以猎人们必须在羊角拗果实成熟前将它们采集下来，此时种子的毒性其实还没有那么强。

羊角拗是一种非常好的箭毒植物来源。它们特殊的强心甾——毒毛旋花苷几乎不能被人类的肠道所吸收，因此通过这种毒素杀死的动物可以放心食用。然而这种毒素一旦直接进入血管，则是非常强效的，能迅速杀死猎物。一旦猎物被击中，猎人不用跟踪很长的时间就能将其抓获。

许多活动和宗教仪式里都有孔贝羊角拗的身影。只有部

落里的长者才能决定谁能种植这种植物以及保有配制箭毒的秘密。在欧洲国家对非洲地区实施殖民统治的时期，种植和保存孔贝羊角拗的种子是非法的。从那个时代开始，孔贝羊角拗的使用率急剧下降。今天的非洲，动物数量下降，打猎活动减少，但羊角拗属的植物仍然是非洲大陆最毒的植物。

下图：孔贝羊角拗和这个属的其他成员的种子是这类植物毒性最强的部分，因此常常被用来制作箭毒。

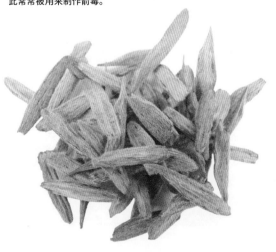

斯里兰卡自杀树

学名	科名
Cascabela thevetia (L.) Lippold (syn. *Thevetia peruviana* (Pers.) K.Schum.)	夹竹桃科
	毒素种类
	强心甾（黄夹苷）
俗名	**人类中毒症状**
黄花夹竹桃	与孔贝羊角拗类似（详见第56页）

黄夹苷

上图：黄夹苷是黄花夹竹桃（*Cascabela thevetia*）中的一类主要的化合物，它包含了好几种强心甾。

黄花夹竹桃（*Cascabela thevetia*）是一种绿叶有光泽的大型灌木或者小乔木，如名字一样，它开着黄色的花朵。它原产墨西哥、中美洲和南美洲北部，作为一种观赏植物被广泛种植，并在地中海地区、亚热带和热带地区的多个国家自然归化。在斯里兰卡，黄花夹竹桃形态独特的种子经常被用于自杀。在1980年以前，这种利用黄花夹竹桃自杀的事件并不常见，然而在当年，当地报纸报道了这样一起不常见的自杀事件以后，以这种自杀的案例便开始迅速增加。到2000年的时候，以这种方式自杀的案件已经发展到每年约上千起。

位于斯里兰卡首都科伦坡的国家医院心脏病研究所考虑到收治的与黄花夹竹桃中毒相关的患者人数日益增多，而且很多病人在乡村医院转移的过程中就已经死亡，于是决定开展一项科研。这项研究旨在探寻在欧洲和北美检测和治疗地高辛药物中毒的方法，是否也适用于上述黄花夹竹桃中毒的情形。研究发现，检测血液中地高辛浓度的化验方法，同样也能检测出其他强心苷，但是通过这种方法来检测中毒严重程度似乎并不完全可靠。然而，对于治疗地高辛药物过量中毒的方法，同样对黄夹苷中毒

有效。这种治疗方法涉及能和地高辛结合的抗体片段。这种治疗方法主要的缺点是治疗费用十分昂贵，在斯里兰卡，一般人根本无法负担。值得欣慰的是，大部分误服黄花夹竹桃的人在接受辅助治疗之后都能完全康复。

同名异物

在夹竹桃科中，通常我们所称的夹竹桃实际上是另外一种植物 *Nerium oleander*。（译者注：这才是在中国妇孺皆知的夹竹桃。）这是一种大型的灌木，有着灰绿色的叶子和粉色或白色的花，其花为聚伞花序。这种植物原产于地中海地区和缅甸东部，但同样也在世界上广泛种植，并且相比于黄花夹竹桃，它更能适应比较寒冷的气候。尽管也叫作夹竹桃，但由它引起的中毒事件相对来说少了很多，这可能是因为它的果实和种子看上去不那么诱人。不过人们也会因为用这类夹竹桃的叶子泡茶或者吃了它的花朵而中毒，或者用它的枝条做烤肉串的扦子而中毒。

其他能够让心脏停止跳动的植物家族

除了夹竹桃科之外，其他科中也有不少物种能够产生强心甾。在车前科中，毛地黄（*Digitalis* spp.）是一种重要的治疗心脏功能不全的药物来源（详见第188—189页）。在毛茛科中，侧金盏花属的植物在欧洲、北美和其他地方被用作草药来治疗类似的疾病。天门冬科的铃兰同样含有强心甾，也曾出现错把铃兰（*Convallaria* spp.）的叶子当作野生葱（*Allium ursinum*）食用而引起中毒的案例。天门冬科里的其他植物含有另外一种强心甾——蟾蜍二烯内酯。另外一种大名鼎鼎的植物就是见血封喉，它来自桑科（Moraceae）。

左图：黄花夹竹桃（*Cascabela thevetia*）拥有亮黄色的花朵（左），它每个具棱角的果实里含有一枚形状独特的种子（右）。

见血封喉

学名	毒素种类
Antiaris toxicaria (J.F.Gmel.) Lesch.	强心甾（箭弩子苷）
俗名	**人类中毒症状**
见血封喉	与孔贝羊角拗类似（详见第 56 页）
科名	
桑科	

上图：见血封喉（*Antiaris toxicaria*），分布于西加里曼丹岛、印度尼西亚等地的热带丛林中。它的树汁有毒，可以用作箭毒。被射中的猎物会浑身瘫痪，不过肉可以放心食用。

果蝇和乌本苷悖论

昆虫有跟人类一样的钠-钾离子泵，强心甾类中的乌本苷早期被用来研究昆虫和人体内的钠钾 ATP 酶。这种化合物在昆虫和人体内都显示出可以抑制钠钾 ATP 酶的活性，尽管乌本苷对人类来说是致命的，但是许多昆虫都显示出对乌本苷的抗性，它们不受这种物质的侵害。这种现象被称为乌本苷悖论。而这个谜题直到对果蝇（*Drosophila melanogaster*，参见下图）进行了分子生物学和遗传学研究之后才得以解开。原来在昆虫体内，还有另外一种转移酶，它和钠钾 ATP 酶共同出现在同一位置。正是这第二种酶的出现，阻止了强心苷的浓度过高而妨碍到钠钾离子泵的正常活动。

见血封喉广泛分布于热带非洲、南亚和太平洋岛屿，其恶名早已传得甚嚣尘上。早在 14 世纪早期，欧洲人就知道它可以用作箭毒，在这之后的报道就开始夸张地描述它能对几公里之外的动植物造成伤害。甚至有传言说，当鸟儿停在见血封喉的枝条上，它就会变得晕头转向然后死掉；这种植物根周围的土壤都是贫瘠和烧焦的。现在我们知道，见血封喉里的毒性成分是强心甾，它确实也可以用于箭毒，但其他荒诞的描述不过是凭空杜撰的。

下图：箭弩子苷是见血封喉最主要的毒素成分。它是一种鼠李糖苷，同时也是一种强效的箭毒素，不过这种化学物质被食用以后的吸收率并不高。

箭弩子苷

另一种强心苷——蟾蜍二烯内酯

第二大类强心苷是蟾蜍二烯内酯。尽管蟾蜍二烯内酯在植物体内是一种糖苷（在其结构中有糖基的部分），但它在蟾蜍毒液中是一种氨基酸酯，其中的氨基酸决定着它的溶解度和可吸收的程度。相比强心甾，蟾蜍二烯内酯在植物中出现的频率要低得多，但它是天门冬科蓝瑰花亚科（例如银桦百合以及它的近亲）和毛茛科铁筷子（*Helleborus* spp.）植物主要的毒性成分。历史上，它们曾经是重要的药用植物，不过由于它们的毒性，在现代医学中已经很少使用了。在一项关于934例心脏中毒的病例调查中，强心甾中毒（大部分心脏中毒的毒素来源）的死亡率大约是6%，而蟾蜍二烯内酯中毒的死亡率接近30%。

灭鼠药

学名	科名
Drimia maritima (L.) Stearn (syn. *Charybdis maritima* (L.) *Speta, Ornithogalum maritimum* (L.) Lam., *Scilla maritima* L., *Squilla maritime* (L.) Steinh., *Urginea maritime* (L.) Baker))	天门冬科

毒素种类
蟾蜍二烯内酯（原海葱苷、海葱葡苷以及其他一些物质）

人类中毒症状
循环系统：心律不齐、血压升高、心脏衰竭
神经系统：昏迷
消化系统：恶心、呕吐、腹泻

俗名
海葱、红葱、海洋葱

海葱（*Drimia maritima*）自古以来就是一种药用植物，其最早的记载可以追溯到公元前16世纪古埃及药典《埃伯斯伯比书》（*Ebers papyrus*）。根据狄奥弗拉斯图和著名医生希波克拉底（Hippocrates，约公元前460—约公元前370年）所著的经典希腊文献，这种植物可作为利尿剂和泻药，还可以治疗惊厥和哮喘。另外，它还被记载用于驱散恶魔，保护灵魂。

在现代社会，海葱常被用来作为灭鼠药。它里面富含的强心苷是一种很稳定的化合物，不会因为植物的死亡而分解

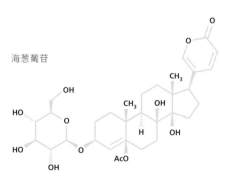

海葱葡苷

上图：从海葱（*Drimia maritima*）中提取的海葱葡苷是一种蟾蜍二烯内酯类的强心苷。它的结构中有葡萄糖，同时又是一种乙酸酯。

左图：海葱（*Drimia maritima*），原产欧洲南部和非洲北部。在秋天，当开出白色小花序时，它的带状叶片就枯萎了。

或者失活。虽然以海葱做成的诱饵通常很苦，口感不好，大多数动物都会敬而远之，但是老鼠却很喜欢这种味道，对这种毒药来者不拒。制作灭鼠剂的方法通常是大量收集海葱的球茎，将上面的叶子去掉，晒干，切成小块，最后与其他诱饵混合。这种灭鼠剂有效的原因之一是老鼠不会呕吐，这也是通常强心苷中毒最先出现的症状。

斯库拉和卡律布迪斯

1753 年，林奈为海葱这一类植物取了个属名为 Scilla（蓝瑰花属），并把海葱的学名定为 Scilla maritima。之后的一位植物学家选择了另外一个没有毒的具有二片叶绵枣儿（S. bifola）作为这个属的模式种。不幸的是，最新的研究结果显示，海葱和这些春天开小蓝花的植物之间的亲缘关系其实很远，所以现在海葱被移到了另外一个属——银桦百合属（Drimia）中，不过我们可以从海葱的学名变化中看出一些端倪。在海葱的异名中，我们可以看到另外一个属名卡律布狄斯（Charybdis），它和斯库拉（Scylla，也就是蓝瑰花属 Scilla 的词根）一样，是海妖的名字。在希腊神话中，斯库拉和卡律布狄斯守卫着一条海上通道，并强迫过往的船员——这其中就包括著名的奥德修斯——在两个恶魔中选择一个。植物学家有时会比较困惑，为何蓝瑰花属中的一种有毒植物会与在两个恶魔中选择一个扯上关系。不过，如果你面前的植物是属于今天的蓝瑰花属，你应该可以确信它的毒性是比较低的那一个。

藤本洋葱

长相奇怪的藤本洋葱（苍角殿，Bowiea volubilis，天门冬科）有一个直径为 12—20 厘米的绿色球茎，这个球茎大多数时候都长在土壤表面。在生长季的时候，从球茎的顶端长出一条或几条长长的、弯曲的茎，它们互相缠绕、攀爬，形成羽毛状的藤冠，并会开出绿色的小花。

苍角殿也含有蟾蜍二烯内酯，它被南非土著的科萨人和祖鲁人用于治疗头痛、心悸和不孕不育，同时也被用作泻药、堕胎药和催吐剂。尽管苍角殿中毒致死的病例时有报道，但在南非，它仍然是应用最广泛的传统草药。正因如此，苍角殿在野

上图：**南非苍角殿巨大的球茎通常长在土壤表面，纤细的枝条和分枝的花莛在春夏季节长得很快，最高可达 6 米。**

外已经比较少见，越来越多的人开始种植这种植物。目前其种植者的一大挑战是说服当地居民相信人工种植的苍角殿在疗效上和野生的完全一样。

第四章

损伤大脑

在人体内，神经系统，尤其是大脑是最为复杂的器官，因此它常常作为毒素攻击的目标，也常遭受严重的伤害。在这一章中，我们将展示毒素是如何影响大脑以及其他中枢神经系统的。

中枢神经系统毒素：作用机制

有些化合物能直接影响我们对现实事物的感知，使我们造成迷乱或产生幻觉；有些化合物会影响神经信号的传导，造成癫痫或者麻痹瘫痪。这些化合物会切断神经系统对效应器官的控制，使类似于防止窒息、麻痹或者肌肉痉挛这样一些救命的反射功能中断。

通信与中断

　　神经系统由一个复杂的、互相交织的网络组成，并且在不同的神经递质功能下保持着一个平衡。正如在第二章谈到的那样，我们仅仅能意识到一小部分大脑的活动，对其他绝大部分的活动并不知情。只有当外来的物质作用于受体或者酶，甚至杀死神经细胞，使某些功能无法执行时，这些功能的重要性才被人们了解。这些物质被统称为神经毒素。神经毒素涵盖广泛，包括铅等重金属、合成的农药和药物以及自然界中植物产生的化合物等。

　　一个我们不太熟悉的神经系统的功能是大脑持续地阻止对身体其他感官输入信号做出反应。正是这种抑制机制的存在，我们才不至于对任何外界刺激都做出持续肌肉收缩反射。有些植物含有的化合物能够影响这种调控，例如马钱子（*Strychnos nux-vomica*）和钩吻（*Gelsemium elegans*，详见第 66—69 页）中所含的生物碱，它能与脊髓中的甘氨酸受体结合，导致癫痫发作。上面所说的大脑的这种抑制通路主要由 γ– 氨基丁酸（GABA）受体调控，主要的作用体现在睡眠和肌肉的放松。在植物中，有不少的物质能够结合 GABA 受体，导致肌肉的持续痉挛。这些物质包括八角茴香中的倍半萜，其中含有倍半萜最出名的植物是日本莽草（*Illicium anisatum*）和马桑（*Coriaria* spp.，详见第 70—73 页）；另外还有在毒芹（*Cicuta* 和 *Oenanthe* 属）中含有的聚乙炔醇。

上图：马钱子的版画。该幅画中描绘了一个开花的枝条（中间）、一朵花、一颗种子以及解剖和完整的果实（按照从顶部开始逆时针的顺序）。

右图：马钱子圆盘状的棕色种子，内含高浓度的马钱子碱。

混乱和痉挛

某些神经毒素能影响到我们的意识和精神状态。在中枢神经系统大量的细胞和调控通路的相互联系之间，毒素的另外一个攻击目标是钠离子通道。尽管上述这种毒素攻击离子通道的例子在心脏中更加常见（详见第三章），但杜鹃花科中的木藜芦毒素在大脑中主要影响的就是钠离子通道（详见第78—79页）。

阿托品和（或）莨菪碱被认为是经典的女巫魔药主要成分，这是一种主要在茄科（Solanaceae，详见第80—83页）植物中含有的生物碱。这种生物碱能够通过毒蕈碱类受体阻碍副交感神经系统中乙酰胆碱发挥作用。这类受体广泛存在，虽然它们通常在外周神经系统中发挥作用，但在中枢神经系统中抑制这类受体通常会使人兴奋、产生幻觉和痉挛。

超负荷传输

通常认为，人类的精神状态是受一些神经递质影响的，包括去甲肾上腺素、多巴胺和5-羟色胺等。从药理学的角度，如果去甲肾上腺素和5-羟色胺的活性增加，则会导致抑郁，治疗精神病的药物通常作用于多巴胺和5-羟色胺系统。神经毒素中最为显著的一种症状——幻觉就是通过影响大脑中的神经递质产生的。不过，这种症状通常不可预测，例如人吃了刺眼花（Boophone disticha）之后的反应是各不相同的（详见第84—85页）。

在含有单萜吲哚类生物碱的植物中，夜灵木属的植物夜灵木（Tabernanthe iboga）在非洲的宗教仪式中常常被用来

上图：大花木曼陀罗（Brugmansia suaveolens）含有莨菪碱。这些下垂的喇叭状的花朵，可达 30 厘米长，其散发的香味能在夜晚吸引蛾子来替它们传粉。

让人产生幻觉，而在北美和南美，某些乌羽玉属植物乌羽玉（Lophophora williamsii）和黑金檀属的植物大果柯拉豆（Anadenanthera peregrina）也分别被用作相似的用途。夜灵木影响着大脑中多条调控通路，这其中就包括了多巴胺和5-羟色胺，还包括阿片受体。乌羽玉中所包含的仙人球毒碱通过影响5-羟色胺受体来使人产生幻觉，该类毒素在多巴胺通路中也有活性。黑金檀属的植物中含有 5-羟色胺的类似物 N, N-二甲基色胺，这种物质也是著名的死藤水的主要成分（详见第86—87页）。最为出名的致幻剂可能是合成麦角酰二乙胺（LSD），这类物质可以从被真菌感染的旋花科植物和禾草类中提取分离。在禾草类中提取分离的 LSD 可造成血管收缩而不是致幻（详见第88—89页）。

左图：在南非，一个萨满祭司正在准备一场宗教仪式。在这个仪式上，死藤水扮演着一个重要的角色。这是一种由很多植物混合而成的一种饮料，其中就包括了一种金虎尾科的植物通灵藤（Banisteriopsis caapi）。

单萜吲哚生物碱——补药还是毒药

在植物所含的各种化合物中，单萜吲哚生物碱（MIAs）是其中含量极为丰富的一种。它由色胺和马钱子苷汇聚合成，会产生中间代谢产物异胡豆苷。这类化合物可以进而转化为很多种具有活性的生物碱，这其中最为有名的毒药就是马钱子碱。MIAs在很多植物类群中都存在，不过在马钱科、钩吻科、夹竹桃科和茜草科中，它的含量尤为丰富。除了作为毒药之外（详见第94—97页和第136—137页），部分MIAs也有重要的药用价值，它们常被用于治疗癌症和疟疾（详见第204—205页和第208—209页）。

毒素和药物之间的平衡

学名
Strychnos nux-vomica L.

植物通用名
马钱子

科名
马钱科

毒素种类
单萜吲哚生物碱
（马钱子碱）

人类中毒症状
神经系统：刺痛、抽搐、痉挛、阵挛性惊厥
消化系统：恶心、反胃

马钱子碱

左图：**马钱子碱是一种单萜吲哚类生物碱。它是一种毒药，但在历史上也曾被作恢复活力的补药。**

马钱子是一种原产印度、东印度群岛和马来西亚的灌木或小乔木。它的花很小，绿色，据说会散发出难闻的臭味；它的果实为圆球形，有坚硬的外壳，直径能长到7.5厘米。虽然其黏稠的果肉在某些时候可以吃，但果肉中圆盘形的种子含有高浓度的马钱子碱。这种毒素在马钱属的其他物种中也有，不过含量比较低，这其中就包括了首次分离出马钱子碱的一种分布于菲律宾的马钱属植物吕宋果（*S. ignatii*）。

马钱子碱是一种没有气味，但略带苦味的化合物。人类在很早以前就开始利用这种物质，其主要的用途是用来毒杀害虫，最主要的就是用来灭鼠。20世纪70年代，马钱子碱也被用来对付一些大型的肉食动物，包括狼。马钱子碱的药用历史也很久远，小剂量马钱子碱可用来恢复人的精神和激发人的食欲，或者用来治疗外周神经性麻痹，例如由铅中毒或者脊髓灰质炎引发的类似症状。

在药物中使用马钱子碱具有很高的风险，因为它能造成非常严重的中毒反应。这种生物碱能够通过鼻黏膜和消化道迅速被吸收，它能够导致骨骼肌对任何微小的刺激都发生收缩反射并维持长时间的收缩状态，从而让身体处于强直收缩发作的状

下图：**分布于泰国的马钱子干燥的枝条，其中一颗圆形、坚硬的果实被切开，两枚种子包藏在白色的果肉中。**

态，常常会引发角弓反张，这是一种身体长时间处于一种向后反弓的状态。它还会引起一种特殊的面部表现——痉笑，原因是面部肌肉痉挛（详见第 77 页）。这类重复性的抽搐症状最终会引起呼吸骤停和衰竭，导致人的死亡。这类不幸的受害者通常还有着清醒意识，他们的感官会变得病理性的极度灵敏。

猴子的苹果

马钱属植物的果壳，俗称为猴子的苹果，通常被用来制作装饰性的物品，例如烛台，盛装盐和胡椒的调味罐以及香料混合物。幸运的是，这些用途中最常用到的一种产自非洲的马钱属植物刺马钱（*S. spinosa*）不会产生马钱子碱，取而代之的是 11- 甲氧基 – 毒扁豆碱，这种化合物毒性远比马钱子碱低，而且其含量也非常少。在非洲，目前只有一种马钱属植物伊卡亚马钱（*S. icaja*）会产生马钱子碱。有意思的是，有一部分马钱属的植物，尤其是那些分布于南美的种类，会产生一种用于箭毒中的令肌肉松弛的生物碱（详见第 94—97 页），而不是前文提到的造成肌肉抽筋的马钱子碱。

断肠草

钩吻科 (Gelsemiaceae) 是一个只含有三个属的小科（之前被认为隶属于马钱科或者紫草科），这个科的植物通常是小灌木、攀缘藤本或者可以长到 40 米的高大乔木。这个科内最著名的属为钩吻属 (*Gelsemium*)，该属包括三个种，全都是攀缘藤本并开出黄色的花朵。其中的两种主要分布于北美洲和中美洲，而剩余的一种断肠草 (*Gelsemium elegans*) 分布区从印度尼西亚一直向北延伸到中国。这类植物含有超过 50 种不同的 MIAs，其中以钩吻碱和钩吻素子含量最为丰富。钩吻碱 2 和钩吻素己是钩吻属 MIAs 中毒性最强的两种，不过和马钱子碱不同的是，它们会导致肌肉的松弛和镇静。

断肠草在传统的中药中有着广泛的应用，它主要通过外敷来治疗风湿病、痉挛和头疼。在局部外敷中，不超过 50 g 植物组织被认为是安全剂量，但如果不慎吃下，2 ～ 3 g 植物就足以致命。这种植物实际上更多的是造成毒害而不是治病。在 2011 年，中国亿万富翁龙利源在一起商业纠纷中遭到谋杀，凶手在他当天所食用的午饭猫肉火锅中加入了断肠草。在中国，还有不少类似的中毒事件使用了断肠草和其他毒性稍低的药用植物。

右图：**北美钩吻（*Gelsemium sempervirens*），也被称为"晚上开放的喇叭花"，是美国南部分布的两种钩吻属植物之一，它比较喜欢山地干燥的环境。**

葬礼晚餐的悲剧

断肠草的毒性在亚洲东南部以外的地区，通常是不为人所知的，但即便是在这个地区，尤其是中国，它也造成了很多起中毒事件。在 2011 年 11 月，一个人用一种他认为是木通科大血藤（*Sargentodoxa cuneata*）的枝条泡了一桶药酒。在当天的晚些时候，他喝了一些这种药酒，当时并没有显现出任何症状。但是当他第二天早上再喝这种药酒的时候，距离他泡药酒已经过去了 24 小时，他却在 1 小时之后就中毒死亡。当时人们并不知道这个人的死因，直到他的葬礼上，34 个参加者中有 10 个人也喝了这种药酒，全部都有了不良反应，其中 4 人不幸身亡。后来对药酒进行检验，发现其中含有钩吻碱，酒中的枝条也被鉴定出来是断肠草。现在看来，药酒中钩吻碱和其他有毒化合物的浓度随着浸泡时间而逐渐上升，在死者第一次喝药酒的时候，这些毒素的含量还很低，并没有引起中毒反应。

从伊波卡因开始

学名
Tabernanthe iboga Baill.

俗名
夜灵木、伊波卡

科名
夹竹桃科

毒素种类
单贴吲哚类生物碱（伊波卡因）

人类中毒症状
循环系统：心律不齐
神经系统：惊厥、致幻
消化系统：恶心、呕吐

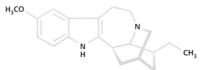

伊波卡因

上图：单贴吲哚类生物碱伊波卡因是宗教仪式中常用的植物，它可能是非洲本土植物中最著名的致幻剂。

左图：这株夜灵木（*Tabernanthe iboga*）生长在喀麦隆林贝植物园里，它的花很小，亮黄色，果实橘红色，顶端渐尖。它的根，尤其是根的树皮，常在宗教启蒙仪式中被用作刺激物。

夜灵木，一种夹竹桃科的灌木，它的根、根皮、茎和叶中都含有伊波卡生物碱，其中就包括了伊波卡因。夜灵木生长在中非西部到安哥拉的热带雨林中，对于加蓬人民来说，这是一种神圣的植物，因为它被用于本土布威蒂宗教的启蒙仪式中。它是夹竹桃科中少数几种已知的有致幻作用的植物，同时也是唯一一种在宗教中成年男女均可以服用的致幻植物，其他几种致幻植物只允许男性服用。

在西方，具传闻夜灵木被用来治疗药物上瘾，尤其是针对海洛因和其他鸦片类药物，只需要一点点剂量就能持续减轻患者对毒品的依赖。但是这种方法有很多其他限制而不能推广，它根本没有安全剂量，会引起胃肠道的疼痛和干扰正常的心跳节律等副作用。伊波卡因导致的死亡案例曾多次被报道。

具有风险的壮阳草药

另外一种著名的含有 MIAs 类物质的植物是茜草科的怀春檀（*Corynanthe johimbe*）。这种植物分布于尼日利亚到中非西部，其树皮中含有育亨宾碱。这种生物碱

抗抑郁药的发展

蛇根木（*Rauvolfia serpentina*）是另外一种夹竹桃科植物，这种植物的分布区从印度次大陆一直到中国南部和马来西亚西部。它在印度传统医学中被用作镇静剂和催眠剂，来治疗"劳蒙华综合征"或者精神失常。传说印度领袖圣雄甘地（1869—1948）会通过咀嚼这种植物的根来帮助冥想。这种植物最主要的吲哚类生物碱是利血平，它的作用

包括消耗中枢神经系统中的神经递质，但长期使用会造成一种持续的抑郁。这种副作用却恰好推动了抗抑郁药（例如氟西汀）的研发，因为它们的疗效可以通过测量其缓解由利血平造成的抑郁的程度来评估。

左图：蛇根木的根被用作药材已经好几个世纪了。

右图：由于担心制药产业对野生种群的过度采挖，国际上印度蛇根木的交易已经受到严格的监控。

是一种神经系统兴奋剂，在剂量很低的时候，它也可以使外周血管扩张，在一些男性中，会造成阴茎持续性勃起（一种疼痛但是持久的勃起）。怀春檀的树皮在中部非洲地区传统上被用作一种春药，并且它在很多国家推广的时候被冠以"保健品"的标签，但它在某些国家是被禁止销售的，比如英国和瑞典。怀春檀的其他副作用还包括增加出汗量、冷热交替、焦虑和惊厥，在大剂量的时候还会引起血压升高。另外还有许多报道表明它会引发心肌梗死（心脏病）。

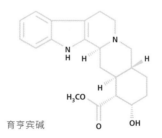

育亨宾碱

左图：**育亨宾碱**是一种有刺激性的单萜吲哚生物碱，它能够阻止身体里外周神经系统中抑制性的信号。

右图：虽然在一些国家，作为"保健品"销售怀春檀树皮是被禁止的，但在线上仍然可以交易，这就意味着它对消费者来说仍然是有风险的。

癫痫的罪魁祸首——倍半萜烯内酯

正如在本书第 26 页中讲述的那样，萜类在植物体内有多种形式。其中对人体有危险的是倍半萜烯内酯。内酯环是这种化合物的活性基团，它们中的很多种都对皮肤有刺激性（详见第 126－127 页），或者是过敏原甚至是致癌物。在这一节中，我们只讨论其中一小部分倍半萜烯内酯，它们能够引起潜在致死性的癫痫，某些八角（*Illicium* spp.）会含有这类物质。

像星星一样的莽草

学名
Illicium anisatum L.

中文通用名
莽草、日本莽草

科名
五味子科

毒素种类
倍半萜烯内酯（莽草素、新莽草素）

人类中毒症状
循环系统：心律失常
神经系统：萎靡、震颤、强直痉挛发作、呼吸骤停
消化系统：腹泻、呕吐

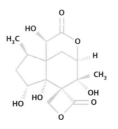

莽草素　　　　　　　　木防己苦毒宁

上图：一些倍半萜烯内酯通过抑制大脑内 GABA 受体引发癫痫。比如日本莽草（*Illicium anisatum*）中的莽草素和醉鱼藤（*Anamirta cocculus*）中的木防己苦毒宁。

下图：日本莽草是一种常绿灌木，它在春天的时候会开出星形的花朵。它的果实和八角（*Illicium verum*）非常相似，见右图。

干燥的八角（*Illicium verum*）果实像星星一样，经常被用于制作传统中药和草药茶。另外，在它的原产地中国和越南，八角的果实还常被用作烹饪菜肴中的调味香料。这种果实吃起来有甘草的味道，因为它含有高浓度的茴香脑，这是一种易挥发的苯丙素类物质。

不过如果不小心在上述任何一种用途的八角和莽草搞混而食用了莽草，则会引发严重的中毒反应，包括癫痫发作。在 20 世纪初，因为八角中混入了莽草，在欧洲、东南亚和北美

的一些国家发生了产品召回、限制进口以及公共卫生行业警告等事件。现在，为了确保二者不被混淆，形态观测、化学分析甚至分子生物学技术等各种手段都被用来检测哪怕最微量的污染。与八角不同，日本莽草中茴香脑的含量很低，更重要的是，它含有高浓度的有毒化合物，例如莽草素和新莽草素，这是一类在八角属中发现的结构独特的倍半萜烯内酯。

日本莽草的原产地在日本和韩国，在中国和越南也有栽培。在日本，这种植物被称为 shikimi，与日本佛教神社和墓地相关。这种常绿的树经常种植在这些地方，它们的枝叶通常被卖给游客用于放置在坟墓上，据说它可以驱赶野兽和当作给佛陀的祭品。之所以被认为是一种合适的祭品，是因为它不像鲜花枯萎得那么快，这种常绿的枝条只要经常换水，就能够存活很长一段时间。日本莽草的木材通常用来制作熏香，但这种芳香植物的最佳用途可能是将其枝条放在去世的人的身体周围，在其葬礼上净化空气。

上图：晒干的醉鱼藤的果实是一种鱼类的毒素，但也被用于传统药物中来治疗寄生虫和疟疾。

当毒药变成解药

在 1903 年，一种新的、有效的合成安眠药（佛罗拿）上市了。它是第一种商品化的巴比妥酸盐（巴比妥酸的衍生物）药物，即巴比妥。随后又出现了大量的衍生物。这类药物当时变得非常流行，但在使用上受到过量致死和上瘾的困扰。它们在中枢神经的许多系统中都会发挥作用，造成抑郁的情绪、血压降低和肌肉反应的下降，包括那些与呼吸作用相关的肌肉。在呼吸机还没有被广泛使用的 20 世纪 50 年代之前，人们尝试过好几种刺激性解毒剂。但可卡因、肾上腺素和马钱子碱在巴比妥酸盐中毒的病人中均收效甚微。当试验木防己苦毒宁的时候，人们发现它能够对抗肌肉麻痹，延续病人的生命直到病人的身体能够自己把巴比妥酸盐代谢掉。但是，频繁超剂量地使用这种解毒剂也会导致癫痫而致死。

苦味毒素

很多毒素都带苦味，但是直接以"苦味毒药"为名称的物质，是一类倍半萜烯内酯的混合毒素，木防己苦毒宁和苦亭。防己科的醉鱼藤（*Anamirta cocculus*）是一种攀缘藤本，分布于东南亚和印度的部分地区，它会结出许多光滑的果实，果实富含木防己苦毒宁。尽管有关醉鱼藤致死的案例目前并不多，但由这类植物加工而成的物品造成的中毒早已被人们熟知。这种毒素是可溶于水的，在印度，人们会把醉鱼藤的浆果碾碎，扔入水中来帮助捕鱼。据报道，在 1980 年，一个 12 岁的男孩因喝下这种毒药而身亡。它的果实，在药剂学中常被称为印度小球藻（*Cocculus indicus*）（这个名称实际上也是醉鱼藤的一个异名），曾经被用来治疗头虱。这种治疗方法目前已经被禁止了，因为木防己苦毒宁可以通过头皮被吸收，从而引发死亡事件。

木防己苦毒宁不仅在醉鱼藤果实中存在，同时还在苦皮桐（*Picrodendron baccatum*）中被发现。苦皮桐是一种苦皮桐科的乔木，分布于西印度群岛北部的岛屿上。在多米尼加，这种植物被称为马塔贝塞罗，字面意思就是小牛杀手，它的叶子磨成粉末可以用来杀死臭虫和虱子。海角桐是苦皮桐的近缘种，同样属于苦皮桐科，分布于南非西开普省，它的拉丁文属名意思是鬣狗的毒药。这种植物含有南非野葛素，这是一种结构上和羟基马桑毒素类似的物质。人们把它的种子磨成粉末来制作箭毒，有些时候人们也会把它的果实和种子涂抹在尸体上用来毒杀鬣狗和豺。

绵羊和大象的杀手

学名
Coriaria species (e.g.
C. *arborea* Linds., C.
myrtifolia L., C. *japonica*
A.Gray)

俗名
马桑

科名
马桑科

毒素种类
苦味毒素类的倍半萜烯内酯
（羟基马桑毒素、马桑内
酯、南非野葛素等）

人类中毒症状
循环系统：心跳加快
神经系统：精神状态改变、
震颤、惊厥、呼吸骤停
消化系统：腹泻、呕吐

马桑科只包含一个属（马桑属），10～15 个物种。这些植物都为灌木或小乔木，单叶对生，花很小，通常排成总状花序。果实为聚合瘦果，被宿存的花瓣所包裹，在成熟时，这些花瓣会变得肥厚多汁，发育成一种浆果状的结构。整个植物，除了这些肥厚的花瓣，都是有毒的。它们的体内含有能引起惊厥的倍半萜烯内酯，包括羟基马桑毒素，这就是不建议食用马桑果实的原因。

新西兰是马桑属分布的多样性中心，当地人把这类植物统称为 tutu。毛利人长久以来就知道这种植物的毒性，但仍非常喜欢用马桑肥厚的花瓣榨果汁。尽管今天听起来很难让人相信，但 1773 年最早抵达新西兰的两只绵羊，都因为吃了马桑而中毒。早期的欧洲移民宣称，在意识到马桑的毒性之前，他们损失掉了约 75% 的家畜。

羟基马桑毒素以及相关毒素的效力为人所知，源于新西兰大象中毒的事件。1869 年在奥塔戈，一头巡回展览的大象在吃了马桑 3 个小时之后死亡，1956 年，奥阿库尼的另一头大象莫丽也同样由于吃了马桑而中毒死亡。

今天，莫丽的颅骨在奥克兰大学（Auckland University）的

下图：桃金娘叶马桑（*Coriaria myrtifolia*）是马桑属唯一分布于欧洲的种类，原产于地中海西岸的国家。它那耀眼的果实由于含有马桑毒内酯，曾在西班牙、法国、摩纳哥等地造成人类中毒事件。

麦克格雷博物馆（McGregor Museum）里展出。人类因为食用马桑而中毒的例子鲜有报道，不过在 2012 年，3 位游客在新西兰南岛卡胡郎吉国家公园游览时由于吃了大量马桑的果实而寻求医疗救援，其中两名患者出现了癫痫症状并需要医学手段介入，幸而最终脱离危险。

潜在的引起痉挛的蜂蜜

有时，由于食用花蜜而间接接触到马桑也会引发羟基马桑毒素中毒，虽然蜜蜂看起来对羟基马桑毒素是免疫的，但造成中毒事件的原因并不是蜜蜂采食的花蜜中含有这种化合物，而是因为蜜蜂有时会采食其他以马桑为食的昆虫，例如一种广翅蜡蝉（Scolypopa australis）分泌的液体。这类以植物汁液为食的昆虫通常会摄入过量的糖分，然后会把多余的糖分以一种甜味的液体分泌出体外。在旱季，这种液体就会成为蜜蜂的食物来源，用于生产蜂蜜。人们通过分析这种有毒蜂蜜发现羟基马桑毒素主要以糖苷的形式出现。这可能是广翅蜡蝉演化出的一种防御机制，因为植物体内游离的羟基马桑毒素对昆虫始终是一种潜在的威胁。苦味毒素类的倍半萜烯内酯被证实能够影响大多数昆虫的马氏管系统，这是和哺乳动物的肾脏相类似的一种结构。通过影响马氏管系统，羟基马桑毒素能够让它的含量在昆虫体内升高，从而让昆虫更容易死于这种毒素。有趣的是，所有的以植物汁液为食的害虫蚜虫都没有马氏管。

上图：分布于新西兰南岛的新西兰马桑（*Coriaria arborea*），有长长的、垂下来的未成熟果序。这种树的花蜜曾造成多次中毒事件，最近的一次报道在 2008 年。

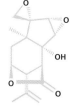
马桑内脂

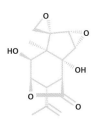
羟基马桑毒素

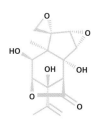
南非野葛素

左图：马桑内酯、羟基马桑毒素和南非野葛素在结构上都与苦味毒素非常相似，这也是在远缘植物中演化出类似化合物的一个例子。

伞形科

我们很容易通过花将伞形科植物识别出来。它们的花朵通常组成一个复伞形花序，这也是这个科名称的由来。伞形科的保留名"Umbellifera"意思是许多的小伞。这个科是一个大科，有大约 3 500 种植物，其中的大部分长得都很相似。伞形科中的很多种都是我们烹饪的食材，比如胡萝卜、欧洲防风、芹菜、香菜、西芹、孜然、当归、茴香等。即便这是一类我们在食物和烹饪中常用的植物，这个科内同样包含一些世界上最毒的植物。根据种类的不同，这些植物中所含的毒素能够造成一系列症状，包括口腔中的味觉异常、一系列皮肤反应、癫痫、麻痹甚至死亡。

从刺痛感到致死的癫痫

胡萝卜中的一些特殊的气味，包括伞形科中其他植物以及一些近缘物种的气味，源于一类特殊的化合物——聚乙炔醇或者聚炔烃。这种易挥发的化合物能够强烈地影响到草食动物体内的生化过程。

大多数的聚炔烃，例如胡萝卜和欧洲防风中所含的炔醇，人类食用是无害的，但是如果皮肤与其频繁接触会引发皮疹和过敏。这对于农民和家畜来说确实是一个问题，因为这类物质在其茎和叶中含量很丰富。有的时候，胡萝卜和欧洲防风中的聚炔烃比较明显，当你吃它们的时候，会感受到一种刺痛感或者口腔内的灼烧感，尤其是当这些蔬菜没有去皮或者你吃的是偏上方的部位时。聚炔烃的含量也会因为生长条件不佳或者植物受到真菌和害虫侵扰而升高。

伞形科中最毒的化合物（谢天谢地仅仅存在于少数几种植物中）是聚炔烃的一个小的亚类，其中最出名的包括毒芹（*Cicuta virosa*）中所含的毒芹素，和水芹属的一些植物（*Oenanthe crocata*）中所含的水芹毒素（详见第 76—77 页）。尽管结构上与其他聚炔烃很相似，但极少量这类特殊化合物就能造成致死性的癫痫。这类化合物没有上文所提到的刺痛和灼烧的口感，因而缺少被大量摄入的"警告"。目前已经有多起误将毒芹或者有毒的水芹当作可食用的伞形科植物而中毒死亡的案例。

阳光加重的痛苦

聚炔烃可引发皮炎，而一些伞形科植物所产生的化学物质可以引发比皮炎严重得多的皮肤反应。这类化合物属于一类叫作呋喃香豆素的物质，其中的一大部分物质都归于一类补骨

下图：毒水芹（*Oenanthe crocata*）的复伞形花序，所有的花葶都从一个点长出来，很像一把小伞。

脂素的小类。它们造成的危害常常不可预测，因为这些化合物需要暴露在紫外线下才能发挥其毒性。有时候我们在接触了这类化合物好几天后都没有不良反应，直到皮肤暴露在阳光下以后才会长出痛苦的水泡。最为出名的引发水泡的植物是巨独活（*Heracleum mantegazzianum*，详见第128—129页）和它的近亲，它们在世界范围内已经从栽培植物逸生而形成了入侵物种。这类植物在花园里可以长得十分壮硕，一旦让它们结籽，它们就会到处传播。

左图：修剪完峨参（*Anthriscus sylvestris*）之后，其汁液中的补骨脂素会接触我们的皮肤，当我们暴露在阳光下时，皮肤上会起很多疹子。

苏格拉底之死

　　伞形科的一些植物是有剧毒的，其中一种就是毒参（*Conium maculatum*，详见第100—101页）。这种植物含有毒芹碱，这是一种能引起肌肉麻痹而令人窒息的神经毒素。在古希腊，这种植物被用于执行死刑，苏格拉底在公元前399年被判死刑，基于后代哲学家对当时苏格拉底症状的描述，他死前应该是喝下了一杯毒参的汁液。

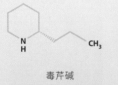

毒芹碱

上图：一棵毒参和毒芹碱的化学结构式。
右图：法国画家雅克－路易·大卫（Jacques-Louis David）的名画（1787年）《苏格拉底之死》（*The Death of Socrates*）。

水芹之毒——聚炔烃

人们通常所说的"水芹"其实包含了伞形科的两个属——毒芹属和水芹属。这两个属的植物都喜欢潮湿的环境，通常生长于河边。这些植物全株都含有剧毒的聚炔烃（一种不饱和的长链醇类），而它们又和一些可食用的伞形科植物（例如普通芹菜和欧洲防风）长得很像，因此它们经常引起人类中毒甚至死亡事件。

"剧毒胡萝卜"

学名
Cicuta virosa L. 和 *Oenanthe crocata* L.

俗名
毒芹、毒水芹

科名
伞形科

毒素种类
聚炔烃（毒芹素、水芹毒素）

人类中毒症状
循环系统：心跳加快
神经系统：瞳孔扩大、昏迷、癫痫
消化系统：恶心、腹泻、呕吐
其他：呼吸损伤、快速肌肉溶解（横纹肌溶解综合征）、肾衰竭

毒芹属只包含4种植物，它们全部都有剧毒，其中3种只分布于北美，另外一种毒芹分布于北美、欧洲和亚洲北部。相比之下，水芹属就大多了，它大约包括40种植物，是毒芹属的10倍，分布区从北美、欧洲、非洲一直到澳大利亚。尽管水芹属也包含许多剧毒的物种，但至少有一种，即水芹（*Oenanthe javanica*）是无毒的，并且被当作蔬菜食用。

下图：**毒水芹**（*Oenanthe crocata*），原产西欧和摩纳哥，在春天会长出嫩绿的茎叶，它的根是造成人类和家畜中毒最主要的来源。

下图：聚炔烃类毒素毒芹素和水芹毒素能引发症状与马钱子碱中毒类似的肌肉痉挛。如果改变羟基的位置，这类能引起痉挛反应的毒素就会变为另一种过敏性化合物。

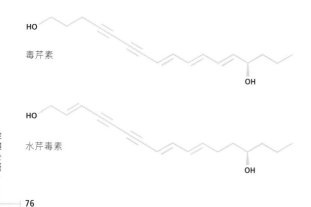

毒芹素

水芹毒素

踏春时不能做的事

有两家人相约一同春游，他们觉得无事可干，于是便在网上搜寻，发现有一道名为"救荒食品"的粥的食谱，原料是常见的芦苇根，出于好奇他们决定来尝试一下。芦苇的根很容易通过其中的空腔和分隔而成的一个一个小室来加以区分。在湖边的湿地里，他们发现了一些符合描述的根漂浮在芦苇丛中。于是他们把这些根洗净，去皮并和黄油一起熬成糊状。尽管这群人很小心地只尝了一点，但他们在30分钟之内都出现了恶心的症状。其中几个年轻的女孩很喜欢这种粥，多尝了几勺，便开始出现呕吐和癫痫症状。幸运的是，他们被及时送往医院，最终都康复了。这些根原来是毒芹，这些粥中含有毒芹素，而且含量比在毒芹的根中高了10倍。原来，由于在烹饪过程中加入了黄油，使得毒素含量更高了。

右图：毒芹（*Cicuta virosa*）在北半球广泛分布，其根中的空腔让它能漂浮在水上。

根的威力

根是伞形科植物中毒性最强的部位，当根被切断的时候，植物会流出黄色的乳汁，这些乳汁在空气中暴露一段时间后会变黑。有一种简单的办法可以区分毒芹属和水芹属：毒芹属有一个明显的主根，其内有很多空心的小室或空腔；而水芹属的根是实心的，而且每棵植物都有好几条用于储藏的块根。这些根很容易被分开，每个块根在春天的时候又可以长出新的植株。它们的果实也适于靠水传播，在果实的最外层有一层海绵状的组织，能让果实漂浮在水面上。

家畜们经常死于误食毒芹或水芹，尤其是当农田清理排水沟的时候，这些植物的根会暴露出来，此时误食致死的频率更高。这些根在冬天的毒性最强，虽然在春天的时候它们仍然有很强的毒性，不过部分毒性会转移到新生的茎和叶中去。由于早春的时候可供食用的东西不多，因此每年的这个时候毒芹和水芹的茎叶常会造成家畜中毒。

毒素影响下的微笑

早在古希腊时期，诗人荷马在他的作品中写下了一个词，"痉笑"，后来这个词被沿用到了药典中，它描述的是面部肌肉收缩时的表情，例如得了破伤风或者马钱子碱中毒（详见第66—67页）的时候。这种表情通常伴有眉毛上扬，睁大眼睛和开口大笑。根据经典文献记载，这个症状的名字源于地中海地区一个叫萨丁岛的岛屿，在这个区域，水芹非常常见。据说，早期在此殖民的腓尼基人在对囚犯执行死刑前会给他们喝一种让人陷入昏迷的药剂，而喝下这种药剂之后，犯人的面部通常会出现上述这种诡异的表情。由于马钱子碱直到近代时期才被欧洲人所知，所以人们推测这种药剂很可能是由有毒的水芹制成，因为水芹毒素也能引发相似的症状。

从蜜蜂到大脑——木藜芦毒素

一些杜鹃花和其他杜鹃花科的植物，比如青姬木（*Andromeda* spp.）、山月桂（*Kalmia latifolia*）以及马醉木（*Pieris* spp.）会产生一种特殊种类的二萜——木藜芦毒素。在常见的黑海杜鹃（*Rhododendron ponticum*）中最主要的木藜芦毒素是木藜芦毒素 I（也被称为杜鹃毒素）和木藜芦毒素 III。它们对脊椎动物和无脊椎动物都有毒性，能够阻断细胞膜上的钠离子通道，从而阻止神经抑制信号的传导，这种效应在副交感神经系统中尤其明显。在很多国家，家畜误食含有木藜芦毒素的植物而死亡的例子很常见。甚至在某些地区，绵羊对一种山月桂（*Kalmia angustifolia*）中的毒素尤其敏感，因此这种山月桂在当地被称为绵羊山月桂，或者被直接叫作绵羊杀手。

有风险的杜鹃花

学名	**人类中毒症状**
Rhododendron ponticum L.	循环系统：低血压、心动
俗名	过缓、致命性心律失常
普通杜鹃、黑海杜鹃	神经系统：出汗、视觉模
科名	糊、头晕眼花、虚弱、精
杜鹃花科	神状态改变
毒素种类	消化系统：恶心、呕吐
木藜芦毒素类二萜（木藜芦毒素 I 和 III）	

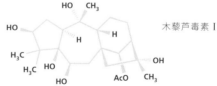

木藜芦毒素 I

上图： 木藜芦毒素 I 是一种杜鹃花科植物产生的有毒的二萜，它可以在蜂蜜中积累到让人中毒的剂量，产生所谓的毒蜂蜜。

左图： 绵羊山月桂因为其花很美丽，在世界温带地区广泛种植。但是在它的原产地美国东部，它对很多家畜都有毒害，包括绵羊。

黑海杜鹃原产土耳其和黑海沿岸以及伊比利亚半岛。自从 19 世纪引入西欧和北欧之后，它在这些地方开始迅速繁衍并入侵到这些地区原生的欧石楠灌丛。

蜜蜂小心点

色诺芬，古希腊时期雅典军事指挥官，可能是史料记载的第一位毒蜂蜜中毒的人，这段记载见于公元前 401 年，古希腊和波斯国王阿尔塔萨西斯二世的战役中。在这场战役中，色诺芬的军队在土耳其黑海沿岸行军途中因为食用了有毒蜂蜜，在随后好几天都丧失作战能力。当时他的记载写道："那些误食了蜂巢的军人头脑一片空白，上吐下泻，而且完全无法用两条腿站立。"

今天，在西欧和北欧，黑海杜鹃十分常见，我们可以推测，这些地区的蜂蜜由于含有木藜芦毒素而变成了毒蜂蜜。然而，事实并不是我们所想的那样。通过研究蜜蜂的行为，科学家们才为这个问题找出了答案。最近，在英国开展了一项木藜芦毒素对三种不同蜜蜂的影响的研究，分别是欧洲黑蜜蜂（*Apis mellifera. mellifera*）、一种浅黄色尾部的熊蜂（*Bombus terrestris audax*）以及一种潜花蜂（*Andrena carantonica*）。研究发现，木藜芦毒素 I 对熊蜂的生活和行为完全没有影响，但对于潜花蜂来说有一定的致死性，表现为不进食以及一些萎靡不振的行为。相反，用木藜芦毒素 I 喂蜜蜂则是完全致死的，在 6 个小时内它们就全都死光了。事实上，通过自然观察发现，在引种普通杜鹃的区域，蜜蜂并不以杜鹃为食。由于只有蜜蜂才会生产供人类食用的具有商业价值的蜂蜜，黑海杜鹃的蜜腺不会对英国的蜂蜜造成显著的影响。

相比之下，那些在黑海杜鹃分布区东部的蜜蜂（*Apis mellifera caucasia* 和 *A. m. anatoliaca*）确实会以黑海杜鹃为食，也会产生毒蜂蜜。但即便这样，并不是所有土耳其的蜂蜜都含有木藜芦毒素，因为那里的蜜蜂同样也取食其他植物的蜜腺。当地的养蜂人可以分辨得出什么时候蜂蜜中含有木藜芦毒素，含有毒素的蜂蜜会令喉咙产生一种刺痛和灼烧的感觉。这种苦味的蜂蜜在医学上有应用，但也造成了多起中毒事件，不过在过去 30 年里并没有人因此死亡。

上图：黑海杜鹃（*Rhododendron ponticum*）的蜜腺是黄尾熊蜂的一个重要的食物来源，这种熊蜂可以取食它的花蜜而不会中毒。

红色花朵之谜

一位祖母听信了一种传统疗法，使用一种"红色花朵"来治疗她两个月大生病的孙子。她的孙子一直咳嗽，曾被诊断为支气管炎。老太太在她家附近找到了一种看上去符合描述的植物，并用它来煎药然后给她的孙子服下。之后她的孙子便开始呕吐，手臂和腿也不断地抽搐。老太太只好把这个婴儿带到急诊室。除了抽搐之外，这个婴孩还出现了针尖样瞳孔、心动过缓以及低血压，所有的症状都跟副交感神经系统兴奋有关。幸运的是，在对症治疗之后，这个孩子在 2 天之后完全康复。分析婴儿的尿液和植物材料后，发现其中含有木藜芦毒素 I，这也很好地解释了婴儿为什么会出现上述症状，同时，植物也被鉴定出来，是一种杜鹃花。这是一起对"红色花朵"的错误鉴定，只是这个祖母到底应该用哪种红色花朵仍然是个谜。

女巫的魔药——莨菪碱

在最为恶名远扬的有毒植物中，有一类是富含莨菪碱的茄科植物。它们富有传奇色彩的中毒事件通常和迷幻的魔药、飞行的女巫以及它们奇特的名字联系在一起，激发了人们无尽的想象。

在茄科植物中所发现的莨菪碱通常是托品醇的衍生物，其中最著名的是阿托品[这是一类(S)–莨菪碱和(R)–莨菪碱的混合物]和东莨菪碱（也被称为天仙子胺）。莨菪碱的种类和含量随着植物种类的不同、植物部位的不同甚至一年中时节的不同而变化，这也使相关的中毒症状随之发生改变。

莨菪碱具有抗胆碱活性（尤其是抗毒蕈碱活性）。医学院的学生们通常用下面一个口诀来描述莨菪碱的中毒症状：

◆ 疯似帽匠——精神状态的改变

◆ 热如野兔——皮肤干燥和发烧

◆ 红比甜菜——发红的皮肤

◆ 盲类蝙蝠——瞳孔扩大

◆ 干像枯骨——黏膜干燥

另外，这类生物碱还会导致血压升高并阻止神经信号调节心脏节律，让心跳加快。这种效果让这类植物也可以作为药物。但是这类药物通常都有一些副作用，这些副作用也会提示你食用这类植物的后果。

下图：**夺命颠茄**（*Atropa bella-donna*），其属名来自希腊神话中的命运女神阿特洛波斯（Atropos），其种加词 bella-donna 字面意思是"漂亮的妇女"，这可能是由于意大利妇女将它用作眼药水。

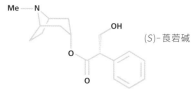

托品醇

左图：托品醇的基本结构是两个环共享一个氮原子。

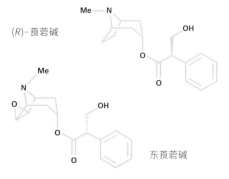

(S)–莨菪碱

(R)–莨菪碱

东莨菪碱

上图：阿托品由两种莨菪碱组成，其中 S–莨菪碱活性最强。与其结构相似的东莨菪碱具有一个含氧原子的杂环，这一结构也让它更容易被大脑吸收。

夺命颠茄

学名	人类中毒症状
Atropa bella-donna L.	**循环系统**：心悸、心动过速（脉搏加快）、血压升高
俗名	**神经系统**：混乱、幻觉、发热、震颤、肌肉痉挛
美人颠茄、夺命颠茄	
科名	**消化系统**：口干、肠梗阻（胃肠蠕动过慢造成便秘）
茄科	
毒素种类	**其他**：瞳孔扩大、皮肤发红、尿滞留（尿潴留）、抑制出汗
莨菪碱（阿托品［（*S*）－莨菪碱和（*R*）－莨菪碱的混合物）］	

我们当然要从夺命颠茄开始。这是一种多年生草本植物，在冬天的时候地上部分枯萎，只留地下的根茎过冬，在夏天的时候，这些根茎又能长成一株高大的植物。这种植物的花是钟状、单生、粉红色的，在落花之后会结出诱人多汁的黑色浆果，宿存的萼片在果实的基部形成一个星星的形状。这种植物生长在欧洲、西亚和北美。在北欧，它尤其喜欢生长在石灰质土壤和修道院的周围，因为在中世纪的时候，修道院常常把这种植物作为药用植物来栽培。

颠茄是用这种开花植物或根制作的药物的名称，这类药物在治疗肠绞痛的时候仍然会用到。这种药不仅在其原产地（例如欧洲）的药典中有记载，在一些非原产地地区，例如中国、日本和美国的药典中也有记载。这种植物中所含的生物碱阿托品的硫酸盐，今天仍然是眼部手术之前最常用的扩瞳剂（详见第 41 页）。

女巫的仪式

和曼德拉草（*Mandragora* spp.）以及天仙子（*Hyoscyamus* spp.）一样，夺命颠茄也是一种含有莨菪碱的植物，并和早期巫师的各种鬼把戏有密不可分的联系。据说，用它制成的药膏能让女巫们有一种飞翔的感觉，这也是为什么女巫通常被描述为骑着扫帚在天上飞。

最近的一起由夺命颠茄造成的死亡事件（尽管这种致人死亡的情况已经非常少见了），发生在一位名叫罗伯特·科克伦（Robert Cochrane）的现代巫师身上。他住在英国，并创办了一个名为 Tubal Cain 的巫师教派，这个教派结合了凯尔特神秘主义和乡村巫师魔法（后者在美国的分支被称为"1734 传统"）。

有毒的派

大多数夺命颠茄的中毒事件都和它多汁的浆果有关，这些浆果对孩子们很有吸引力，有的成年人也会把它们当作可食的蓝莓。一个典型的案例是一对夫妇在出外散步的时候，摘了一些这样的浆果，把它们当成蓝莓并做成了派食用。邻居们发现第二天这对夫妇没有拉开窗帘，并且敲门也没有回应。报警之后警察来了，发现整间屋子混乱不堪，夫妇二人都急需医疗救护。厨房里还剩了一些水果派，呕吐物中也能看到一些种子。后来，通过英国皇家植物园的专家鉴定，这些果实被证实是夺命颠茄。这个鉴定结果最初非常令人困惑，因为当时是 2 月份，在这个季节夺命颠茄是不会结果的。后来才知道，这些果实是这对夫妇前一年夏天采集，并冻在冰箱里保存的。

在 1966 年夏至之后的 8 天，科克伦被发现死亡，看上去服用过夺命颠茄的叶子和安眠药。对于他的死亡，调查认定这是一起使用夺命颠茄的自杀事件。不过在一些巫师圈子里，科克伦的死被认为是一种自我献祭仪式。

下图：天仙子（*Hyoscyamus niger*）原产于欧亚大陆的大部分地区，现在广布于世界温带地区。

尖叫的曼德拉草

学名	科名
Mandragora officinarum L. 和 *Mandragora autumnalis* Bertol.	茄科
	毒素种类
俗名	莨菪碱（东莨菪碱、阿托品、古柯碱（毒茄参碱））
曼德拉草、恶魔的苹果、毒茄参	**人类中毒症状**
	与夺命颠茄类似（详见第 81 页）

曼德拉草原产于地中海地区，它没有地上茎，而是由长长的分支状的主根顶端长出莲座状的叶丛。它的花为钟形，从叶腋处长出来，果实圆球形。

由于其根的特殊形态以及其药效和毒性，它经常出现在各种迷信活动中，还曾激发了不少作家的创作灵感。在莎士比亚的罗密欧与朱丽叶的第四幕中，朱丽叶担心当她喝下一剂能让她陷入一种类似死亡的沉睡状态的药物之后，她会在坟墓中醒来并听到真正死亡的脚步，她把这种状态比喻为"当把曼德拉草拔出土壤，曼德拉草发出的尖叫声能让听到的人发疯"。随着哈利·波特系列小说的风靡，曼德拉草也变得举世闻名。在《哈利·波特与密室》（*Harry Potter and the Chamber of Secrets*）中，曼德拉草是配制恢复药剂的必需的原料，这种药剂能使被蛇怪凝视而石化的人恢复。霍格沃茨的同学们在给曼德拉草幼苗换盆的时候都必须佩戴耳罩，因为如果听到曼德拉草人形的根发出的哭叫声，人类会晕倒好几个小时。

上图：曼德拉草（*Mandragora* spp.）具有人形的根部。这是一幅公元 7 世纪希腊一本草药书那不勒斯抄本上的插图。

左下图：毒茄参（*Mandragora autumnalis*）是欧洲分布的该属两种植物中更为常见的一种。它拥有淡紫色的花朵、低矮的莲座状叶丛和粗糙质感的叶子。

催眠战术

曼德拉草长期以来也被作为一种药物，例如，它是"催眠海绵"，一种中世纪流行的麻醉剂的主要成分（详见第 201 页）。不过早在此之前，曼德拉草可以催眠的疗效就已经为人所知，同时人们也知道稍有不慎会有致命的后果。古罗马参议员弗罗伦蒂努斯在他的《谋略纪要》（*Strategemata*，公元 84—96 年）中写到一个名叫马哈巴尔的人，他是汉尼拔手下的一位迦太基官员，在公元前 200 年的时候被派去攻打叛乱的非洲人。当知道他的敌人喜欢喝酒之后，马哈巴尔在酒中混入了大量的曼德拉草。在一场小规模的战斗之后，马哈巴尔佯装撤退，在营地里留下了许多下了药的酒，故意让他的敌人发现并喝下。马哈巴尔之后重新进攻，轻而易举地取得了胜利，他的敌人要么直接被毒死，要么失去战斗力。

天使的喇叭和恶鬼的苹果

曼陀罗属是富含茛菪碱植物中分布最广的一个属，它的分布区域从美洲的北部和中部、非洲一部分地区到欧洲和亚洲的大部分地区，它在世界的很多地方都是一种常见的杂草，在有些地区还作为装饰植物种植。这类植物的俗名包括恶魔的苹果、刺苹果、刺疙瘩等。它们通常是一年生的，有着强壮、分枝的茎，长长的喇叭状的花冠，这些花朵通常水平生长，有时候也会竖直生长。

天使的喇叭是分布于南非的一种多年生灌木或小乔木。它们曾经也被置于曼陀罗属中，但现在研究人员把它们从曼陀罗属中分离出来，独自组成木曼陀罗属。它在野外已经几乎灭绝，这种迷人的植物在南非和世界上很多其他地方都被当作一种观赏植物栽培。它大型的喇叭状的花朵下垂地悬挂着，在夜晚散发出香味，通常被认为由夜间活动的蝙蝠或者蛾子来传粉。不过红花木曼陀罗（Brugmansia sanguinea）是个例外，它的花朵呈红色或者黄色，没有香味，通常由蜂鸟进行传粉。

曼陀罗的英文俗名 jimsonweed[由两个单词 Jamestown 和杂草（weed）组合而成] 源于 1676 年发生于弗吉尼亚州圣赫勒拿岛（Jamestown）的一个事件。当时一队英国士兵被派去镇压一场叛乱，他们用一些杂草煮了一盘菜。关于这个事件的报道见于

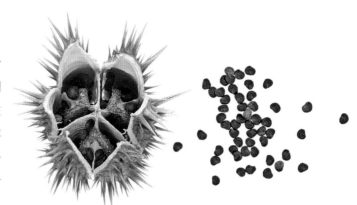

上图：曼陀罗（*Datura stramonium*）的蒴果开裂并释放里面的种子，通常情况下蒴果裂成 4 室，图上这个果实不太常见地裂成 6 室。从蒴果中可取出一些黑色肾形的种子。

1705 年史学家小罗伯特·贝弗利（Robert Beverley Jr., 1667—1722），他把士兵的症状称为"喜剧片"。根据他的描述，一个士兵把羽毛吹到空中，第二个士兵拿稻草扔它，第三个士兵赤裸坐在角落里，朝路人傻笑和做鬼脸，还有一个士兵到处跑来跑去，还亲吻他的同伴，这些人的症状持续了 11 天。

类似的中毒事件正在周而复始地发生，这不仅发生在青少年身上，也发生在成年人身上。罪魁祸首就是"天使的喇叭"和其他富含茛菪碱的植物，这些事件都带来了比较严重的后果。

下图：曼陀罗具有边缘齿裂的叶片、直立生长的喇叭状的花朵和一个没有成熟的蒴果。它的原产地在美国南部和中美洲，如今那里几乎是世界广布的杂草。

草本致幻剂——异喹啉生物碱

现在的石蒜科（Amaryllidaceae）由于新加入了百子莲（*Agapanthus* spp.，百子莲亚科）和原来葱属及其近缘属（葱亚科），变成了一个拥有 3 个亚科的大科。不过，只有最早的石蒜科，即狭义石蒜科的成员（石蒜亚科）对人类是有毒的。它们含有一类由共同的前体（去甲贝拉定，norbelladine）演化为超过 500 种的特殊生物碱。这里，我们着重讲述刺眼花（*Boophone disticha*），其他的例子将会在本书后面的章节介绍（详见第 142—143 页和第 212—213 页）。

从牛的杀手到巫医

学名
Boophone disticha (L.f.) Herb.
俗名
刺眼花、毒球茎、丛林毒球茎、烛台花、
科名
石蒜科

毒素种类
石蒜碱（布风花碱及其他）
人类中毒症状
循环系统：血压升高、心动过速
神经系统：幻觉、精神状态改变、肌肉强直、神志不清
消化系统：恶心、呕吐
其他：体温升高、呼吸困难

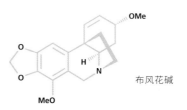

布风花碱

上图：**布风花碱是石蒜科（Amaryllidaceae）植物中含有的一种特殊结构的异喹啉生物碱。它的致幻功效正是其在传统医药中被使用的原因。**

刺眼花是一种分布于东非到纳米比亚再到南非西开普省的标志性的植物。这种植物有一个巨大的球茎，在春天的时候球茎顶端会长出开满红色或粉色花朵的花序。它的叶子很大，宽扇状，灰绿色，最大能长到 45 厘米长，5 厘米宽，而且通常边缘是波浪状的。当种子成熟的时候，宿存的果序裂开，种子散落出来，风力能将它们带到很远的地方。

一种古老的箭毒

南非的古老岩画上就已经出现了刺眼花。同样在南非，在库加山脉中发现的一具距今 2 000 年的木乃伊，身上大部分区域被一层厚的刺眼花叶子所覆盖。近代的一些人工制品，比如一支 1806 年的毒箭，里面也含有石蒜碱。以上这些证据都说

左图：**在春天，刺眼花半暴露的球茎顶端长出一根短粗的花葶，顶端开满芳香的花朵。它的叶子在开花之后才开始生长，最终会长成一种特殊的扇形。**

明，在这些区域，刺眼花很早就开始作为一种栽培植物了。尽管刺眼花的学名中，属名 *Boophone* 来源于希腊语，字面意思为"牛的杀手"，但是涂有刺眼花汁液的毒箭通常只用来猎杀更小型的动物。

上图：**刺眼花的另一个名字是火球百合，这个名字非常形象地描述了开花的时候刺眼花粉红色的花序，每一朵小花有 6 枚条形的花被片。由于大量地人为采集以提供给传统医药使用，野生的刺眼花种群在南非已经不常见了。**

过失杀人犯

一个男子服下了土著医生给他的 150 毫升的药剂，因为医生告诉他，他已经被恶魔下了咒语，服下药剂之后他能进入一种恍惚的状态，这样，医生就能揭开这种妖术的罪魁祸首。过了一会儿，患者开始出现幻觉，他以为自己受到了攻击，变得躁动不安。为了保护他自己，他拿出一把枪开始胡乱向周围射击，打伤好几人并打死一人。当这名男子被捕后，法医调查了他服用的药剂后发现里面含有刺眼花中的化学物质，包括布风花碱和其他一些生物碱，同时还发现有丁香酚，这是一种有芳香气味的挥发油。

良药和魔药

刺眼花在南非是一种常用的药用植物，不仅原住民使用刺眼花，就连新近的移民也在利用这种植物。在索托人和科萨人中，刺眼花是由男孩长成男人的成人礼中重要的一环，它会被敷在包皮切割礼之后的伤口上。另外，荷兰殖民者也通过睡在布满刺眼花叶子的床上来治疗癔症和失眠。刺眼花煎水可用作催吐剂和泻药，同时也被用于壮阳，或者增强记忆力，亦可用于治疗压力相关的疾病和精神疾病。然而，把刺眼花当成药物服用或者用其煎剂来灌肠有极大的中毒风险。在历史上，每年都有多达 30 个传统医药中使用刺眼花造成的中毒死亡或者利用刺眼花自杀身亡的报道。

在很多传统医药体系中，疾病经常和人的精神世界纠缠在一起。因为刺眼花能够引起幻觉，在南非，传统的医生和巫医就利用它的这一特征去和病人的灵魂进行交流，然后对他们进行诊断和治疗，甚至诅咒。在东津巴布韦的曼妮卡部落中，人们在住所的外面种植刺眼花，以期带来好运，远离近期死去的人的灵魂和恶魔。

刺激大脑的化学信号——β-咔啉生物碱

上千年来，人类用各种植物来刺激大脑中的化学物质，期望能借此改变某种精神状态，这其中包括仙人掌科的乌羽玉（详见第 65 页的小贴士）以及来自不同科的超过 50 种植物中含有的色胺类化合物，例如 N，N- 二甲基色胺（DMT）。豆科植物黑金檀（详见第 65 页）就是其中之一。在哥伦比亚的奥利诺科河盆地和委内瑞拉，它的种子被用来制作一种致幻的鼻烟。据说这种鼻烟的使用最早可以追溯到 1496 年的西印度群岛，在那里这种东西被称为"科波瓦"。在北非和一些阿拉伯国家中，白刺科骆驼蓬的种子被用作一些宗教仪式的熏香，在这些种子中，首次分离出了骆驼蓬碱，一种 β-咔啉吲哚类生物碱。而在全球范围内，一种由富含 β-咔啉生物碱和色胺的植物制成的饮料——死藤水，也逐渐开始变得流行起来。

下图：生活在秘鲁亚马孙流域的通灵藤缠绕扭曲的茎。野生的通灵藤已经越来越少见，不过这种植物很容易繁殖，通常被栽种于城市的周边。

通灵藤 ——"灵魂之藤"

学名	毒素种类
Banisteriopsis caapi (Spruce ex Griseb.) Morton（异名：*Banisteriopsis inebrians* Morton）	β-咔啉生物碱（骆驼蓬碱及其他）
俗名	**人类中毒症状**
通灵藤、卡皮草	神经系统：头晕眼花、瞳孔扩大、攻击性行为、视觉改变
科名	消化系统：恶心、分泌唾液、呕吐、腹泻
金虎尾科	

通灵藤，又被称为"卡皮草"，也有很多其他的俗称，是一种金虎尾科（Malpighiaceae）的植物。它生长在南美洲大部分的热带地区，包括亚马孙盆地的西部、哥伦比亚和秘鲁。这种巨大的藤本植物有着粉红色美丽的花朵，不过当地的居民通常是用它的树皮，有时候也用树叶和树根，来制作名为"死藤水"的饮料。传统上，这种饮品只能由男性饮用，这通常是为了某种仪式、占卜或者治疗一些疾病。

在仪式上使用死藤水要持续好几个小时，每隔一个小时就会饮下少量的这种液体。它的效果由多种因素决定，包括环境、预期目的和萨满的引导等。

死藤水在制作过程中还会加入一些其他植物，最常见的是

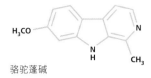

骆驼蓬碱

N, N- 二甲基色胺

上图：吲哚生物碱可以通过不同的形式来干扰神经递质。骆驼蓬碱是一种 β- 咔啉生物碱，它能够阻止 N，N- 二甲基色胺（DMT）的降解，让后者能够被大脑所吸收，使人产生幻觉。

上图：在秘鲁的普卡尔帕熬制的死藤水，人们将切断的通灵藤茎和树皮以及一种茜草科九节属植物绿九节（*Psychotria viridis*）的叶子放在一起熬制。

茜草科九节属的一种植物——绿九节（*Psychotria viridis*）。据说，通灵藤的不同形态会影响到萨满的表现，依据萨满在服用通灵藤之后"变成不同的动物"，通灵藤又可以被分为美洲虎、蟒蛇或者鹰。通灵藤的煎剂通常会使人产生幻觉，它同样有很多副作用，包括恶心、呕吐、腹泻和颤抖等。

通灵藤中的活性物质是 β-咔啉生物碱，包括骆驼蓬碱。当它与九节混在一起的时候，这些物质能阻止九节中的 DMT 降解，而 DMT 能够引发一些类似自我反省、幻觉以及情绪激动等意识状态。

致幻剂的安全性

死藤水的使用已经逐渐走出茂密的丛林，开始在人口相对密集的村镇中流行起来。在有些地方，它被天主教徒用来构建通灵教堂。从 1960 年开始，参观通灵藤逐渐流行起来，同一时期，这种饮料也被引入西方世界。除了这些传统仪式之外，死藤水也造成过一些严重的后果。至少 2 名年轻人在参加完一场通灵藤仪式之后死亡，其中一人来自英国东南部，另一人来自美国马里兰。然而，在这两个案例中，尸检报告都发现二人体内还有其他精神类药物的存在，比如鸦片（*Papaver som-niferum*，详见第 202—201 页）、大麻（*Cannabis* spp.）和可能是人工合成的色胺等。和这些严重的事件相比，大量研究表明，传统死藤水的配方和制作过程是比较安全的，而且对焦虑、情绪低落和药物滥用还有一定的疗效。不过，由于通灵藤中的化合物有很多变异，这个研究结果可信度并不高。

古代的仪式

在美国田纳西州格兰德河沿岸早期人类居住的洞穴中，考古学家发现了两枚仙人掌科乌羽玉的"纽扣"，它们就像现在我们熟知的乌羽玉干枯的顶端的样子。这两枚"纽扣"被放置在圣安东尼奥的威特博物馆中。碳同位素分析表明这两枚纽扣距今平均有 5 700 年，化学分析表明其中含有仙人球青素（从仙人球中提取的致幻剂）。于是，这两枚纽扣就成了仍然含有生物活性化合物的最古老的植物材料。其他和乌羽玉一起发现的文物（它们也被称为墨西哥仙人球或者威廉斯仙人球）和今天美国土著人在利用乌羽玉进行的宗教仪式中所使用的物件很类似。这些证据说明人类早在公元前 3780—公元前 3660 年就已经开始收集和利用仙人掌了。

眼见为实——麦角生物碱

尽管这本书是关于致命植物的，但我们也不能完全把真菌排除在外。因为有部分真菌和植物之间有着很紧密的联系，并且只有通过植物才能发挥其毒素的作用。事实上，我们发现越来越多的药用植物和有毒植物所含的化合物实际上是其体内或体外共生的真菌所产生的，或者是由真菌诱导产生的。目前关于植物和真菌共生最著名的例子，也是研究得最透彻的例子，发生在旋花科和禾本科身上，与其共生的真菌主要来自麦角菌科，它们会产生一些我们通常称之为麦角碱的物质，由麦角碱可以进一步合成具有致幻作用的麦角乙二胺（LSD）。

天堂般的蓝色

学名	人类中毒症状
Ipomoea tricolor Cav	循环系统：高血压
俗名	神经系统：头晕眼花、虚
三色番薯、喇叭花	弱、产生幻觉、惊厥
科名	消化系统：恶心、呕吐
旋花科	
毒素种类	
麦角碱 [麦角新碱、麦角酰胺 (LSA)]	

右图：最简单的麦角类生物碱，例如麦角新碱和麦角碱，是一类吲哚类生物碱，具有强烈的致幻作用。有些人会非法食用含有能产生这类化合物真菌的植物。

麦角新碱

麦角碱

左图：三色番薯（*Ipomoea tricolor*）是红薯（*Ipomoea batatas*）的近亲，它具有喇叭状的蓝色花朵，这让它成了著名的花园植物。

喇叭花的种子中，包括最常见的、作为观赏植物栽培的三色番薯（有的时候会被错误的鉴定为管花薯）、盘蛇藤（*Turbina corymbosa*，异名为 *Rivea corymbosa*），以及美丽银背藤（*Argyreia nervosa*），都含有较高浓度的由共生真菌合成的麦角碱。在其他一些常见的近缘植物（比如圆叶牵牛）中并没有检测出含有这类生物碱。

在 16 世纪西班牙征服墨西哥之前，三色番薯和盘蛇藤常被当地原住民用来占卜、治疗或者进行某些宗教仪式。这两种植物都是缠绕藤本，具有心形的叶片、喇叭状的花冠和干燥的果实。盘蛇藤是一种多年生的木质藤本，会长出具许多花的头状花序，并开出白色具绿条纹的花朵，它的果实里只含 1 枚圆形的棕色种子。与之不同的是，三色番薯是一种一年生的草质藤本，它的花序通常只有 3—4 朵花，花朵常为蓝色、红色或者白色，果实里含有多枚三角形的黑色种子。

在现代社会里，三色番薯、盘蛇藤和美丽银背藤的种子（很容易就能买得到）经常被青少年非法服用以寻求一种精神上的快感。在这类行为中，过量食用是十分危险的，如果同时还在使用其他的毒品，或者在受伤的时候过量食用，极容易出现并发症。例如在丹麦发生的一个案例中，一个年轻人吃了美丽银背藤的种子又吸食大麻后，从 4 楼跳下，当场死亡。

圣安东尼之火

麦角新碱和麦角胺是非常强效的血管收缩剂，在高剂量的情况下，可以完全阻止血液在手指和脚趾中的流动。如果这些部位的血液长时间不循环，组织便开始坏死和坏疽。筹建于 11 世纪晚期的圣安东尼兄弟医院开始着手治疗这种疾病，尤其是那些因为麦角碱中毒而饱受痛苦的灼烧感折磨的患者，因此这种症状也被称为"圣安东尼之火"。曾经，僧侣们在治疗这种病症中享有很高的名气，可能是因为他们给病人吃没有被污染的面粉烘焙的面包。1676 年，人们发现了造成麦角碱中毒的病原真菌并引入了一些预防措施后，这类患者的数量就开始大幅下降，对这类病症的治疗也逐渐由骑士团的医生来完成。今天，麦角碱在治疗偏头痛中有些许的应用，而它的一种半人工合成的衍生物——溴隐亭，也可以缓解帕金森病的一些相关症状。

有毒的黑麦粗粮面包

长久以来，在欧洲的广大地区和西亚，由禾本科植物黑麦的种子做成的面包都是人们的日常主食之一。尽管本身没有毒，但黑麦和其他谷类作物可以成为麦角菌的宿主，后者会产生毒性很强的麦角碱，主要是麦角新碱和麦角胺。在历史上，许多人都曾经因为吃被麦角碱污染的黑麦加工品而中毒甚至死亡。在斯堪的纳维亚半岛铁器时代的沼泽干尸（被称为"格劳巴勒人"或者"托轮德人"，这可以追溯到公元前 4 世纪至公元前 3 世纪）的胃里发现麦角碱的痕迹，是人类曾经遭受这类毒素侵害的一个直接证据。

麦角菌黑色的菌核取代了原本黑麦种子的位置，它们和麦穗一起收割、加工，

这种被污染的面粉做出的面包会有一种非常不愉快的味道，但是社会底层的穷人没有办法挑三拣四。吃了这种面包的人会呈现两种截然不同的中毒反应，坏疽（见本页小贴士）和痉挛。在麦角碱中毒引发的痉挛中，首先是肢体麻木，之后伴随有面部肌肉抽搐。在一些严重的情况下，焦躁和癫痫样痉挛会引起多发性抽搐，最终导致死亡。

右图： 麦角菌（*Claviceps purpurea*）的孢子感染了黑麦（*Secale cereale*）花序上正在发育的胚珠，在本该产生种子的部位长出了一个角状的、深紫色到黑色的结构，这被称为菌核。

第五章

瘫痪的肌肉

除了影响大脑中的神经信号，毒素还有许多不同的途径干扰肌肉的功能。在本章中，我们将探讨在大脑以及中枢神经系统之外，毒素作用于与肌肉相关的神经信号的方式。在这个系统中，最终执行功能的肌肉可能会被抑制或者增强，这种效果长久以来就被人类所利用，比如用箭毒猎杀动物或者对罪犯执行死刑。

对肌肉的攻击：作用的机理

我们通常认为，人体可以控制肌肉的活动来完成各种运动。但在前一章里，我们已经知道植物能够通过引发肌肉强直收缩来破坏这种控制。在本章中，我们主要关注那些能够让肌肉松弛，甚至达到麻痹状态来破坏机体对肌肉控制的植物。

神经肌肉的连接

在负责控制我们机体运动的运动神经元和其作用的肌肉之间，存在着一段小空隙或者突触，这被称为神经肌肉连接或运动终板（详见第 39 页）。神经释放神经递质乙酰胆碱，乙酰胆碱跨过突触并激活肌肉细胞上的乙酰胆碱受体。这种信号会引发肌肉细胞内钙离子的流动，从而引起肌肉收缩，并完成相应的身体运动。

许多植物化合物能够干扰神经系统和骨骼肌之间的联系，通过锁住烟碱类受体来阻止信号的传导最终导致肌肉麻痹式舒张。这其中效力最强的植物毒素是箭毒碱，它其实包含了两类完全不同的化合物（详见第 94—97 页）。箭毒碱之所以是一类理想的箭毒来源，是因为人类的肠道对它的吸收量很低。这就意味着被这种毒素猎杀的小型动物吃起来相当安全。它

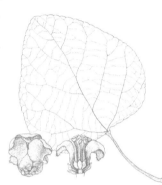

左图：**茎花毒藤**（*Chondrodendron to-mentosum*）的叶子和雄花，这种植物含有活性化合物 d− 筒箭毒碱，这是其中一种箭毒碱的重要来源。

们也是一类能够刺激神经肌肉连接处的烟碱类受体活性的化合物。这种受体因能被烟草（*Nicotiana tabacum*）中所含的尼古丁激活而被命名为烟碱类受体。正是因为这一特性，在尼古丁和哌啶中毒的诸多症状中，肌肉抽筋是症状之一。

左图：烟草（*Nicotiana tabacum*）的植株在收割以后捆成捆，然后会运到烤房进行下一步加工。这种植物原产于美洲，现在是世界上种植面积最广的非粮食类作物。

左图：毒豆（*Laburnum anagyroides*）的拉丁学名源自其下垂的花序和亮黄色的花朵。这种植物含有喹诺里西啶类生物碱，仅仅是它的花朵混入了食物中就会引起中毒。

杀虫剂

在哺乳动物中，烟碱类受体在中枢神经系统和外周神经系统中都存在，但是仅存在于昆虫中枢神经系统中。在动物中广泛存在的这类受体也从进化上解释了为什么很多植物都含有能够影响这类受体的化合物，这类化合物有些作为拒食剂，有的则是致命毒药。尼古丁本身就被用来直接当作农药或者作为前体来合成一类被称为新烟碱的杀虫剂，后者更偏好结合昆虫受体而非哺乳动物受体，所以比直接使用尼古丁安全。虽然新烟碱对昆虫的特异性高，但它在益虫和害虫之间并没有选择性。人们怀疑它与目前蜜蜂种群骤减有关系，因此在欧洲和北美，新烟碱的使用受到非常严格的监控。

不仅影响肌肉

不同种类的烟碱类受体也存在于中枢神经系统中，包括脊髓和大脑，它们能被许多豆科植物中所含的喹诺里西啶激活（详见第 104—105 页）。在脊髓中，这类生物碱能同时激活交感神经系统和副交感神经系统，而这两类神经系统在体内的功能通常是拮抗的。烟碱类受体通常能通过神经传导信号，并通过影响目标器官上毒蕈碱类乙酰胆碱受体来发挥它们的功能。它们因此能影响许多不同的身体机能，正如在第 80—83 页讨论的莨菪碱的作用一样。刺激副交感神经系统可以促进唾液分泌、流泪（产生眼泪）、增加消化酶的分泌和加快肠道蠕动。

大脑中的烟碱类受体和很多认识反射有关，同时也与烟草上瘾有关。刺激这类受体能够让人警觉和专注，同时能够提高短时记忆的能力。它同时能使大脑中反馈系统的活性增加，烟碱受体活化以后大脑对多巴胺的敏感度增加，也会产生长时间的快感，这就是为什么戒烟很困难。

下图：蜜蜂正在采集薰衣草的花蜜。一些杀虫剂，例如新烟碱类，对益虫和害虫都有毒性。

致人瘫痪的植物——箭毒碱

并不是所有箭毒素都是以一种方式起作用的。在第三章，我们了解了那些能够使心脏停止跳动的毒素，而在这一章中，我们将关注能让肌肉瘫痪的毒素，箭毒碱就是一种典型的能让肌肉舒张的植物毒素。欧洲人最早知道这种来自亚马孙热带雨林的、能够让人肌肉瘫痪的毒素是来自 16 世纪初西班牙殖民者的报道。箭毒碱的名称来自沃尔特·雷利爵士（Walter Raleigh，约 1554—1618），这是他和他的同伴访问委内瑞拉的时候用于描述毒药的一个词：乌拉里。欧洲人还用其他一些词来描述这种毒素，诸如 ourara，urali，woorari 和 wourali，这些词很可能是当地土著语言的音译，意思是"鸟"或者"杀死"。在殖民战争中，箭毒碱的作用机理并没有被仔细的研究，直到 19 世纪初，人们才开始研究这类毒素。

期待中的驴之死

1812 年，人们已经清楚由箭毒碱造成的死亡是因为骨骼肌的瘫痪，这包括那些与呼吸有关的肌肉，例如膈肌。在那一年，生理学家和医生本杰明·布罗迪（Benjamin Brodie，1783—1862）爵士发表了一篇文章，进一步阐明了当小型动物被注射了箭毒碱之后，只要在其肌肉麻痹的时期内给予辅助呼吸设备来让肺充气，它们是能够存活下去的。接下来，他在观众面前做了一个实验，给 3 头驴分别注射了箭毒碱。第一头驴在肩部注射了箭毒碱之后死亡。第二头驴在其前腿处先绑上止血带，然后在压迫处远心端注射毒素，在止血带未去除之前驴子可以存活，而当压迫解除，毒素随着血管流向全身，驴子才表现出中毒症状。第三头驴子注射完毒素之后便给予了呼吸辅助装置，最后它存活了下来。当这头驴苏醒之后，人们给它取了个名字叫 Wouralia，即来源于这种毒素的名字。

箭毒碱的成分

当最终研究清楚箭毒碱的化学组成之后，人们发现它里面实际上包含了几种不同的毒素，涉及不同的生物碱种类。通常情况下，可以根据盛装毒素的容器种类的不同，将毒素区分为 3 类：竹筒箭毒碱、葫芦箭毒碱和陶罐箭毒碱。这种分类方式大致上也与植物的起源和地理分化一致。竹筒箭毒碱，又名竹箭毒碱（最初盛装毒素的管子是由竹子做的）盛行于西亚马孙丛林，包括秘鲁北部和厄瓜多尔东部，毒素的主要来源是防己科植物。葫芦箭毒碱主要流行于南美洲北部、奥里诺科河流域东部、亚马孙河北部和内格罗河支流，毒素通常来源于马钱属的植物（马钱科）。在这两片区域之间的地区，箭毒碱通常被装在陶制的罐子里（陶罐箭毒碱），该毒素来自防己科和马钱科两个科的植物。

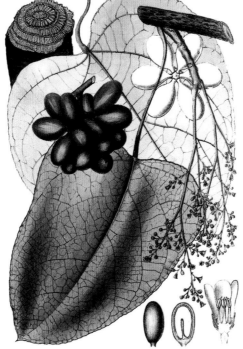

左图：茎花毒藤（*Chondrodendron tomentosum*）是一种分布于南美洲的藤本，它能够让肌肉麻痹的功效使其长久以来被用作一种箭毒素，并在 20 世纪被开发为外科手术中使用的一种药物。

竹管箭毒碱

学名
Chondrodendron tomentosum Ruiz-Pav.

俗名
茎花毒藤

科名
防己科

毒素种类
双苄基异喹啉类生物碱
（d–筒箭毒碱）

人类中毒症状
肌肉的快速麻痹

d–筒箭毒碱

左图： 存在于箭毒碱中的 d–筒箭毒碱是一种能够让肌肉松弛的双苄基异喹啉。它能够阻止信号在神经和肌肉之间的传递。

竹筒箭毒碱是从防己科的多种植物中提取的，但其中只有一种为人们所熟知，即茎花毒藤（*Chondrodendron tomentosum*）。这种热带的藤本植物生长在美洲中部和南部的热带地区。它们的叶子非常大，通常能长到 10—20 厘米长，宽几乎与长相等。叶形略心形，背面有白色的绒毛。这种植物是雌雄异株的，会长出由绿白色的单性小花组成的雌花序和雄花序。雌性的植株会结出小而多汁的梨形果实，果实蓝黑色，口感苦中带甜，可食用。

用来制作竹筒箭毒碱的属都含有二聚的苄基异喹啉类生物碱。正如前缀"双"所暗示的那样，二聚生物碱由两个前体生物碱亚基组成。双苄基异喹啉在很多不同的植物类群中都存在，但只有在防己科中才具有箭毒碱毒性。虽然其他植物中含有的双苄基异喹啉也具有类似的活性，例如绿心树碱和异粒枝碱，但其中最重要的箭毒碱 d–筒箭毒碱只能从茎花毒藤中分离纯化获得，竹筒箭毒碱目前已经被开发为药物阿曲库铵，这类药物目前已经被列入世界卫生组织基本药物清单，用于外科手术中外周肌肉的放松。

下图： 厄瓜多尔亚马孙地区的华奥拉尼猎人所使用的尖端有箭毒碱的吹镖，这种镖是萨满教徒为表示对猎物的尊敬而准备的。

葫芦箭毒碱

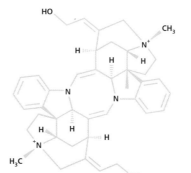

毒马钱碱 I

左图：**毒马钱碱 I** 的结构和能够引发癫痫的马钱子碱的结构十分相似，实际上，它们也是从同一个属的植物中分离出来的，只不过毒马钱碱的效果是让肌肉松弛。

学名	毒素种类
Strychnos toxifera R.H. Schomb. ex Lindl	单萜吲哚类生物碱（毒马钱碱 I）
俗名	**人类中毒症状**
箭毒马钱	肌肉的快速麻痹
科名	
马钱科	

马钱属包含约 200 种植物，它们广泛分布于热带地区。在宗教仪式或者药物中，这类植物被频繁使用，根据其所含的主要生物碱种类的不同，它们在动物身上表现出来的反应也各不相同。至少有一部分南美洲的马钱属植物含有葫芦箭毒碱的主要成分。这些植物中研究得最多的是箭毒马钱（*S. toxifera*）。这是一种藤本植物，单叶对生，并具有多毛的管状花组成的分支的花序，果实呈浆果状。箭毒马钱含有多种二聚体生物碱，它们的前体都类似于马钱子碱，后者分布于亚洲的马钱（*Strychnos nux-vomica*）中所含的一类可以诱发癫痫发作的生物碱（详见第 66 页）。和马钱子碱不同，箭毒马钱可以作用于神经肌肉接头，造成肌肉瘫痪，这其中起主效作用的生物碱

下图：**箭毒马钱**（*Strychnos toxifera*）是一种枝叶繁茂的藤本植物，分布于哥伦比亚到委内瑞拉。它的花序由许多管状的花朵组成，花朵的外表面密被绒毛。

是毒马钱碱 I，它也被开发成了一类放松肌肉的药物——二烯丙托锡弗林。这种生物碱最初是从箭毒马钱的树皮中提取出来的，但实际上这种植物的大部分部位都含有这类生物碱。马钱类的箭毒碱并不仅仅在亚马孙地区的植物中存在，它们也存在于中非或者东南亚地区的一些箭毒植物中，只不过在这些地方，作用于心脏的类固醇或者类似于马钱子碱的惊厥剂为基础的药物使用得更为普遍。

X 医生的案件

1975 年，美国《纽约时报》的记者米伦·法伯尔（Myron Farb，1938— ）从编辑那里拿到了一封匿名信，信中讲述了一位主治外科医生在他的医院里谋杀了多达 40 名病人的故事，不过并没有指名道姓。在调查过程中，法伯尔注意到了一位名叫马里奥·贾斯卡列维奇的医生（Mario Jascalevich，1927—1984），他在 1966 年曾因涉嫌医院里 9 起疑点重重的死亡案件接受调查，并在他的抽屉里发现了 18 瓶几乎已经空了的竹筒箭毒碱。这项调查最终没有指控贾斯卡列维奇，因为他宣称这些竹筒箭毒碱被他用于一项在西顿霍尔大学开展的以狗为实验对象的研究。当法伯尔的文章在 1976 年发表之后，对于贾斯卡列维奇的调查又重新开始。在随后的审讯中，贾斯卡列维奇被指控用竹筒箭毒碱进行了 5 起谋杀案，控方的证词称在挖出的 1966 年的受害者身体中发现了竹筒箭毒碱，但被告的证人对此进行了驳斥，陪审团最终裁定贾斯卡列维奇无罪。尽管在其他案件中有受过医学训练的杀人犯使用合成的肌肉松弛剂来进行杀人的例子，但是这是目前为止，唯一一起被告被指控使用天然生物碱的案件。

豆子不见了

学名
Erythrina americana
Mill., *Erythrina bertero-
ana* Urb 等

俗名
刺桐、象牙红

科名
豆科

毒素种类
苄基异喹啉类生物碱（刺桐烷生物碱，包括刺桐定）

人类中毒症状
肌肉的快速麻痹

神经系统：镇静，可能会出现幻觉

上图：亮红色的刺桐（*Erythrina* spp.）的种子，也被称为红豆或者幸运豆，常常被用作首饰珠宝中的装饰物，仅在严格控制剂量下被用作药物。

　　误食箭毒碱类的毒素通常情况下不会引发人类的中毒反应，因为人的肠道对这类毒素的吸收量很低。但是，确实有一个属的植物含有一种口服就能起效的肌肉松弛类毒素，这个属就是豆科的刺桐属。刺桐中的活性成分是一类特殊的经过修饰的苄基异喹啉，被称为刺桐烷生物碱，其中，刺桐定碱的功能与箭毒碱类似。这个属的植物在热带和亚热带地区广泛分布，全属大约有 130 个种，其中一半分布于中美洲和南美洲。它们通常是乔木，6—30 米高，具有三出复叶和总状花序。它们红色的花朵通常情况下由鸟类传粉，包括一些喙很长的蜂鸟，这些蜂鸟专门给亚马孙丛林某些具有长豆荚外观花朵的种类传粉。在中美洲的一些地区，人们会吃这种花朵，据说它具有轻度催眠功效。

　　刺桐的种子，有时候被叫作红豆，通常情况下是亮红色的，常被装点在项链或者护身符上起装饰作用。它们也是一种传统药物，当然人们清楚它们的毒性，在作为药物使用时剂量被严格限制在四分之一粒豆子，最多不超过半粒。据说，墨西哥土著会刺桐种子的提取物来报复敌人。

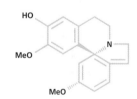

刺桐定碱

左图：即便食用刺桐定碱和类似的异喹啉生物碱也会造成麻痹，这一点与典型的箭毒碱不同，后者几乎无法通过肠道吸收。

右图：分布于墨西哥的美国刺桐（*Erythrina americana*），在春天的时候先长叶后开花，场景十分壮观，它的花序由鲜红色的长可达 10 厘米的花朵组成。

兴奋剂还是毒药——哌啶类生物碱

许多今天被认为有毒的植物，最早引入到欧洲时是作为社会接受的消遣性药物，而不是用于医学治疗的。比如马钱子碱和可卡因，在它们的高毒性和药物依赖性等缺点被暴露之前，它们常常被作为提神剂加入补品和药酒中。不过，尽管有明确的不良反应和使用风险，仍然有一种有毒的植物作为常用的提神醒脑的物质沿用至今，甚至征服了世界，这种植物就是烟草。

从仪式到习惯

学名
Nicotiana tabacum L.,
N. rustica L., *N. glauca*
Graham

俗名
N. tabacum——烟草 *N. rustica*——阿兹台克烟
N. glauca——树烟草

科名
茄科

毒素种类
哌啶类生物碱（尼古丁，
新烟碱）

人类中毒症状
循环系统：起初心动过速（心跳加快）和高血压，在一些病例中紧接着会出现心动过缓（心跳减慢），低血压和心律失常

神经系统：最初会出现混乱、头晕、瞳孔缩小和颤抖，在一些病例中紧接着会出现嗜睡、昏迷、瞳孔扩大和肌肉麻痹（包括呼吸肌）

消化系统：恶心、反胃、分泌唾液、腹泻

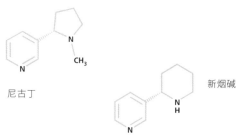

尼古丁　　　　　　　　　　　新烟碱

上图：尼古丁和新烟碱是烟草属植物中所含的两类最主要的生物碱，并且也是这类植物让烟民们趋之若鹜的原因和杀虫剂的主要成分。

左图：烟草的植株（*Nicotiana tabacum*）能长到 1—3 米高，产生 10—20 片叶子。在农田里，它的粉红色的花朵通常会被摘除，这样能让它长出更多的叶子。

茄科（详见第 138—139 页）的烟草属（*Nicotiana*）包含 76 个物种，其多样性最丰富的地区是美洲和澳大利亚。该属的植物大多数都是草本，但有一些种类呈灌木状，它们具有单叶和管状的花朵，通常由天蛾、蜂鸟甚至蝙蝠传粉。这类植物会产生一系列生物碱，其中最著名的就是尼古丁，但它的衍生物新烟碱对人类更为致命。这些哌啶类生物碱通过激活乙酰胆碱受体发挥作用，当其浓度很高的时候，这些受体会过分活化，阻止它们正常的生理功能。

尽管最早使用富含尼古丁的植物大约可以追溯到澳大利亚的土著居民，但是抽烟叶的习惯实际上是 16 世纪从美洲人那里传入欧洲的。在一些亚马孙部落里，烟草被当成一种药用植物，考古证据表明在大约公元前 1400—公元前 1000 年墨西哥人就已经开始种植烟草，不过北美的印第安人是最先开始吸食烟叶的民族。在很多部落中间，烟草被认为是上天赐给人类的礼物，而抽烟这种行为能够将人带入虚幻的灵魂世界。

当传入欧洲以后，抽烟逐渐变成一种世俗化的行为。1881 年，发明家詹姆斯·本萨克（James Bonsack，1859—1924）发明了第一台自动卷烟机，当时这台机器每分钟能制造 200 根香烟。工业化的生产使得香烟的成本降低，到 1940 年，美国人一年平均每人要抽 2 000 根香烟，20 年后这个数字超过了 4 000。随着目前的科学研究已经明确显示吸烟能够导致肺癌，在西方世界，烟民的数量开始下降。但即便如此，2014 年烟草工业依然消耗了 700 万吨种植的烟草。

上图：**郊狼烟草（*Nicotiana attenuata*），分布于美国西部，包括内华达山脉地区。它具有白色管状的花朵组成的分枝状的花序，通常由天蛾传粉。果实为小蒴果，干燥，成熟以后棕色。**

从杀虫剂到预防吸烟

我们通常认为，烟草属植物产生哌啶类生物碱是为了防止它们被植食性昆虫啃食。这一点可以通过现在市售的杀虫剂绝大多数都是添加了尼古丁来证实（详见第 93 页）。相比于哺乳动物，昆虫因为其受体位置的不同和更显著的中枢神经系统效应，对尼古丁更为敏感。尽管存在着这些防御性的生物碱，有些蛾子却是以烟草属植物为食，甚至一些烟草属植物会发展出一些措施来减轻这种伤害。一种夜晚开花的郊狼烟草（*Nicotiana attenuata*）靠天蛾传粉，但它本身也是这种天蛾幼虫的食物。当这种烟草被天蛾的幼虫啃食的时候，它会改变开花的策略，从夜晚开花变成早晨开花，而传粉者也相应地由天蛾变成了蜂鸟。这种改变也降低了它再次被天蛾产卵的风险。

当人类由于烟草或者烟草植物组织中毒时，通常在中毒早期就会发生呕吐反射，由这种生物碱提纯得到的制品不会引发呕吐反射，因此会造成更加危险甚至致死的中毒反应。尼古丁替代产品在近些年才被发明出来，用以提高戒烟的成功率。很多这类产品是把成瘾性的尼古丁换成一些纯度更高的化合物，并且加工成各种形式，例如口香糖、药片、皮肤贴，或者电子香烟中使用的液体和挥发油。减少实际的吸烟行为可以降低肺癌的发病率，从而减少烟草这种植物的杀伤力。

真正的毒芹

学名	人类中毒症状
Conium maculatum L.	循环系统：心跳速率加快
俗名	神经系统：瞳孔扩大、颤抖、体温降低、肌肉麻痹（最终导致呼吸肌麻痹）
毒参、毒芹、有毒西芹	
科名	
伞形科	消化系统：恶心、反胃、分泌唾液、腹泻
毒素种类	
哌啶类生物碱（毒芹碱及类似物质）	肌肉：横纹肌溶解（肌肉分解）

毒芹碱

上图：尽管结构非常简单，但毒芹碱是一种强效的肌肉松弛剂，它最终会引发呼吸肌麻痹而导致死亡。它是毒参（*Conium maculatum*）所含的哌啶类生物碱中毒性最强的一种。

尽管不少有毒植物被称为"毒芹"，但"真正的"毒芹应该指的是毒参（*Conium maculatum*）这种植物。在第四章中，我们曾经介绍过同样是伞形状的水芹，这种植物能通过干扰中枢神经系统来引发潜在的致死性的癫痫。在此处，我们将看到的是一个完全相反的作用，毒芹碱将造成肌肉麻痹，严重的中毒反应会导致呼吸骤停。

毒参是一种开花的二年生植物，原产于欧洲、北非和温带亚洲，它能长到 2.5 米高。它的茎中空，具棱，上面散布着杂色或者粉色的斑点，它的叶子很像蕨类植物的叶子，通常散发着老鼠尿的气味。整个植株含有好几种高毒性的哌啶类生物碱，其中以毒芹碱的毒性最强。毒芹碱的作用方式类似于尼古丁，但它同时也能引发类似箭毒碱中毒的肌肉麻痹效果（详见第 94—96 页）。

毒参的毒性在很早之前就被人所知，在古希腊时期，这种植物被制成毒药来给罪犯执行死刑（详见第 75 页小贴士）。毒参曾被用作外用止痛药和内服的镇静剂和痉挛缓解药，甚至被用作马钱子碱中毒的解毒剂。1934 年，英国药典里仍然记载毒参的叶子是种药材，并且在"一战"时期，每年仍然有多达 21 吨的干燥的毒参叶子和种子被输送到美国。这些种子和叶子被用来治疗哮喘、癫痫和百日咳。不难想象，这种"治疗"实际上加重了这些疾病带来的风险。

知道你吃的是什么

跟很多中毒事件一样，误食毒参中毒的情况主要和食用者识别植物的能力有关。伞形科有很多植物是蔬菜和厨房中的美味，但同时也有很多是有毒的甚至是致命的毒药。毒参就常常被误认为是欧洲防风（*Pastinaca sativa*），小茴香（*Foenicu-*

左图：毒参（*Conium maculatum*）是一种很显眼的植物，通常生长在潮湿的环境，例如道路的边缘。它的初级伞形花序下方具有小型的苞片（总苞）（叶状的结构），而次级伞形花序下方具有更小的小苞片（小总苞）。

上图：吃欧毒芹（*Aethusa cynapium*）是一件不明智的事情，这是一种能长到50厘米高的植物。它最容易鉴别的特征是花期和果期次级伞形花序下方具有长长的小苞片（小总苞）。

上帝之手

《旧约全书》中记载，在长途跋涉离开埃及之后，以色列人厌倦了只吃玛纳（译者注：以色列人在荒野40年中神赐的粮食），他们的抱怨激怒了上帝。上帝给了他们鹌鹑作为肉食，同时还警告他们在不久的将来他们会厌恶这种食物。当以色列人开始吃鹌鹑的时候，他们遭遇了瘟疫，许多人在重新开始向极乐净土出发之前就死去了。后来人们推测，这个故事所描述的是鹌鹑肉中毒事件，这种毒素存在于地中海地区按季节迁徙的欧洲鹌鹑（*Coturnix coturnix*）体内，这些鹌鹑被人类猎杀和食用。中毒症状包括恶心、呕吐、肌肉无力和横纹肌溶解，以及可能引发的肾衰竭。由于鹌鹑迁徙的时间和毒参种子成熟的时间相吻合，而鹌鹑肉中毒症状和毒参中毒的症状非常相似，所以鹌鹑肉中毒更可能是一种继发性的毒芹碱中毒。

lum vulgare），西芹（*Petroselinum crispum*）和胡萝卜（*Daucus carota*）。所有这些植物都同属于伞形科，它们之间极其相似的外形也导致了很多误服毒参的事件，所以熟悉毒参茎上粉色的斑点和这种植物散发出的不愉快的气味有时候能够救我们一命。在伞形科里，还有另外一种植物可能和毒参一样致命，即欧毒芹（*Aethusa cynapium*），它同样含有毒芹碱，这种植物的识别特征是它次级伞形花序下方的长长的小苞片。

下图：《旧约全书》的故事记载了以色列人在离开埃及的旅途中在一个名为基布罗思哈塔瓦的地方猎捕鹌鹑。

豆 科

豆科是被子植物中最大的科之一，有超过 750 属，超过 15 900 种。根据花的形态不同，豆科曾被分为含羞草科、苏木科和蝶形花科 3 个亚科。现在，豆科最为人熟知的学名是一个保留名 *Leguminosae*，它的词根来自英文中豆子的统称 Legume。不管它叫什么，豆科是和人类的生存关系最紧密的科之一，这个科里有很多重要的蔬菜和作物，例如豌豆、大豆、扁豆，它们是人类重要的植物蛋白的来源。

从刺痛的口感到致死的痉挛

作为一个多样性十分丰富的大科，豆科中包含一些有毒的植物并不奇怪，本书将介绍其中的大部分种类。它们包括一种能致幻的黑金檀属的植物大果柯拉豆（*Anadenanthera peregrina*，详见第 65 页和第 86 页），刺桐属的植物刺桐（*Erythrina* spp.，详见第 97 页），广泛分布的含金雀花碱的植物（详见第 104—105 页），番泻叶（*Senna alexandrina*，详见第 144 页），具有抗凝血作用的草木樨属植物草木樨（*Melilotus* spp.，详见第 170—171 页），还有类似家山黧豆（*Lathyrus sativus*）那样能产生异常氨基酸来对抗食草动物的种类（详见第 186—187 页）。

特征明显的花和果实

正如之前提过的那样，豆科植物的花有 3 种基本的形态。在含羞草类植物中，许多很小的、辐射对称的花组成紧密的头状花序，例如含羞草和相思树（儿茶属、金合欢属、相思树属等）；在云实属和凤凰木属中，花瓣展开而整个花朵的结构比较开放；在典型的豆类植物花中，花瓣形成蝶形，有明显的旗瓣和龙骨瓣，正如花生（*Arachis hypogaea*）的花那样。

尽管花的结构不尽相同，但豆科几乎所有的种类都会产生一类容易辨识的果实即荚果（或者豆荚），其中内含 1 到数枚种子。我们可能很熟悉豌豆（*Pisum sativum*）、蚕豆（*Vicia faba*）、菜豆（*Phaseolus vulgaris*）、荷包豆（*Phaseolus coccineus*）等种类的种子，因为它们是常见的蔬菜。有时我们也会食用一些其他的豆科植物，比如芸豆（其实就是一种菜豆）和花生。在豆科中还有一些比较少见的情况，即种子被多汁的果肉所包被，例如酸豆（*Tamarindus indica*）。

下图：凤凰木（*Delonix regia*）具有开展的两侧对称的花朵。这种植物原产马达加斯加，现在在世界热带和亚热带地区被广泛种植。

昆虫学家的留言

马里亚·西比拉·梅里安（Maria Sibylla Merian, 1647—1717）是一位出生于德国的博物画家，同时也是一位昆虫学家。她最著名的成就是记录了蝴蝶的变态过程，还曾贡献了许多精美的植物学画稿。在1699年，梅里安获得了一笔前往荷属苏里南的旅行资助，在那里她不仅创作了许多植物和动物生活的画作，还开始对当地居民和黑奴在荷兰种植园中的工作感兴趣。一个偶然的机会，她得知当地的奴隶通常用洋金凤（*Caesalpinia pulcherrima*）的根作为一种堕胎药，来避免自己的孩子出生世代为奴，甚至直接用来自杀。当她回到荷兰以后，梅里安在1705年出版的《苏里兰昆虫变态图谱》（*Metamorphosis Insectorum Surinamensium*）一书中提到了这件事。虽然在20世纪后期，人们再次报道了当地使用洋金凤的传统，但造成这种影响的潜在化合物目前仍不清楚。

上图：马里亚·西比拉·梅里安在1705年出版的《苏里兰昆虫变态图谱》一书中所画的洋金凤（*Caesalpinia pulcherrima*）的花。

化学物质上的多样性确保了豆科植物的成功

豆科植物遍布全球，除了最干燥的沙漠和北极最北边的极端气候，它们几乎能在各种各样的环境中生长。这可能是因为它们中的很多种类都可以与固氮细菌共生，这种共生关系能给植物在氮素贫瘠的环境中提供额外的优势。但同时，豆科植物的成功也与它们所含小分子化合物的多样性有关。在其他任何一个科中，有毒物质的化学研究都未曾发现如此丰富的多样性。上述的例子中涉及许多不同种类的生物碱、聚酮和异常氨基酸。但这还不是全部，豆科中的一些种类还能产生氟化乙酸（如毒羊豆属，详见第181页）和有毒的蛋白质（详见第146—147页）。甚至还有一些种类能产生强心苷类毒素（例如冠花豆属的植物）或者氰苷（一些车轴草属的植物）。

左图：在授粉后，长有花生花的枝条伸长，把正在发育中的果实埋到地面以下。

豆荚中的毒素——喹诺里西啶生物碱

在豆科植物（详见第102—103页）所含的各种毒素之中，喹诺里西啶类生物碱是较为普遍的一种。这类生物碱的作用效果与尼古丁类似（详见第98—99页），同时还有抑制副交感神经系统的效果，例如口干和排尿困难（详见第80—83页）。目前我们已经了解了上百种喹诺里西啶类生物碱，其中金雀花碱研究得最为透彻。这种生物碱最初是从豆科植物金雀儿（*Cytisus scoparius*）中分离出来的，也因此而得名，不过金雀花碱实际上存在于许多分属于不同属的植物中，这些属包括染料木属、鹰爪豆属、荆豆属和细枝豆属。另外，金雀花碱还在毒豆（*Laburnum anagyroides*）、高山金链花（*Laburnum alpinum*）以及一些槐属（*Sophora*）植物和相思槐属（*Dermatophyllum*）植物中被发现。

美丽但是危险的豆子

学名
Dermatophyllum secundiflorum (Ortega) Gandhi & Reveal（异名：*Sophora secundiflora* (Ortega) Lag. ex DC.）

俗名
侧花槐

科名
豆科

毒素种类
喹诺里西啶类生物碱（例如金雀花碱）

人类中毒症状

循环系统：心动过速和高血压

神经系统：混乱、头晕眼花、震颤

消化系统：恶心、呕吐、腹泻

其他：尿潴留

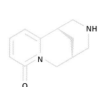

金雀花碱

上图：金雀花碱是一种广泛分布于豆科植物中的喹诺里西啶类生物碱，它的效果类似于尼古丁。这种生物碱被用于研发尼古丁替代疗法。

右图：开花的侧花槐（*Dermatophyllum secundiflorum*）植株，这种植物也被称为得克萨斯山野月桂。这种常绿灌木或小乔木原产于美国墨西哥、得克萨斯、新墨西哥等州。

侧花槐（*Dermatophyllum secundiflorum*）是一种具有羽状复叶的小灌木或乔木，花紫色，有香味，组成密集的花序，果荚很大，并且比较坚硬，念珠状，内含橘红色的种子。北美平原的美洲印第安部落曾用侧花槐来制作一种宗教仪式中的饮料；这种饮料能导致呕吐，这被看作一种净化的仪式，能够驱走恶魔，而且那种类似醉酒的感觉被认为能赋予人们透视灵魂的能力。在北美洲本土的宗教仪式中，使用侧花槐和使用乌羽玉（*Lophophora williamsii*）（详见第 87 页）之间有很多相似性，曾经人们用乌羽玉来替代侧花槐，以降低后者使用过程中的风险。乌羽玉在宗教仪式中被称为"麦斯卡灵"，这个名字其实源于侧花槐的英文名称（mescal beans），但是除了类似的致幻作用，乌羽玉中所含的化合物在侧花槐中并不存在。关于这类能够让人迷醉的植物起源和名称的混淆同样延伸到了龙舌兰酒上，这种含有酒精的物质来源于龙舌兰属（*Agave*）的好几种不同植物，它的名字则来源于纳瓦特语"mexcalli"，意思是烤龙舌兰。

上图：**金链树**（*Laburnum anagyroides*，见第 93 页）亮黄色的花朵凋落以后会形成小型的豆荚。豆荚里面的种子在没有成熟的时候是绿色的，比较柔软，成熟以后变硬，并且变黑。

疑难杂症

在地中海地区，人们常把白羽扇豆的种子当作零食，有时当地人管这种零食叫作图姆。人类从青铜时代起就开始栽培白羽扇豆，到今天，它已经有很多不同的品系，根据其所含的生物碱不同，可以分为甜味和苦味的品种。对于苦味品种的种子来说，除非在水中浸泡上好几个小时，去掉所含的生物碱，特别是羽扇豆碱，否则它们会造成中毒。对于不知情的医生来说，这种中毒很容易被误认为中风，因为病人通常会非常糊涂和虚弱，还常常伴有呕吐和瞳孔变大。在地中海的少数不常食用羽扇豆种子的地区，例如瑞典和奥地利，这种中毒症状通常会让医生很困惑，不过毒素通常会在一两天内被分解掉。

连锁反应

小型的金链树通常被认为是一种剧毒并且对儿童有重大危险的植物。这种植物具有三出复叶，并具有由金黄色花组成的长长的下垂的总状花序，当花落以后会形成比较密集的果序，种子很小，成熟以后变黑。尽管未成熟的绿色果荚和种子对儿童有很强的吸引力（举例来说，在 1979 年夏天，英格兰和威尔士地区就有超过 3 000 名儿童因食用金链树的豆荚被送往了医院），但非常严重的中毒事件相对还是比较少的，因为这种种子吃下一点就能引发呕吐反应。近年，仅有两起因为食用金链树中毒致死的案例，在这两起事件中，当事人分别吃下了 23 个和 25 个豆荚，并且在食用豆荚的同时还因为一些药物抑制了金雀花碱的催吐活性，因此其毒素全部被吸收了。

改掉这个习惯

金雀花碱在大脑中可以作为烟碱受体的部分活化剂，正是由于这一特质，它被用来帮助烟民抵抗心理上对尼古丁的依赖。在东欧，人们用浸泡过金雀花碱的小纸条贴在舌下或者嘴唇上，通过这样的方式吸收金雀花碱但又不引发呕吐反射。但是由于有过量中毒的风险，这种方法现在已经不再使用。目前，人们用含有金雀花碱的药物伐伦克林来替代烟碱疗法。

第六章

从轻微的刺激开始

除了前面的章节所提到的致死性或者具有极大危害的化合物之外，植物还会利用很多其他的化合物。这些化合物尽管不致命，但它们会引发局部的刺激，也会带来痛苦。在本章中，我们会关注能引发皮肤反应的化合物。其中包括了最主要的引起刺激性反应的植物荨麻，以及在这方面远比荨麻效力更强的近亲。同时还包括一些植物，它们能引发潜在的延迟反应或者通过欺骗让我们以为感知到了实际上不存在的灼热感。

皮肤反应：作用的机理

一接触就造成疼痛感是植物用来抵御那些取食或伤害它们的动物（包括人类）的一种方法。我们可能都有过被荨麻蜇的经历，而有的植物只有被损伤后才能释放其汁液中或细胞中的化学物质来发挥作用。有些时候，疼痛或者炎症是由植物体内尖锐的物质结晶体引起的；有些时候，植物会释放化学物质来触发感觉神经或者引起皮肤内的化学反应。其中，许多能引发大型动物接触反应的物质，对以植物为食的昆虫和真菌来说也是有毒的。

上图：放大镜下的荨麻茎秆，图中展示了其上的蜇毛。蜇毛的顶端非常坚硬，基部膨大，内含刺激性的化合物。

草酸盐结晶

天南星科的植物通常含有针一样的草酸钙结晶，它被称为针晶。在黛粉芋属（*Dieffenbachia*，详见第 112—113 页）的植物中，针晶通常被包藏在一类特殊的被称为异型胞的细胞中，咀嚼这种植物的时候，针晶就会被释放出来，刺痛口腔中比较柔软的组织。这些针晶引起的损伤会诱导白细胞释放组胺，并让植物中其他具有刺激性的化学物质渗透进来，加重这些柔软组织的疼痛感和炎症。由这类植物引发的反应被称为机械刺激性接触性皮炎，它是由物理损伤所引起的，但它和化学刺激性接触性皮炎有着相似的机理和症状。

下图：显微镜视野下一个分离的黛粉芋异形胞，其内的草酸钙针晶清晰可见。

蜇毛

荨麻科的很多种类，包括一些大型乔木，它们的表面都覆盖着蜇毛（详见第 110—111 页）。由这些蜇毛引发的反应被称为接触性荨麻疹。当我们触碰到这些特殊的蜇毛时，它们能把有刺激性的并且能引发疼痛感的化合物注入皮肤，这些硬毛的尖端破损，基部膨大的基盘受到挤压，并把其中所含的化学物质通过中空的毛注入皮肤。这些化学物质就是引起我们疼痛的元凶。

上图：大戟科植物的白色乳汁中含有一旦接触会对皮肤和眼睛有刺激性的化合物。

化学刺激

许多能造成接触反应的植物都含有一些化学物质，这些化学物质能够刺激皮肤、口腔或者眼睛。这种反应有的是因为这些化学物质刺激了感觉神经元上特殊的感受器，有的是因为化学物质能够和皮肤上的蛋白质结合。能够引发化学刺激接触性皮炎的物质包括：

◆ 二萜酯，见于许多大戟科植物白色乳汁（详见第 116—119 页）。

◆ 异硫氰酸酯，许多十字花科植物当受到损伤时分泌的"芥子油"中所含的一种刺激性非常强的化合物（详见第 120—121 页）。

◆ 辣椒素，一种能让辣椒产生"辣"味的刺激性化合物（详见第 122—123 页）。

◆ 原白头翁素，某些毛茛科植物当受到损伤后产生的一种挥发性物质（详见第 126—127 页）。

光毒性

有些植物很特别，我们接触了它们的汁液，又恰好处于紫外线下，它们才能引起皮肤反应。这种反应被称为植物—日光性皮炎（详见第 128—129 页）。具有光毒性的植物经常出现在芸香科、伞形科、豆科、桑科等类群中。这类植物汁液中所含的物质，例如补骨脂素，能被皮肤吸收，并且被紫外线激活后能够跟皮肤细胞中的脱氧核糖核酸（DNA）反应，导致细胞死亡和局部的炎症。

下图：在阳光下接触到芸香科植物芸香（*Ruta graveolens*）的乳汁会引起皮肤起泡。

过敏

有一些植物是轻度致敏物质，它们会使体质敏感的人出现皮疹，这种反应称为过敏接触性皮炎。然而，漆树科的一些类群在过敏原类群中是更加恐怖的存在（详见第 130—131 页）。这类植物的过敏原——漆酚——是一种高致敏的物质，由此产生的皮疹会持续几周甚至几个月。漆酚通过与皮肤上的蛋白质结合引发过敏反应。对过敏原敏感是一种获得性的免疫反应，所以，和其他皮炎不同，只有先前接触过过敏原的个体才会出现过敏反应。

左图：鄂报春（*Primula Obconica*）本身是一种过敏原植物，不过现代育种选育出了一批非过敏原的品种用于园艺栽培，由此引发的过敏反应也大大减少。

蜇 毛

在荨麻科中，好几个不同的属都具有蜇毛。触碰到蜇毛后，我们会有刺痛感，随之而来的是接触性的皮疹，也就是我们常说的荨麻疹，它通常表现为一个个突起的红斑，这些红斑与蜇毛刺透皮肤的位置相对应。这种皮疹通常很痒并伴随有疼痛感，症状的严重程度和持续时间，通常和与蜇毛接触的面积以及不同的荨麻科植物有关。以荨麻属为例，这是一种除了南极洲之外广泛分布于全世界的植物，它们的蜇毛多数情况下作用比较强烈，但也有蜇毛相对温和的种类，例如异株荨麻（*Urtica dioica*），后者的蜇毛还常常被用于治疗关节炎。

下图：桑叶火麻树具有粉红色的果实。它生长在澳大利亚昆士兰州的热带雨林林中，皮肤接触这种植物后会有严重的刺痛反应，伴随有强烈的痛觉。

注射化学物质

学名
Dendrocnide moroides
(Wedd.) Chew（异名：
Laportea moroides
Wedd.）
俗名
桑叶火麻树

科名
荨麻科
毒素种类
生物胺类（组胺、5- 羟色胺、乙酰胆碱）、有机酸以及小分子肽类
人类中毒症状
皮肤：伴随有痒和痛觉的皮疹

组胺

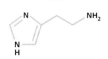

左图：**组胺是体内炎症反应中的活性分子。外源的组胺通过蜇毛进入人体内之后会造成疼痛、红肿和水疱。**

研究显示，当接触普通荨麻类植物的蜇毛之后发生的瞬时反应是由一些混合的化合物引起的，包括组胺和5- 羟色胺，其中有机酸会加重疼痛的感觉并引发局部炎症。不过，由于这些刺激性的物质在高温烹饪下都会被分解，所以荨麻和其他近缘植物的嫩枝在春天里是一道可口的野菜。关于荨麻的蜇毛，一位美国植物学家托马斯·莫龙（Thoms Morong, 1827—1894）于 1889 年在阿根廷布宜诺斯艾利斯附近进行植物考察时写下了下面一段告诫：

最容易记住的植物当属荨麻，它们在废弃的荒地上非常常见，第一眼看上去我认为是异株荨麻（*Vrtica dioica*）或者纤细荨麻（*U.gracilis*），所以我便像在家里那样，大胆地用手去摘它们。然而，事实证明这是一种可怕得多的植物，它周身长满了无数的刺毛，这些刺毛让我的手指在接下来的几个小时内都有持续强烈的刺痛感。这个种实际上是匙叶荨麻 [*Urtica Spathulata(sic)*]，在此，我也提醒所有北美的植物学家吸取我的教训，采集这种植物的时候一定要戴手套。

澳大利亚、新西兰等地流传着人和其他动物接触"荨麻"之后导致严重后果的故事。马会连续好几天丧失行动能力甚至死亡；狗会大量分泌唾液、窒息、呕吐和摇晃。在人类中，明显的刺痛感会持续数天、数周甚至数年，尤其是当天气比较潮湿或者被刺的皮肤打湿之后，刺痛感会更加明显。甚至在新几内亚，有一个人因触碰蜇毛而丧命。在这些例子中，具体是哪一种或者哪一个属的植物引起上述症状依然不清楚，不过人们已经尝试着鉴定了其中的一部分，例如一种生在印度尼西亚帝汶岛的植物，被当地人称为恶魔的叶子（*Urtica urentissima*）；另一种移民者之树（*Dendrocnide gigas*，异名：*U. gigas*）；以及桑叶火麻树（*D. moroides*）。

大戟科的蜇毛

尽管大戟科更为人们熟知的是其化学物质刺激性反应（详见第 116—119 页），但这个科里也有一些种类是具有蜇毛的。在刺痒藤属中，比如分支刺痒藤（*Tragia ramosa*，见下图），人们接触后最初的刺痛感源于其蜇毛细胞末端所含晶体的机械损伤，而其蜇毛细胞中的内含物会引起第二次的反应。关于刺痒藤蜇伤后果的严重性，人们知道的并不多，因此分类学家们在野外采集这种植物标本的时候如果被蜇毛刺到，一定会记录一下疼痛的强度。

上图：尖齿花棘麻（*Cnidoscolus angustidens*）全株都有蜇毛，包括花和果实的表面。

谨慎行事

在热带和亚热带的美洲，从美国的堪萨斯州到阿根廷，有一个大戟科的属，花棘麻属，它的属名来源于希腊语，意思是"荨麻""刺"和"痒"。这个属的植物有着与荨麻属在形态和功能上都类似的蜇毛。不同的种中，蜇毛存在着一定的差别，例如一些产于墨西哥的种的蜇毛只有 3 毫米长，而另外一些物种的蜇毛有 10 ～ 20 毫米长。该属中的一种植物（*Cnidoscolus megacanthus*）在威慑食草动物上可谓登峰造极，它的蜇毛通常和植物表面粗大的刺长在一起。这类植物的俗名常常也反映了当地人对它们的态度，例如"谨慎行事""小心对待""手指腐烂"（*Cnidoscolus urens* ssp. *stimulosus*，异名：*C. stimulosus*）和得克萨斯公牛荨麻（*C. texanus*）等。另外一个俗名"Mala mujer"，字面意思是"坏女人"，通常被用来称呼大戟科好几种有毒的植物，例如紫锦木（*Euphorbia cotinifolia*）、棉叶珊瑚花（*Jatropha gossypiifolia*）以及花棘麻属的好几种植物，包括分布于亚利桑那州到墨西哥州的（*C. angustidens*）。后者的蜇毛能够引起严重的烧伤和刺痒，并伴随有局部淋巴结肿大。

晶体刺

在植物界中，草酸钙晶体广泛分布于超过 200 个科的植物中。它们在细胞内合成，并具有一系列的功能，例如去除多余的草酸、维持离子平衡、调节细胞内的 pH 值等，还可以保护植物免受动物的取食。草酸钙晶体有许多不同的形状，在天南星科中，这类晶体呈现一种特殊的针状。针晶能够对柔软的组织造成机械损伤，并能让化学刺激性物质从这些伤口进入体内，让那些咬了天南星科植物的动物产生严重反应。

哑口无言

学名
Dieffenbachia seguine
(Jacq.) Schott (异名：*D. picta* Schott)

俗名
黛粉芋

科名
天南星科

毒素种类
草酸钙针晶、蛋白酶类（蛋白水解酶）以及其他化学刺激性物质

人类中毒症状

消化系统：对于口腔和喉咙有刺激性和灼烧感，严重情况下会感到极度疼痛，口腔、舌头和喉咙肿大，说话不清晰或者失声，有时候会起泡，如果将植物吞入，则喉咙和胃肠道肿胀糜烂，呕吐、腹泻。
皮肤：痒、红肿、皮疹
眼睛：刺激性、非常严重的疼痛、角膜损伤。

在天南星科所有含有草酸钙针晶的植物中，黛粉芋属的植物最为著名。人类曾经出于一些野蛮的目的而利用这种植物，不过幸好这些已经成为历史。这个属有超过 50 种植物，原产于南美洲和中美洲，在热带和亚热带地区作为观赏植物栽培。这个属中的一些种，例如黛粉芋（*Dieffenbachia seguine*），是一种常见的室内绿植，因为其叶子上面常有美丽的白色或奶油色斑点和条纹而被广泛种植。

在室内盆栽的天南星科植物中，以黛粉芋最为出名，因为在过去的 10 年间，它造成了 61 000 起中毒病例。天南星科中还有一些毒性稍弱的植物，主要是白鹤芋属（*Spathiphyllum*）和喜林芋属（*Philodendron*），也同样造成了上千起中毒病例，但通常其症状比较轻微或者无症状。幸好，当你一嚼黛粉芋就会立即感到刺激性和灼烧感，一般人会直接吐掉而不是吞下，这样也减少了毒素被吸收的量，从而避免了胃肠道遭受一些危及生命的损伤。由于意外接触这种植物导致的中毒症状一般不太严重，因此一些医生曾怀疑这种植物到底是不是一种毒性很强的植物。然而不时出现的黛粉芋引起的严重中毒事件证明了它确实是一种危险的植物。

左图：黛粉芋 （*Dieffenbachia seguine*）斑驳的叶子使它成为风靡世界的室内绿植，但需要注意的是要让这种植物远离宠物和儿童，以免他们一不小心咬上一口，而因草酸钙针晶中毒。

上图：夏威夷地区一片种植芋（*Colocasia esculenta*）的农田。这些粗壮的草本植物可以长到 50～200 厘米高，它的叶片可以长到 20～50 厘米长。

芋头——一种刺激性的天南星科植物

虽然含有草酸钙针晶和化学刺激性物质，但天南星科好几种植物的球茎都是可食用的蔬菜，我们把它们统称为芋头。通常作为芋头种植的最主要的天南星科植物是芋（*Colocasia esculenta*，异名：*C. antiquorum*）和紫柄芋（*Xanthosoma sagittifolium*）。紫柄芋原产于南美，但从 19 世纪开始便传播到了其他国家，而芋（*Colocasia esculenta*）原产于印度到中国的东南部和苏门答腊南部。芋头是一种非常古老的作物，在两千多年前的古埃及就已经有种植的记录，现在它在热带湿润地区广为种植。英国植物学家约瑟夫·班克斯（Joseph Banks）在他跟随库克船长（Captain Cook）在奋进号上航行（1768—1771）

的日记中记录了芋头在东南亚和澳大利亚的种植情况，他写道："这种植物在削皮和处理之前，它的每一部分都有着巨大的刺激性，这种特质让那些没有从其他人那里学到如何食用芋头的人永远对它们敬而远之。"

在非洲、亚洲和南太平洋等湿润的热带地区，芋头都是一种重要的蔬菜作物，在这些地方，它们被小规模种植来满足普通家庭的消费。芋头适宜生活在水分充足的环境，有些品种可以直接种在水里，而且芋头很耐阴，其他根茎类蔬菜在这种条件下是无法生存的。芋头的品种很多，不同品种的刺激性也不一样。虽然我们主要吃的是芋头的球茎，但在一些刺激性不强的变种中，芋的茎和叶也可以被当作一种绿色蔬菜食用。芋头的球茎在食用之前会经过长时间的烹煮或者烤，或者在地窖中厌氧发酵好几个星期。未处理过或者处理不完全的芋头会引起口腔疼痛和炎症，如果食用量比较大的话，还会引发更为严重的症状。

左图：芋头的球茎是一种重要的碳水化合物的来源，但在吃之前需要进行处理，特别是在那些降雨量很丰富、其他农作物难以生长的地区。

大戟科

er"，原意是指这类植物通常具有通便的功效。这个词在英文中也常常用来代表大戟科，这个科有很多属是著名的泻药。大戟科的植物类型多样，从草本、灌木、小型乔木到大型乔木甚至多肉植物。这个科有 218 属，大约 6745 个种，包括一些很大的种类很多的属，例如大戟属和巴豆属，另外还有一些只有一个或几个物种的属，例如响盒子属。大戟科几乎是全世界分布的，其多样性中心位于热带和亚热带地区。

螫毛和刺激性的酯类

大戟科内一部分属是具有螫毛的，例如刺痒藤属和花棘麻属（详见第 111 页）。花棘麻属曾经被置于麻风树属中，所以容易让人误解麻风树属也有螫毛。事实上，麻风树属并没有螫毛，但它是有毒的，因为其全株都含有高刺激性的二萜酯类，尤其是在乳汁和种子中含量丰富。

二萜酯类有好几种形式，它们也是大戟科毒素中分布最广的一类（详见第 116—119 页）。它们曾经被人类用来帮助狩猎，例如，依据西班牙历史学家冈萨罗·费尔南德斯·德奥维多巴尔德斯（Gonzalo Fernández de Oviedo, 1478—1557）的记载，生活在委内瑞拉的土著居民利用毒疮树（*Hippomane mancinella*，详见第 118 页）来"为他们的箭矢附上恶魔的毒药"。这些化合物的毒性使它们成为特别有效的鱼毒素。在非洲，人们正是利用大量含有这类化合物的植物来制作鱼毒素。在这些植物之中，绿玉树（*Euphorbia tirucalli*）是最重要的一种，它非常容易获得并且毒性很强，其体内的活性化合物抑制了鱼类的细胞呼吸，导致鱼类瘫痪。

致死凝集素

某些大戟科的植物含有一种有毒的蛋白质称为凝集素。蓖麻（*Ricinus communis*，详见第 148—149 页）种子里所含的凝集素叫蓖麻毒素，是这类物质中毒性最强的一种。从蓖麻种子中压榨出的蓖麻油并不含凝集素，传统上可作为一种泻药，同时也在肥皂、洗涤剂、颜料、染料和润滑剂等一些物质中使用。其他一些植物同样也含有凝集素（麻风树毒蛋白），例如锦珊瑚（*Jatropha cathartica*）、麻风树（*Jatropha curcas*），但这类物质不能进入细胞（详见第 146 页）。麻风树种子榨的油可以用作生物燃料。

下图：麻风树是一种原产于墨西哥到阿根廷南部的大型灌木到小乔木。它的毒性主要是因为其含有的佛波醇酯，但同时它的种子里也含凝集素。

职业危害

大戟科植物中所含的化合物种类众多，其中很多都具有重要的经济价值，比如橡胶、一些油、染料和药物，其中有一些我们在之前已经提到了。另外的例子包括橡胶树（*Hevea brasiliensis*），一种原产于巴西和圭亚那的植物，它是世界上天然橡胶的主要来源。来自油桐（*Vernicia fordii*，异名：*Aleurites fordii*）及近缘类群种子中的桐油，是一种木材保护剂。当利用大戟科植物或者从这些植物中粗提化学成分的时候，需要格外小心，因为与这些植物接触有很高的风险。这些毒素甚至在干木材中仍然可以保留下来，因此也不建议将其用作燃料。由于缺乏对其危害的认知而在生产和劳作中缺乏防护，大戟科的植物造成了多起职业中毒，特别是在相对落后的国家中。

左图：橡胶树（*Hevea brasiliensis*）现在在热带国家广泛种植，例如泰国，人们收集它的乳汁用来生产天然橡胶。

你敢吃吗

在满是有毒植物的大戟科中，几乎没有哪种植物可以当作食物。然而，尽管含有有毒的氰苷，木薯（*Manihot esculenta*）仍然是非洲、亚洲和南美洲超过7亿人的一种稳定的食物来源。对于人类来说，木薯必须先经过处理才能被安全的食用，但一些动物可以直接食用木薯和大戟科另外一些植物，这可能是因为它们对毒素的耐受性较高，或者自身具有解毒的途径。非洲大草原上的长角羚（*Oryx gazella*）在旱季的时候就以一种有毒的大戟属植物达马拉大戟（*Euphorbia damarana*）为食，而扭角羚（*Tragelaphus strepsiceros*）和黑犀牛（*Diceros bicornis*）也以其他一些大戟科植物为食。这些大戟科的多肉植物为这些食草动物提供了水和营养物质。

右图：在纳米比亚达马拉兰，一头长角羚正在一种大戟科植物（达马拉大戟，*Euphorbia damarana*）的树荫下休息。

刺激性二萜酯类——灼烧的物质

瑞香科和大戟科许多植物的乳汁中含有一类具有化学刺激性的物质。这类物质是二萜酯类，到目前为止，它已经被分离出二十余种基本的骨架构型。不同构型的二萜酯类作用大致类似，不过在症状的严重程度和持续时间上有一定的差别。其中最重要有佛波醇酯（具有巴豆萜烷骨架）、巨大戟醇酯（巨大戟烷）、麻风树烷、山藜豆烷和瑞香烷。

佛波醇酯的生物活性具有很强的结构特异性。特定结构的佛波醇酯能够激活蛋白激酶 C，而后者会激活细胞内的很多代谢过程（例如增加基因表达量以及加快蛋白质和 DNA 的合成），为进一步的细胞分裂和分化做准备。佛波醇酯即便在低剂量情况下也是有毒的，接触它会有强烈刺激感。总而言之，佛波醇酯是一种辅致癌物（本身不致癌，但能增强致癌引发剂和促长剂作用），其中以十四癸酰基佛波醇的作用最强。

目前已知的刺激性最强的物质

大戟脂（Euphorbium）是一种刺激性的植物树脂，据说是毛里塔尼亚的国王久巴二世为了纪念他的医生欧福耳玻斯而这样命名的，随后林奈也沿用了这个俗名命名了大戟属（Euphorbia）。这种树脂的原始配方目前已经不得而知，人们现在是从白角麒麟（Euphorbia resinifera）中获取这种物质。这种无叶、肉质的大戟科植物原产于摩洛哥的阿特拉斯山脉。它的主要活性化合物树胶脂毒素，一种瑞香烷二萜，直到 1975 年才被分离出来。这种物质的辣度在史高维尔标准下是纯的辣椒素的 1 000 倍，可以达到 160 亿史高维尔辣度单位（详见第 123 页）。树胶脂毒素可以作用于感觉神经，一接触会引起强烈的刺激性，之后伴随着痛觉缺失。这种古老的药物目前已经研制成为一种用于局部缓解糖尿病和带状疱疹引发的神经痛的治疗方式。

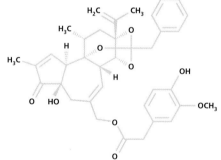

树胶脂毒素

左图：这种二萜化合物能引发强烈的痛觉，其作用机理和辣椒中的辣椒素一样。

右图：分布于摩洛哥的白角麒麟（Euphorbia resinifera），整个植株很像仙人掌，没有叶子，茎上沿着长轴方向有 4 条棱，并且还有一些小刺。在和这种植物打交道的时候要十分小心。

不要喝这种牛奶

学名
Euphorbia tirucalli L.

俗名
绿玉树、光棍树、铅笔树

科名
大戟科

毒素种类
二萜酯类中的惕各烷、巨大戟烷和瑞香烷型

人类中毒症状
皮肤：灼烧痛感、炎症、红肿、起泡
眼睛：疼痛、角膜结膜炎（角膜和软组织发炎）

佛波醇

左图：佛波醇是一种在大戟科许多植物中都存在的二萜，佛波醇酯则是引发炎症的罪魁祸首。

下图：绿玉树是一种灌木或小乔木，整个植物体只有一些不明显的叶子。它经常被用作篱笆，一些橘红色或者红色枝条的品种也常常被当作观赏植物栽培。

在所有花园植物中，大戟属的植物是令人讨厌的一类，因为它们的白色乳汁有刺激性。修剪它们的枝条或者仅仅是碰掉一片叶子就能让这些乳汁从植物的伤口处渗出，接触到我们裸露的皮肤和眼睛。根据大戟属具体植物以及接触这些乳汁的时间和程度的不同，这种不可避免的影响可以从比较轻微、短暂到十分严重并且持续几周。幸运的是，栽培最广的一种大戟属植物一品红（*Euphorbia pulcherrima*）是该属中毒性最弱的一种。每到冬季的时候，一品红都有百万盆的销量，它会因为被儿童和宠物误食而被广泛关注，不过其引起的症状和不适比较轻微。

在大戟属中最毒的一种植物是绿玉树，这是一种肉质的灌木或小乔木，原产印度、巴基斯坦和马达加斯加的干旱地区，同时也分布于非洲的东部和南部，在那里，绿玉树的乳汁一直被用作一种鱼毒素（详见第114页）。另外，绿玉树在世界上一些热带地区被种植，例如佛罗里达和夏威夷。如果绿玉树的乳汁不小心进入了眼睛，它会立即引起眼睛和眼睑的灼伤，使患者大量分泌眼泪并且怕光，并且在接下来的8～12小时里视觉模糊，有持续的疼痛感。角膜的最外层会被腐蚀，视觉清晰度下降，眼睛的软组织会出现红肿，包括眼睑。根据初始的严重程度，视力会在1～2周内恢复，而且并不会有持久的影响。

小小的剧毒苹果

学名
Hippomane mancinella L.
俗名
毒疮树
科名
大戟科
毒素种类
巴豆萜烷和瑞香烷型的二萜酯类

人类中毒症状
消化系统：严重的口腔疼痛，发炎，起泡，腹部痉挛和阵痛，呕吐，血性腹泻
皮肤：烧伤，红肿，发炎，水泡
眼睛：疼痛，结膜炎，怕光，暂时性失明

毒疮树分布于墨西哥南部沿岸、中美洲到哥伦比亚和委内瑞拉，以及西印度群岛和佛罗里达地区。当来自欧洲的拓荒者们登上新世界的大陆，在海岸边首先遇上了这种植物时，他们便见识了这种植物的腐蚀性。在 16 世纪，奥维耶多 (Ovie-do) 在他的《西印度群岛自然史》一书中记载了这种植物的危险性（顺便说一句，这本书中还有菠萝的第一幅插图）：

目前已经被无数次证明，如果人们躺在这种树下睡觉，醒来后会感觉到头非常疼，并且眼睛和脸都会肿大。如果树上的露水不小心落到了脸上，接触之处便好像着火一样，接触到露水的皮肤会有严重的灼烧感并且起泡。如果露水落到眼睛里，则会引起眼睛的灼伤或者失明，视力会受到严重的损伤。没人能够长时间忍受将它当作木材燃烧，因为这会散发出很浓的烟并引发头疼，无论人还是别的动物都会尽量远离。

从那以后，许多因为皮肤和眼睛接触毒疮树乳汁而出现的症状被详实地报道出来，人们也清楚地知道了这种植物能造成多大的伤害。另外，这种植物还能结出具有迷惑性的苹果一样的果实，这种果子的直径 3～5 厘米，成熟的时候黄绿色，上面还点缀着诱人的红色，果香怡人，果肉也是看上去很美味的黄色。果实本身也会造成上述的接触反应，而吃下果实则是更加严重的灾难，它会刺激口腔、喉咙和消化道，严重时会导致死亡。

强烈刺激性的油

大戟科内有很多植物是出了名的有毒，但它们的毒性主要体现在从种子中提炼的油上。这些油由于含有佛波醇，因而有腐蚀性、辅致癌性或者是细胞毒性。这类植物包括麻风树和巴

下图：**毒疮树（*Hippomane mancinella* L.）**带有叶子的枝条和未成熟的果实。这种植物在当地也被称为 "manzanita de la muerte"，字面意思是 "小小的剧毒苹果"，它对于不谨慎的热带海滩来访者来说是一个不小的风险。

左图：欧亚瑞香（*Daphne mezereum*）的叶子在春天才会长出来，所以在早春开花的时候，芳香的紫色花朵会直接出现在光秃秃的枝条上，花朵落了之后会结出诱人的红色果实。

瑞香烷酯，它似乎是造成家畜间歇性疾病和死亡的元凶。中毒症状包括慢性腹泻、食欲不振，它主要对牛和羊起作用。这种症状在"二战"之前就已经被报道，不过直到 1970 年才把它和一种米瑞香属的一年生植物联系起来，而且在过去的 20 年里，这种病至少有两次大流行。由于这种植物难以栽培，实验室条件下种子的发芽率太低，所以关于米瑞香的研究一直进行得不顺利。

欧亚瑞香（*Daphne mezereum*）是一种广泛分布于欧洲和西亚地区的植物，它在早春还没有开始长叶子的时候便开花。尽管毒性很强，但其有香味的紫色花朵让欧亚瑞香成为一种非常流行的观赏植物。它的果实是鲜红的多汁浆果，内含 1 枚种子，会吸引画眉和其他鸟类来取食，这些鸟类不会被果实中的佛波醇酯和瑞香毒素影响。尽管这种果实对儿童也具有诱惑力，但口腔接触欧瑞香酯所产生的灼烧感带有警告效果，防止更严重的中毒症状出现。

豆（*Croton tiglium*），后者的种子是巴豆油的来源。这类植物种子中提炼的油常常用作泻药以及其他医学上的用途，在其所有用途中，目前研究发现这些油还具有抗 HIV（人类免疫缺陷病毒）和抗白血病的功效。今天，巴豆油最广泛的应用可能是化学换肤法，一种整容手术的替代疗法。在这种疗法中，事先经过苯酚和水稀释的巴豆油可以穿透到深层的皮肤。整个腐蚀过程需要在手术室麻醉状态下进行，因为其过程非常痛苦，并且伴随有造成心律失常和肝肾毒性的风险。

平行进化

在演化上，佛波醇酯不仅仅出现在大戟科植物中，许多瑞香科的植物也含有这种物质。瑞香科大约有 45 ～ 50 属，超过 900 种植物，大部分是灌木到小乔木等木本植物。它们中的许多种一直被用于传统药物或者鱼毒素中。这不仅仅是植物化学中的平行进化，也是人类学中对植物利用的平行进化，当然它也证明了佛波醇酯的效用。

瑞香科中也有一些属是草本。其中一个最大的包含草本种类的属是米瑞香属，这个属有超过 100 种植物，分布于澳大利亚和新西兰。在许多这类植物中，有一种被称为河朔荛花素的

下图：一种分布于澳大利亚昆士兰的米瑞香属植物（*Pimelea haemostachya*），这种植物以对牲畜有毒闻名，不过大多数米瑞香中毒的案例中还涉及到另外一些含有更高浓度河朔荛花素植物。

芥末炸弹——异硫氰酸酯

在十字花科和其他一些亲缘关系较近的植物中，演化出了一套错综复杂的化学防御手段，这种手段在植物体内随时待命，一旦植物被啃食或受到伤害，它就会被激活。这套防御机制由一类看似无害的化学物质硫代葡萄糖苷和一种特殊的黑芥子酶组成，这两种物质在细胞内独立储存。当植物细胞受到损伤时，这两种物质会混合，此时硫代葡萄糖苷会转变为刺激性非常强的异硫氰酸酯。

目前在大约 4 800 种植物中，已经报道了 120 种不同的硫代葡萄糖苷。这些植物中，95% 的种类隶属于 17 个科，这 17 个科又都属于十字花目。这一类植物包含了我们最熟悉的卷心菜（*Brassica oleracea*，它的栽培变种还包括西兰花、花椰菜、抱子甘蓝、羽衣甘蓝等，这些都是十字花科的植物）、山柑（*Capparis spinosa*，山柑科）、番木瓜（*Carica papaya*，番木瓜科）和旱金莲（*Tropaeolum majus*，旱金莲科）等。剩余 5% 的植物主要来自核果木科。

就喜欢这种味道

在昆虫中，有一些种类可以将硫代葡萄糖苷和异硫氰酸酯转变成为一种自身的有利条件。每一个种植卷心菜的农民都很头疼欧洲粉蝶（*Pieris brassicae*）和它的近亲，它的幼虫只以含硫代葡萄糖苷的植物为食。这类昆虫演化出了一套解毒机制，让它们能够以其他鳞翅目幼虫不吃的卷心菜、抱子甘蓝以及类似的植物为食。而

在某些蚜虫对含有硫代葡萄糖苷植物的适应演化得更为完备。作为一种吸取植物汁液的昆虫，这类蚜虫几乎从来不会触发植物本身的芥末炸弹，但它会产生属于它们自己的炸弹。这类蚜虫会在体内积累来自寄主植物的硫代葡萄糖苷，还会产生一种黑芥子酶来对抗天敌。当它们的天敌食蚜蝇吃这种蚜虫的时候，这两种物质就会混合，产生异硫氰酸酯。这种挥发性的异硫氰酸酯会影响到捕食者，同时也会告诫其他蚜虫捕食者的存在，让它们能有时间去寻找一片新的食物区。

左图：欧洲粉蝶（*Pieris brassicae*）的幼虫以卷心菜和其他近缘植物为食，它们针对寄主植物的硫代葡萄糖苷演化出了一套解毒机制。

可怕的信号

学名
Brassica nigra (L.) W.D.
J.Koch，*B. juncea* (L.)
Czern.，*Sinapis alba L.* 和
其他

俗名
B. nigra—黑 芥，*B. jun-
cea*—芥菜、印度芥末，*S.
alba*—白芥

科名
十字花科

毒素种类
异硫氰酸酯

人类中毒症状
神经系统：流汗
消化系统：口腔和喉咙会
有发热和灼烧感，胃肠道
刺激，腹泻
皮肤：感到发热，红肿，
痒，红肿，烧伤性损伤
眼睛：流眼泪
鼻子：刺激性，流鼻涕

H₂C ——— NCS

烯丙基异硫氰酸酯

左图：在芥末类植物中，这种挥发性
的烯丙基异硫氰酸酯是硫代葡萄糖苷
产生的一种刺激性的化合物。

上图：生长在泰国花期的印度芥末（*Brassica juncea*），有些品种的种子被用来
榨油，有些品种是叶用的蔬菜，它的茎和根同样也是可食用的蔬菜。

在十字花科里面，好几种植物的俗名都叫芥末，但是在调料中最常用的3种分别是黑芥末（*Brassica nigra*）、印度芥末（*B. juncea*）和白芥末（*Sinapis alba*）。这些草本植物的叶子，尤其是印度芥末，常被作为叶用蔬菜，但是调料芥末其实是来自于它们的小圆种子，人们通常把这些种子磨成粉末或用来榨油。

这些植物以及一些近缘植物的绿色部分刺激性物质的含量要少于种子，但是硫代葡萄糖苷本身就有一种苦味，这种不愉快的味道已经足够抵御大型食草动物，让它们寻找新的食物源。这也是为什么有些人不喜欢吃炒熟的卷心菜和抱子甘蓝，因为高温下黑芥子酶会变性，而保留下有苦味的硫代葡萄糖苷。

当大型的食草动物取食这些植物的时候，它们通常会在破坏这些植物的时候触发"芥末炸弹"。如果你在吃寿司的时候芥末放多了，或者在周末的烤肉上抹了新鲜的辣根，你就会见识到辛辣的异硫氰酸酯的威慑力。这些东西会通过激活那些与辣椒素相关的受体（详见第122—123页）来刺激你的口腔、鼻腔和鼻黏膜。

救命的刺激性

人们在历史上把刺激性的异硫氰酸酯用于一系列的药物中，其中之一就是"芥末石膏"，它可以用来治疗风湿病、关节疼痛、肌肉疼痛和胸部感染。这种石膏其实是将其中一种芥末种子碾碎，和面粉混合成糊状，涂在一块布上然后包裹在身体的某个部位。芥末石膏不能直接接触皮肤，而且只能使用很短的一段时间，大约不超过15分钟。如果使用时间过长或者将芥末粉直接涂在皮肤上，会造成严重的化学烧伤。

2011年的"搞笑诺贝尔化学奖"授予了一项针对高刺激性、挥发性异硫氰酸酯的另类应用研究。这项研究发现，如果发生火灾，可以用芥末产生的刺激性气味去刺激一个人的鼻黏膜来叫醒一个熟睡的人。

右图：白芥末（*Sinapis alba*），显示具有4枚花瓣的十字形花冠，这是十字花科的一个重要特征。

辣而不烫——辣椒素

茄科辣椒的果实和种子里含有一种辛辣的化合物，辣椒素，正是这种物质让食物产生了"辣"的味道。辣椒素被人类用作调料已经有近千年的历史，除此之外，它也被应用于医疗。另外，辣椒素造成的痛苦和灼烧一般的不适感让它在安保工作和自我防卫中大展身手。

热辣的幻觉

学名
Capsicum annuum L.，*C. frutescens* L. 和 *C. chinense* Jacq.

俗名
C. annuum—辣椒，红辣椒，青辣椒 等；*C. frutescens*—朝天椒；*C. chinense*—黄灯笼椒

科名
茄科

毒素种类
辣椒素和其他辣椒素类生物碱

人类中毒症状
神经系统：出汗

消化系统：口腔和喉咙发热和由灼烧感，胃肠道刺激，腹泻

皮肤：感到发热，红肿

眼睛：流眼泪，灼热的不适感，疼痛

辣椒（*Capsicum annuum*）是一种原产于墨西哥和危地马拉的具有单叶的小灌木，五角星形的花朵单生于叶腋，并下垂；花谢之后，会结出细长的、具有鲜亮颜色的果实。根据果实的形状，颜色以及辛辣程度人们已经培育出了许多不同的栽培品种，这其中就包括了大型的甜椒，也包括辣度从中等到很高的各种辣椒。辣椒的分类很混乱，辣椒的一些栽培品种的特征和另外两个种有一定的重叠，这两个种分别是分布于玻利维亚和巴西西部的朝天椒（*C. frutescens*）和一种非常辣的黄灯笼椒（*C. chinense*），后者学名的种加词是"中国"的意思，但实际上它分布于玻利维亚、巴西的北部和秘鲁。有些学者认为这 3 个种和相关的品种都应处理成一个"辣椒复合体"。

辣椒素

上图：辣椒素能够导致一种灼烧的感觉，但是接下来它会抑制神经信号的传导，反而会导致麻木。

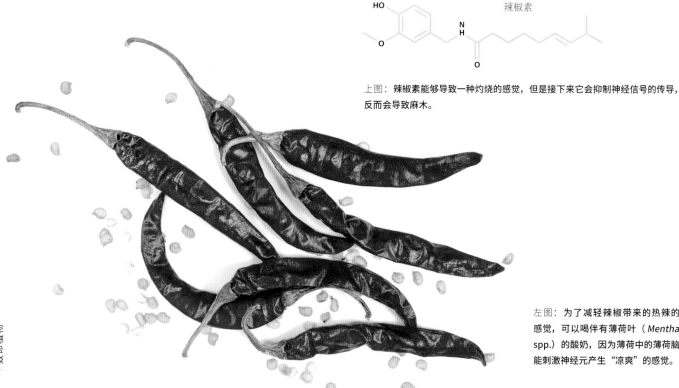

左图：为了减轻辣椒带来的热辣的感觉，可以喝伴有薄荷叶（*Mentha* spp.）的酸奶，因为薄荷中的薄荷脑能刺激神经元产生"凉爽"的感觉。

致命植物

上图：辣椒（*Capsicum annuum*）的植株，其果实成熟的时候会由绿变红。辣椒喜欢生长在温暖和湿润的环境中，它最终能长成接近 1.5 米高的多分枝的灌木。

加点料

在有些国家的厨房里，辣椒的使用量明显高于其他国家，而其中之最正是辣椒的原产国墨西哥（平均每人一天一颗辣椒）。在很多引入辣椒的国家，辣椒也在厨房里获得了极大的成功，特别是印度和泰国，在那里辣椒已经成了料理的关键调料。在这些地方，新鲜的果实、干辣椒、辣椒籽还有辣椒粉在不同季节里都会作为烹饪中重要的调料。

辣椒中的辛辣化合物，包括辣椒素（8—甲基—*N*—钒酰—6—非奈米），是一种生物碱，它们能和感觉神经元上的香草酸受体结合 [香草酸瞬时电位 (TRPV) 离子通道]。这种受体也能够接受热和疼痛的刺激，所以辣椒素与之结合能够让人感觉到热度。灼烧和红肿的程度取决于辣椒碱类物质（见小贴士）的含量和持续接触这类物质的时间（一种剂量效应）。TRPV 离子通道在所有哺乳动物中都普遍存在，所以含有辣椒素的植物能够阻止啮齿目和其他动物以它们为食。鸟类的这种离子通道上缺乏辣椒素结合位点，所以它们能够不受伤害地吃辣椒的果实并帮助辣椒传播种子。

除了在口腔中感受到热和灼烧之外，吃大量的辣椒也会对胃肠道造成刺激性。辣椒或浓缩的辣椒提取物引发的灼热不适感会让眼睛和鼻子遭受极大的痛苦。正因如此，辣椒喷雾剂也被证明是一种有效的防身武器，这种喷雾剂首次被玛雅印第安人使用，现在很多国家的警察部队用它来控制那些不守规矩的个人和游行集会。不过，使用辣椒喷雾剂自卫是否合法在世界各地各不相同。

毛茛科

毛茛科是一个世界性分布的类群，不过它们更多分布在温带地区和北半球。在这些区域，几乎没有花园里没有毛茛科植物，哪怕仅仅是草坪上的一朵小毛茛。毛茛科被认为是一个非常古老的类群，科内一共包含 62 个属，超过 2 500 种。毛茛科大部分种类是一年生或者多年生草本或藤本，偶尔也会有灌木。它们形态差别很大，尤其是花的外观，它们的花朵可以是非常简单的，例如毛茛（*Ranunculus* spp.）和铁线莲（*Clematis* spp.）；也可以是比较复杂的，比如耧斗菜（*Aquilegia* spp.）和乌头（*Aconitum* spp. 详见第 48—49 页）。

毛茛科植物所含的主要毒素类型是乌头碱类的二萜生物碱，强心苷类和毛茛素。二萜生物碱主要存在于乌头属和翠雀属植物中。这类物质可以先刺激再抑制中枢神经系统和外周神经系统，引发心脏衰竭而致人死亡。两种强心苷类物质在毛茛科中都有发现，其中强心甾主要存在于侧金盏花属（详见第 58 页）植物中，而蟾蜍二烯内酯主要存在于一些铁筷子属的植物中，包括常见的圣诞花卉暗夜铁筷子。暗夜铁筷子同时还含有毛茛素，这是一类刺激性原银莲花碱的前体，多见于毛茛科其他一些属，例如银莲花属中（详见第 126—127 页）。

下图：匍枝毛茛（*Ranunculus repens*）具有典型的杯状的花朵和 5 枚简单的黄色花瓣。这种植物因为含有毛茛素，所以食草动物常常敬而远之。

下图：原产欧洲的欧耧斗菜（*Aquilegia vulgaris*）的花，每朵花具有 5 枚展开的、类似花瓣的花萼，它的每个花瓣会形成充满花蜜的、向后延伸的距。

上图：黄根葵（*Hydrastis canadensis*）在美国被原住民用来治疗眼睛痛，由于它在药物上的被频繁使用，其野外居群数量已经开始下降。

医学上的应用

这些含有不同有毒化合物的植物却在不同的传统医药体系中有诸多应用。尽管在西方世界，由于考虑到其可能造成的潜在的伤害，这类应用并不那么常见。在毛茛科中，还有其他一些在药物中有应用的植物，不过它们的毒性都不强，所以在本书中没有详细描述。这些植物包括黄根葵（*Hydrastis canadensis*）、黄连（*Coptis chinensis*）和唐松草（*Thalictrum* spp.），这些植物除了产生具有药物活性的化合物之外，也会产生一些在其他科例如罂粟科（Papaveraceae）、小檗科（Berberidaceae）中发现的生物碱。将黄连和松果菊（松果菊属，菊科，详见第 160 页）一起服用能够增强免疫系统，在美国这是销量最好的植物性的膳食补充剂。总序类叶升麻（*Actaea racemosa*，异名：*Cimicifuga racemosa*）被用来治疗绝经，但它在某些情况下具有肝毒性。亚洲的类叶升麻属的其他物种在传统中药中也有应用。

我们祖先的食物

在毛茛科中，极少种类可以被当作食物。家黑种草（*Nigella sativa*）的种子是一种香料，它也是毛茛科中少有的大规模种植的经济作物。榕毛茛（*Ficaria verna*，异名：*Ranunculus ficaria*）是一种矮小的多年生植物，广泛分布于欧洲。这种植物可能是在春天最早开始长出绿叶的，在夏天植株干枯之前，它会开出亮黄色的花朵，它们通过在土壤表层的小小的块茎来过冬。在今天，意大利人仍然用它们的叶子来制作传统的蔬菜沙拉，这些叶子可以直接生吃或者用水煮熟。同样的例子还有葡萄叶铁线莲（*Clematis vitalba*），不过这种植物的叶子吃之前必须用水焯熟。

有证据显示，我们的祖先早期也以榕毛茛的块茎为食。在德国北部、丹麦以及欧洲其他地方的考古工作发现了烧焦的榕毛茛的块茎，这些块茎可以追溯到中石器时代和新石器时代，尤其是新石器时代早期。这些块茎在居住场所被发现，表明它们是作为食物而不是由于焚烧植物而导致碳化。烧烤或者研磨这些块茎能够使里面可能含有的由毛茛素产生的原银莲花碱分解，让这些块茎变得安全可食。在人类还处于靠在野外采集食物阶段，榕毛茛的块茎是一种很可靠的淀粉来源。

右图：榕毛茛，具有 8 ～ 12 枚花瓣，不要把它和罂粟科的白屈菜（*Chelidonium majus*，详见第 173 页）弄混了。

直接的刺激物——原银莲花碱

许多毛茛科植物能够引起化学刺激性接触性皮炎，因为它们都含有一种毛茛科特有的原毒素——毛茛素。据说在古罗马，乞丐们曾利用这种植物的刺激性来让皮肤上产生一些水泡，来让他们看起来更加可怜。除了毛茛本身之外，毛茛科内能产生毛茛素的植物还包括银莲花和白头翁（*Anemone* spp.，异名：*Pulsatilla* spp.）、驴蹄草（*Caltha* spp.）、角果毛茛（*Ceratocephala* spp.）、铁线莲、铁筷子和榕毛茛。

毒素的活化

毛茛素，一种萜苷，通常被储存在细胞的液泡中，一旦植物受到损伤，细胞的内容物就会互相混合，毛茛素就会和β-葡萄糖苷酶接触。在酶的作用下，毛茛素中的糖基会与之分离，生成一种具有很高活性的原银莲花碱，这是一种γ-羟乙烯基丙烯酸的挥发性不饱和内酯。随着植物组织变干，原银莲花碱会转变成没有活性的银莲花素（自身形成二聚体），高温同样也会破坏原银莲花碱。

挥发性的原银莲花碱能够让新鲜碾碎的植物组织产生一

上图：角果毛茛（*Ceratocephala testiculata*）通常只能长到 8 厘米高。在开花过后，它的顶端会结出一个包含 5 ～ 80 粒弯曲种子的带刺的果实，这个果实可以勾到皮毛或者衣服上，从而帮助它们传播。

下图：当暗夜铁筷子（*Helleborus niger*）的果实还是绿色的时候，它的种子会对园艺师或者园丁的手指造成刺激性，因为此时它们的果实里含有毛茛素。

种刺激性的气味，它能够刺激眼睛和鼻子。处理或吃这类植物会刺激皮肤、消化道或者黏膜。接触原银莲花碱之后，它能够结合皮肤上的疏基基团，破坏二硫键，例如蛋白质和谷胱甘肽中的二硫键，导致细胞死亡（细胞毒性）。它还能够将DNA烷基化，导致基因突变。原银莲花碱产生的影响取决于与它的接触程度和接触时间，以及特定植物释放的原银莲花碱的量。这种影响可以从发热、灼烧、刺激到肿胀、起泡和溃疡。

需要避免的膏药

学名	科名
Ceratocephala testiculata (Crantz) Besser（异名：*Ranunculus testiculatus* Crantz） *C. falcata* (L.) Pers（异名：*R. falcatus L.*）	毛茛科
	毒素种类
	不饱和内酯（原银莲花碱）
俗名	**人类中毒症状**
C. testiculata—角果毛茛； *C. falcate*—弯喙角果毛茛	消化系统：对口腔和喉咙有刺激性，恶心、呕吐、血性腹泻、肝毒性 皮肤：伴有疼痛感的红肿、水泡、溃疡

原银莲花碱

毛茛素

上图：当植物组织受到损伤时，糖苷毛茛素会转变成有活性的原银莲花碱。它会对食草动物的口腔造成刺激性，阻止它们进一步取食。

角果毛茛属（*Ceratocephala*）是毛茛科内一个小属，它分布于南欧、西亚和北非。在土耳其，这种植物传统上被用于治疗风湿病和帮助伤口愈合。然而，在很多情况下，这种治疗方法会导致患处有严重的反应，例如大面积起泡、化学烧伤和开放性伤口。为了治疗关节痛，医生将角果毛茛切碎制成膏药，敷于患处 2 个小时到 2 周的时间。这种治疗方法既让从毛茛素产生原银莲花碱的量最大化，又降低了原银莲花碱转化为刺激性较低的银莲花碱的速度。

原银莲花碱瞬间产生的刺激性使它成为一种效果很强的拒食剂，所以不论是昆虫还是大型动物（包括人）都会对产生这种毒素的植物敬而远之。很明显的是，在野外，放牧的牲畜通常不会碰毛茛科的植物。不过在少数情况下，牛和羊也会因为误食毛茛和角果毛茛而死。这种被毛茛科植物毒死的风险在食物短缺的时候会很高。

形似原则

在第一章中，我们介绍过一种观点，即有机体是为了满足某种特定的目的而被创造出来的（详见第 16—17 页）。除此之外，被称为形似原则的理论还表明，大自然或神性赋予那些具有特定药用价值的植物一个"形态"。这个原则可以通过植物的形态（如外形、颜色、味道或气味等）与人体的部位或这种植物与其能够治疗的疾病之间的相似性来证实。有些人还将植物的"本质"与病人的个性或疾病的心理维度联系起来。早期印度和中国的许多传统医学中存在着这种学说的不同版本。在欧洲，形似原则在中世纪尤其流行，当时的医生正在积极研究药用植物和人类的疾病。当时一位瑞士的炼金术士帕拉塞罗斯（Paracelsus，1493—1541）将这个学说的地位从民间的流传提升到被认真和严谨对待的地位。

关于这个形似学说的例子可以在毛茛科中找到。榕毛茛（详见第 125 页小贴士）的块茎很像痔疮，所以被用来治疗这类疾病，因此，这种植物还得了另外一个俗名"痔疮草"。欧獐耳细辛（*Anemone hepatica*，异名：*Hepatica nobilis*）的叶子很像肝脏，因此用来治疗一些肝脏病症。直到今天，形似学说在某种程度上仍然作为一种补充治疗手段存在或者作为一种替代医药体系，例如顺势疗法和自然疗法。

下图：**欧獐耳细辛**（*Anemone hepatica*），在欧洲和北美分布。

水泡和灼伤——呋喃香豆素

很多植物都能造成由光诱发的植物性皮炎，这又被称为植物－日光性皮炎，这其中就包括了许多伞形科植物（详见第74—75页）。与这些植物接触并不都会让你的皮肤起水泡，它需要其他一些条件。具有光毒性的呋喃香豆素在植物的不同组织中含量并不相同，在正在发育的种子中含量最高。这类物质最初的作用可能是防御，但它们同时也能提高植物对环境的抗压能力，例如干旱或者病原真菌的感染。皮炎除了需要接触类似呋喃香豆素这类光毒素之外，还需要暴露在足够的紫外线辐射下，这在温带地区尤其不容易。

左图：巨独活在欧洲和北美的部分地区是一种入侵杂草，与本地的植物存在竞争关系。很多国家现在已经开始采取措施来控制其传播。

可怕的杂草

学名
Heracleum mantegazzia-num Sommier & Levier 和其他 *Heracleum* spp.

俗名
巨独活

科名
伞形科

毒素种类
呋喃香豆素（补骨脂素）

人类中毒症状
皮肤：灼伤、红肿、水泡、烧伤样病变、色素沉积

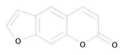

补骨脂素

左图：在紫外线的照射下，呋喃香豆素类的补骨脂素会变成有活性的状态，引发严重的皮肤水泡。

巨独活（*Heracleum mantegazzianum*）是一种生活在俄罗斯南部和格鲁吉亚的惊人植物。它可以长到3.5米高，具有粗壮的带紫色斑点的茎、巨大的带有齿裂的叶子和直径可达60厘米的大型复伞形花序。在19世纪，在这种引人注目的植物邪恶的一面不为人所知之前，它曾经作为一种花园观赏植物被广泛栽种。直到今天，巨独活和它来自格鲁吉亚、阿尔巴尼亚和亚美尼亚的近亲（*H. sosnowskyi*）一样，仍然在作为畜

自从被发现以来，光敏性皮炎有许多不同的名字，它最初是因为一些非常规的方式使人接触到柑橘皮中的补骨脂素导致的。博洛克皮炎是由于重复接触了香水或其他产品中经过稀释了的呋喃香豆素导致的。这类物质的主要来源是柠檬（*Citrus bergamia*）中所含的柠檬精油，它含有佛手苷内酯（5-甲氧补骨脂素）。佛手苷内酯有很大的风险会引发玛格丽特光敏性皮炎，后者有时也被称为柠檬病（不要和莱姆病搞混）。柠檬病常常是因为在阳光明媚的天气徒手挤柠檬或接触柠檬汁，例如在热带地区准备水果鸡尾酒的时候。

左图： 柠檬是柠檬精油的主要来源，后者常用于风味伯爵茶中。

牧的饲料种植。这种人为的种植意味着现在在欧洲的大部分地区，都能看到这种植物，它们通常生长在潮湿地区，如河岸、排水沟和路边。

公众由于对接触巨独活的危险缺乏认识，常导致偶发性的植物-日光性皮炎病例，这种病症也有可能在晴朗的天气中出现小规模爆发。在乡间小路上散步，或者儿童在户外玩耍，这些都是健康的生活方式，但这可能会引起比较严重的反应。皮炎的症状通常是滞后的，只有暴露在太阳下 24 小时之后，皮肤才会开始出现灼烧感；再过 24 小时，才会出现水泡。其他容易接触到伞形科能产生补骨脂素的植物的典型途径还包括在蔬菜地中拔除杂草欧防风（*Pastinaca sativa*），在一排排种植的芹菜（*Apium graveolens*）之间徒手除草或者光着上身对峨参（*Anthriscus sylvestris*）进行修剪。

芸香科成员同样会造成光敏皮炎，包括柑橘（*Citrus* spp.）和它分泌的精油（详见本页小贴士），还有芸香（*Ruta graveolens*，详见第 109 页）。芸香不仅会让不知情的园丁和儿童引发严重水泡，还会对那些用其碾碎的叶子和汁液涂抹在皮肤上意图止痛或者驱虫的使用者造成同样严重的后果。

内部治疗的外部效应

银屑病和白癜风等皮肤病长期以来都是用植物产生的补骨脂素进行治疗的，例如用补骨脂（*Cullen corylifolium*，异名：*Psoralea corylifolia*，豆科）的种子或者大阿米芹（*Ammi majus*，伞形科），最早用这类植物进行治疗的记录可以追溯到公元前 1400 年的古印度。通常情况下都是将这些植物外敷，但某些情况下，也可以内服。这类治疗方法被称为 PUVA（敷用补骨脂素，然后暴露于紫外线 A 下）。当操作正确的情况下，补骨脂素能够提高皮肤对紫外线 A 的敏感度，从而降低银屑病人皮肤的炎症水平。然而，如果暴露在了错误波长的光下，或者是暴露时间过长，会导致严重的，甚至危及生命的晒伤。服用大量含有补骨脂素的植物之后暴露在紫外线下，同样会引起一些光毒性的反应。

其他的光毒素，例如荞麦（*Fagopyrum esculentum*，蓼科）中所含的荞麦碱和贯叶连翘（*Hypericum perforatum*，金丝桃科）中所含的金丝桃素，如果食用过量的话，同样引发皮肤反应。之前仅在动物中有报道，例如在澳大利亚，绵羊取食了大量的金丝桃属植物，现在在人类中也偶见报道，有人会把荞麦茎干榨汁饮用。服用贯叶连翘补充剂通常不太可能引发症状，除非服用量大大超过了常用剂量。

下图： 大阿米芹（*Ammi majus*）的种子。这是一种生活于地中海和北非地区的一年生植物，富含丰富的补骨脂素，被用来治疗白癜风。

有毒的常春藤

漆树科是主要分布于热带的一个大科，其科中有80属，主要为乔木、灌木和藤本植物，大约有三分之一的属的植物能产生致敏性树脂。这种物质主要有两种形式，烷基邻苯二酚和烷基间苯二酚。这类化合物中致敏性最强的物质——漆酚——就是一种烷基儿茶酚的混合物，它在漆树科许多不同属的植物中都有发现，其中就包括有毒的常春藤（漆树属）。另一些具有经济价值的漆树科植物则含有烷基间苯二酚，例如腰果（*Anacardium occidentale*）和芒果（*Mangifera indica*）。这种致敏性的树脂在产生它们的植物体内充当拒食剂。举例来说，漆树科的植物常常是半翅目昆虫的食物来源，但这类昆虫并不吃富含烷基邻苯二酚的植物。对于人类来说，这些致敏原能造成4型过敏反应（延迟型）。

一定会过敏

学名

Toxicodendron pubescens Mill.（异名 *Rhus toxicodendron* L.）；*T. radicans*（L.）Kuntz（异名 *Rhus radicans* L.）和其他

俗名

T. pubescens—
大西洋毒漆、毒常春藤、毒橡树；

T. radicans—毒漆藤

科名

漆树科

毒素种类

烷基邻苯二酚（漆酚）

人类中毒症状

皮肤会出现丘疹水泡性皮疹（同时出现固体性和液体性皮疹），通常呈现线性条纹；肿大、流泪、结痂、严重的瘙痒；偶尔会发热；疲劳；虚弱

在美国，漆树属的很多植物（例如大西洋毒漆）以及近缘的毒橡树是最常见的造成急性过敏性接触性皮炎的元凶。它们在除了夏威夷和阿拉斯加之外的所有州都有分布，不过在不同的地区，优势种并不一样。另外，该属植物也分布于南美洲、温带和热带亚洲。在很多其他国家里，你很难在野外接触到这类植物，除非是在植物园里。与漆树属关系最近的是盐肤木属（*Rhus*），在历史上这两个属曾经历过多次合并，盐肤木属中包含了一些观赏植物例如火炬树（*Rhus typhina*）。盐肤木属植物是不含漆酚的，不过它们也会产生一种致敏性非常低的双黄酮类物质。

大西洋毒漆和它的近亲是一些攀缘藤本、灌木和小乔木。它们常具有3枚小叶或者小叶数量更多的复叶、非常不显眼的花朵和浅色的果实。植物体的所有部分以及植物的乳汁中都含有漆酚，乳汁是没有颜色或者淡黄色的，其中的油性树脂在暴露到空气中后会变黑。尽管比较稳定（在低于315℃情况下都

上图：漆酚实际上是好几种类似化合物的混合物，当重复接触这些物质之后，任何一种都有可能引起痛苦的过敏反应。

左图："三小叶，别碰它"是一句流传于美国的俚语，它教人们区分大西洋毒漆（*Toxicodendron pubescens*）和其他一些外形相似的植物。

上图：大西洋毒漆（*Toxicodendron pubescens*）的叶子在秋天会变成迷人的颜色，正是因为这一原因，这种植物有时会作为花园里的观赏植物栽培，但这大大增加了园丁过敏的风险。

会保持液态），油脂会附着在燃烧产生的烟雾颗粒上，例如在森林火灾或者露营燃烧篝火的时候。这些油脂还可以附着在动物的皮毛上，包括宠物。这些都是这类过敏原传递到人类的途径，即便过敏者本身并没有通过最常规的方式接触过这类植物。

当一个人首次接触到漆酚之后，症状可能要 10 ～ 14 天才会显现出来，而且相对温和。然而，当一个人已经过敏过一次，接下来再次接触到这类过敏原，症状将会在 24 ～ 28 小时内显现出来。树的乳汁会迅速被皮肤吸收，或者不经意间由接触的部位转移到身体的其他地方。随之而来的皮疹会非常痒，几乎不可能不去抓挠。症状通常会在 2 ～ 3 周内缓解，除非在这个过程中再一次接触到了致敏原。据估计，在美国民众中，有 80% 的人对这种高致敏性的漆酚敏感，这其中有 10% ～ 15% 的人极度敏感，一旦接触会在 2 ～ 6 小时内引发严重的瘙痒和大面积的皮疹，通常还伴随着发热、无力和虚弱。

来自厨房的危害

腰果树是一种原产于南美洲北部的漆树科植物，在热带地区广泛栽种。它小小的肾形果实里含有一枚种子，也就是我们俗称的腰果，挂在苹果般的果实下方。当种子成熟的时候，果实也会随之膨大。腰果种子的外壳能造成过敏性皮炎，因为其

内的致敏性化合物含量特别高。将腰果从外壳中剥离出来这个过程对于工人来说是有害的，如果他们不戴手套的话会得慢性皮炎，这些工人也常常会暴露在烘烤腰果的烟雾中，这会导致他们得口腔溃疡或者出现疤痕。食用没有经过充分处理的腰果同样也会使口腔周围的皮肤和身体其他部位得皮炎。对于那些已经对大西洋毒漆中的漆酚敏感的人群来说，这种风险尤其高，因为腰果中的间苯二酚存在着交叉致敏。芒果皮中所含的间苯二酚也会引起交叉致敏，同样的情况还发生在巴西胡椒木（*Schinus terebinthifolius*）粉红色的果实中。

下图：新鲜的腰果（*Anacardium occidentale*），"苹果"实际上是膨大的花托，而性状独特的含有一粒种子的果实倒吊在肉质的花托下方。

第七章

消化道症状

许多植物会引起肠胃不适，这是阻止食草动物继续进食的一种手段，对大多数人来说，恶心、呕吐和腹泻会让人停止继续食用这些植物。本章表明，这种影响不仅是排出有毒物质的一种方式，而且是潜在致命中毒的早期警告信号。

消化道反应：作用机制

在所有的中毒反应中，不论是意外还是有所预谋，中毒都有一些大同小异的症状。通常情况下，中毒会使人心跳和呼吸加快，有摇摇欲坠的感觉，同时伴有恶心和腹痛。以上这些症状可能只是简单地反映一个人的精神状态——我们在受到惊吓的时候通常都会显示出以上一个或者所有的反应——所以它们太过宽泛，不能用来作为中毒的诊断。尽管呕吐和腹泻通常是无害的，但在这一章中我们讨论的是能产生致命液体的植物，将这些简单的生理反应带入另外一个层次——更加强烈的胃肠道不适或盐分的流失。

恶心和呕吐

生病可能是一个我们都经历过的事情，它有的时候会伴随着呕吐。呕吐的机制现在已经相当清楚了，它涉及脑干中两个相连的中心：化学感受器触发区（CTZ）和呕吐中枢。CTZ自身不能单独引起呕吐，但能够刺激呕吐中枢，引发呕吐，或者通过抑制呕吐中枢来阻止呕吐。CTZ可因血液成分改变而激活，例如由肾衰竭引起的血液尿素升高，同时它能对止吐药做出响应。

呕吐中枢不仅仅受到CTZ的调控，同时也会接受多个不同器官（例如胃和肠道）的神经信号，还会接受感觉器官的信号输入，例如平衡感觉、气味和心理刺激（比如恐惧）。当受到刺激以后，它会触发不同反应，包括小肠蠕动的逆转、部分腹部和胃部肌肉的收缩，以及最终通过口腔排出胃的内容物。

有的植物引发呕吐可能是通过刺激CTZ来实现的，例如吐根九节（详见第136—137页），或者是通过作用于胃壁的物理刺激，例如土豆和它近亲中的糖苷生物碱（详见第140—141页），又或者是上述二者的结合，例如一些石蒜科中富含生物碱的植物（详见第142—143页）。

肠道排泄

摄入食物后，食糜就会通过胃进入肠道。人体本身的机能吸收食物中的营养物质，然后将废物作为粪便排出。在小肠中，绝大多数物质被吸收，大量的水被加入食糜中，这些水接下来会在大肠里被重新吸收。如果这个重新吸收的过程没有正常进行，就会引发腹泻。当未被吸收的化合物（例如某些特定的碳水化合物和蛋白质）阻止水分通过渗透作用重新吸收时，就会发生腹泻。当肠道分泌的水分增加时，也会发生腹泻。

当肠道运动（蠕动）加快时也可能会引起腹泻。在这种情况下，肠道中粪便物质流动的量已经超过了水分吸收的速率。这可能是由于一些因素刺激了肠神经系统的活动。其中最广为人知的是肠道微生物群发生了变化，这种变化可以直接影响神经信号，刺激大肠黏膜内壁细胞甚至导致它们死亡。

通常我们很难把腹泻归咎于某个单一机制，有些时候引发腹泻的原因并没有被研究得很清楚。蒽醌类的泻药（详见第144—145页）可能是通过刺激神经系统造成肠道蠕动加快，但同时也会影响到水分的重吸收。蓖麻毒素和其他外源凝集素

右图：**欧鼠李（*Frangula alnus*，异名：*Rhamnus frangula*）是一种分布于欧洲、北非和西亚的小乔木，它的树皮是一种刺激性泻药。**

左图：**很多茄属植物都含有糖苷生物碱，包括银叶茄（*Solanum elaeagnifolium*）。这种植物原产于美国西南部和墨西哥，现在在世界上很多半干旱地区都有分布。**

（详见第146—149页）通过造成肠壁细胞的炎症性死亡来引发腹泻，但同时也会干扰肠道微生物的组成。目前对于葫芦素的作用机理还不完全清楚，不过至少它其中某一项作用可以影响细胞分裂（详见第150—151页）。强效的秋水仙碱能够阻止细胞分裂，妨碍正常细胞更替并能阻碍细胞的功能（详见第152—153页）。上述这些毒素的作用会导致肠壁细胞的毁灭性死亡，从而导致水分再吸收和肠道运动障碍，因为在正常的肠壁中，处在活跃分裂过程中的细胞比例非常高。

吐　根

恶心、呕吐和腹泻是摄入许多有毒植物和其他有毒物质后的常见症状。然而只有一种植物以能主动引起这些症状而闻名：吐根九节（*Carapichea ipecacuanha*）。由这种植物根制成的药剂被称为吐根糖浆，在治疗急性中毒中有广泛应用。不过，因为吐根糖浆本身含有的毒性及其潜在的风险，这种治疗方法如今已经不多见了。

使人生病的植物

学名
Carapichea ipecacuanha
(Brot.) L. Andersson（异名：
Cephaelis ipecacuanha
(Brot.) Willd., *Psychotria ipecacuanha* (Brot.)
Stokes, *Uragoga ipecacuanha* (Brot.) Baill., *Cephaelis acuminata* H. Karst.)

俗名
吐根九节

科名
茜草科

毒素种类
四氢异喹啉单萜生物碱（吐根素、吐根酚碱和其他）

人类中毒症状
单次摄入时

消化系统：恶心、腹泻、剧烈呕吐

神经系统：出汗

重复摄入时

一般症状：脱水、电解质失衡

循环系统：心律失常、心脏衰竭

肌肉系统：虚弱

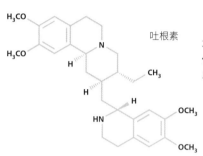

吐根素

左图：吐根素生物碱可以催吐，但是不推荐作为误食有毒物质以后的急救手段。

吐根九节是一种单叶对生、有流苏状托叶的矮小灌木，有很多由小白花组成的密集头状花序，花谢之后会结出浆果，每粒浆果有 2 枚种子。这种植物的贮藏根有一种独特的软木状树皮。吐根九节生长在中部和南部美洲，它的英文名来自图皮语 i-pe-kaa-guéne，"九节"原意是路边能让人生病的植物。吐根九节中所含的活性化合物是吐根素和吐根碱。目前只在这种

右图：吐根九节（*Carapichea ipecacuanha*）具有对生的有光泽的叶片，由许多密集的小白花组成头状花序，花朵在没开之前被 4 枚叶状苞片包围。在巴西的马托格罗索地区，采集者们会在采集之余重新种植一些这种植物，确保这种植物资源的持续性。

植物和它的少数几种同属的近缘种中发现。但是其他几种完全不含这类催吐生物碱的植物也曾被称为吐根。例如同样属于茜草科的条纹吐根（*Ronabea emetica*），曾经被大量引入欧洲种植。直到 19 世纪末，人们才确定这种植物其实不含任何吐根素和吐根碱。

变形虫杀手

在 17 世纪末期，吐根九节传入欧洲，1686 年，它因为治好了路易十四儿子的病而声名鹊起。当时他所得的这种肠道疾病被简单称为"血性腹泻"，这种疾病可以由一些传染源引发，其中一个最常见的感染源是溶组织内阿米巴变形虫，到 2010 年为止，世界上仍然每年有 55 000 人死于这种变形虫感染的痢疾。

吐根素生物碱是一种有效的溶组织阿米巴杀灭剂，尽管在 17 世纪的时候，其药效机制并不清楚，但它立即成为治疗所有腹泻疾病的首选药物（直到 19 世纪，人们才知道另一些病原微生物，如变形虫和细菌，也能够引发这类疾病）。不过这种治疗方法并不是没有风险的，在呕吐的过程中水分和盐分会流失，这会加重腹泻本身的症状而让情况变得更糟。同时因为这类生物碱的代谢周期很长，可能需要 1～2 个月，所以这种治疗方法并不合适。即便每次的用量很少，重复多次使用也会立即引起中毒反应，包括肌肉无力和心脏衰竭。

上图：吐根九节的植物学绘图，在所有结构中，着重显示了粗壮的储藏根和其外软木状的树皮，以及花的不同部位。

并不是急救手段

吐根在现代被用作液体提取物和糖浆。在人们误食其他有毒物质急救时，常用它们来催吐。在以前，这是一种家庭常备药剂，尤其是那些有婴幼儿的家庭。但是现在这种观点已经被摒弃了，因为吐根中毒的风险大于与呕吐相关的治疗的有效性。由于液体提取物的效力比糖浆更强，不同制剂之间的混合而造成的意外过量有时会导致严重中毒，后果包括因为呕吐过于剧烈导致的疝气和胃破裂，甚至是死亡。目前已经有一些因为暴食症患者滥用吐根剂的病例，人体长期使用之后会出现营养不良、呕吐、心脏衰竭和肌肉毒性等症状，这些都会导致不可逆的致命损伤。

监护人的毒药

在 1977 年，"代理型孟乔森综合征"一词首次被用于两起虐待儿童的案例。在这两起案例中，父母故意对其孩子造成伤害，导致这两个孩子需要进行医疗救助。尽管这两起案例中都没有明确涉及吐根剂，但从随后对于这种监护人投毒的病例报道来看，吐根剂已经变成一种常用的投毒手段。由于呕吐和腹泻是一类非特异性的症状，并且吐根剂并没有常规的检测手段，之后出现的肌肉症状，包括心肌（心肌病），就成了一种实实在在的风险。这也是不再推荐吐根剂作为急救的非处方药的另一个原因。

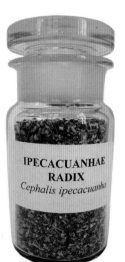

IPECACUANHAE
RADIX
Cephalis ipecacuanha

左图：吐根皮是干燥的吐根九节根的药典名称，也是这种植物的药用部位。

茄　科

茄科是一个大科，几乎在全球都有分布，包含大约 100 个属，有 2 500 余种。这个科里有很多著名的食用、药用和观赏植物，但同时，也包含了许多具有有毒生物碱的植物，后者能造成广泛的负面的甚至是致死的症状。茄科植物黑暗的一面，经常被巫医、杀手以及毒品滥用，接下来我们将详细讲述相关内容。

敌人还是朋友

很难想象，一顿饭中不出现茄科植物。不仅仅是因为这个科里有世界上最主要的块茎作物之一——马铃薯（*Solanum tuberosum*），这个科还包含了很多重要的蔬菜，例如西红柿（*S. lycopersicum*，异名 . *Lycopersicon esculentum*）、茄子（*S. melongena*）、辣椒（*Capsicum* spp.，详见第 122—123 页）；还有一些著名的水果，例如酸浆（*Physalis peruviana*）和枸杞（*Lycium chinense*）。然而在英文中，茄科还有另外一个也很常用，但是更加黑暗的名称："夜幕笼罩"（nightshades）。在这个科里，好

几种植物的俗称也叫这个名字，这些植物基本上都是茄属的，而且都含有同一种毒素，糖苷类生物碱（详见第 140—141 页小贴士）。在英语中，"夜幕笼罩"这个名字曾经被错误地用在一些结黑色浆果的茄属植物上，比如龙葵（*S. nigrum*），但实际上真正的"夜幕笼罩"是一种含有莨菪碱的茄科植物夺命颠茄（*Atropa bella-donna*），莨菪碱同样也存在于茄科其他几种植物中（详见下文和第 80—83 页）。

克里平医生

除了颠茄之外，茄参（*Mandragora* spp.）、曼陀罗（*Datura* spp.）、木曼陀罗（*Brugmansia* spp.）和天仙子（*Hyoscyamus* spp.）是茄科中其他几类含有莨菪碱的植物。现在常用从天仙子中提取出来的东莨菪碱来治疗晕船和抑制唾液分泌，而在过去，它的应用则更为广泛，包括术前用药和缓解分娩疼痛以及治疗狂躁症。

历史上最臭名昭著的东莨菪碱使用出自霍利·哈维·克里平（Hawley Harvey Crippen，1862—1910），他是一位美国人，尽管并没有取得行医的资格，他仍然称呼他自己为克里平

下图：**天仙子是一种长满黏性腺毛的具有刺激性的植物。它的果实是一种杯状的蒴果，成熟干燥以后会从顶端开裂，释放出里面的大量种子。**

左图：**哈维·克里平是美国穆尼恩自然疗法商业公司驻伦敦的代表。他声称他购买东莨菪碱是用来配置其自然疗法的配方，但实际上是用来毒杀他的妻子。这也是已知使用东莨菪碱下毒的第一起案例。**

上图：欧白英是一种原产于欧洲和亚洲的藤本植物，它也被广泛引入世界各地。它的绿色果实在成熟时会变成橘黄色或者亮红色，有点像一盏倒挂的交通信号灯。

医生。在 1900 年，他跟随他的第二任妻子科拉移居到英国。他妻子奢侈的生活方式使他们的生活总是处于缺钱的状态。在 1910 年，克里平医生从一个药房买了一些东莨菪碱的氢溴酸盐，几周之后，他妻子最后一次被人们见到。克里平博士对外宣称他的妻子返回美国了，但这个谎言被后续的调查揭穿了。最终，克里平医生被起诉谋杀妻子并被判处死刑。

有趣的生物碱

在茄科植物中，还有一些种类会产生其他的生物碱。例如哌啶类生物碱，主要存在于烟草（详见第 98—99 页）中，因其对人类和昆虫的不同影响而被违法制作为毒品或者用作杀虫剂。存在于辣椒（详见第 122—123 页）中的辣椒素类生物碱，利用哺乳动物和昆虫对于辣度的感知来防止自身被吃掉，但对帮助它们传播种子的鸟类没有影响。此外，在夜香树（*Cestrum* spp.）中，含有一种具有肝毒性的贝壳杉烯糖苷类，它非常类似于一些菊科植物例如苍耳（*Xanthium* spp.）中所含的生物碱（详见第 162—163 页）。

成熟后再吃

在英国，那些含有糖苷生物碱的茄属植物是很多意外中毒的元凶。这些植物，例如欧白英（*Solanum dulcamara*）和龙葵会结出一种对儿童很有吸引力的浆果。中毒虽然时有发生，但除了会感到口腔刺激、恶心，并可能伴随呕吐或腹泻外，症状并不严重。症状比较轻微的主要原因是儿童误食的浆果通常都是成熟的，这些不同物种的果实在成熟过程中逐渐从绿色变红色或者黑色。植物希望这些果实被吃掉从而帮助它们传播种子，所以成熟果实中糖苷生物碱的含量已经大大降低了。有些种类成熟的果实已经完全可食用。例如木龙葵（*Solanum scabrum*）。

危险的绿色信号——糖苷生物碱

马铃薯看上去是最为平常的一种蔬菜，但它也有黑暗的一面。人们只吃它的块茎是有原因的，因为在其叶子、地上茎和果实里面都含有浓度很高的糖苷类生物碱。即便是我们吃的马铃薯块茎中，都含有某些这类毒素，其中最普遍的是 α-茄碱和 α-卡茄碱。这些毒素能够防止植物被害虫或者病原微生物侵害。在块茎里，这些毒素最主要存在于块茎皮下。

征服一切的马铃薯

学名
Solanum tuberosum L.

俗名
马铃薯（土豆）

科名
茄科

毒素种类
糖苷生物碱（α-茄碱和 α-卡茄碱）

人类中毒症状

消化系统：腹部绞痛、恶心、呕吐、腹泻

神经系统：头痛、惊厥、麻痹

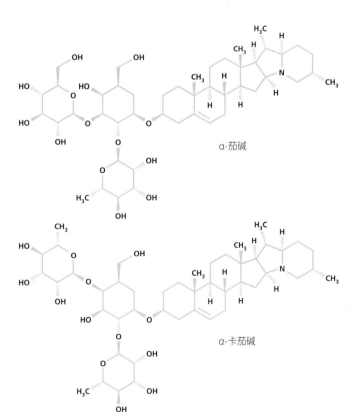

α-茄碱

α-卡茄碱

左图：茄属植物含有好几种糖苷类生物碱，它们的区别仅仅在于所含糖基的数量和种类，以及它们之间的连接方式。这里展示了在马铃薯中最为常见的两种化合物。

上图：马铃薯的植株各部看起来都十分平常。它的叶子阻挡着正在发育的块茎接触到光。它的花具有亮黄色、伸出的雄蕊，在之后会结出有毒的、外形像番茄一样的果实。

马铃薯有一个很长并且很辉煌的历史。早在 8 000 年前，它就已经由分布于现代玻利维亚和秘鲁边界的提提卡卡湖地区的野生品种驯化而来。马铃薯通过西班牙人在 16 世纪传入欧洲。在 17 世纪，欧洲的殖民者和拓荒者足迹遍布全世界，也将它带到了世界各地。今天，马铃薯是世界上最重要的第四大作物，仅次于玉米、小麦和水稻，而且是最重要的块茎状作物。这种植物现在可以适应各种不同的种植环境，并且在其他作物歉收时，马铃薯块茎的易贮藏性和丰富的营养价值就成了许多人的救命口粮。

但是事情并非一帆风顺。在 1844 年，马铃薯出现了毁灭性灾难的最初征兆，这是一种由卵菌纲的致病疫霉（*Phytophthora infestans*）引起的疾病，被称为"马铃薯晚疫病"。在那个时代，欧洲只种植了很少量的马铃薯最近缘的变种，而晚疫病几乎毁灭了从比利时到俄罗斯的栽培马铃薯。最惨痛的情况发生在爱尔兰，马铃薯占当地居民大约 80% 的每日热量摄入来源。从 1845 到 1848 的 3 年间，马铃薯几乎绝收，造成了上百万人口死亡。

低调的马铃薯邪恶的一面

马铃薯中糖苷生物碱在含量很低的情况下，有助于提高风味。然而，这种有毒化合物的含量不仅在不同的栽培品种中有变化，在不同季节和栽培条件下也有变化。毒素的含量会因应对环境压力而上升。生物体内糖苷生物碱的合成由光照引发，所以这种毒素在马铃薯的地上茎和叶子里含量很高。因此，马铃薯块茎是绿色的时候并不适宜食用。块茎上的绿色是因为进行光合作用生成的叶绿色产生的，这也是由光照引发的。所以，马铃薯上绿色叶绿素的出现就表示毒素含量较高。这也是

马铃薯植株防止其暴露在地表的块茎被动物或昆虫吃掉的一个好方法。

马铃薯的各种栽培品种中糖苷生物碱的含量远低于每 100 克马铃薯中 20 毫克毒素（超过这个量马铃薯吃起来就会有苦味），食用起来非常安全。但在一些环境压力下，例如被晚疫病影响、被昆虫啃咬、或者是在收割和储藏过程中有过碰伤和损坏，都会增加马铃薯中糖苷生物碱的含量。不过，这些糖苷生物碱含量比较高的马铃薯，会有一种苦的、不令人愉悦的口感，通常会阻止人们继续食用。

即便是因为应对环境压力或者变绿的马铃薯中含有的较高浓度的毒素，也不足以致死，但它还是能让你非常不舒服。糖苷生物碱可以损伤细胞，这会引发呕吐和腹泻，让身体排出摄入的毒素。毒素也可以影响神经间传递信号的化学递质，因此会引发头痛和惊厥。这类毒素不会在烹饪过程中被破坏，所以碰到绿色的马铃薯，扔掉是最好的做法。

左图：马铃薯暴露在阳光下会变绿，因为它们具有潜在的产生叶绿素的能力。光也是一个引起糖苷生物碱合成的因素，另外一个因素是环境压力，所以正确的马铃薯储存方式非常重要。

做一份美味的炸薯条，只有当马铃薯的淀粉含量很高，糖的含量恰到好处，才能获得那种金黄的色泽。在 20 世纪 60 年代晚期，来自美国农业部、宾州州立大学和怀斯薯片公司的研究者声称他们已经培育出完美的用于制作薯条的马铃薯——"莱纳普"。不幸的是，莱纳普马铃薯产生的糖苷生物碱的含量非常高（大约每 100 克马铃薯含 30 毫克毒素），即便不受任何环境压力。吃了这种马铃薯的人——大多数都是研究人员——都会出现胃部不适。在 1970 年，仅仅开发出来 3 年以后，这个品种就被移出马铃薯栽培领域，但它仍然被用于培育新的品种。而培育出来的新品种在投放市场之前都会进行毒素含量测定。

石蒜科的生物碱——石蒜碱

正如在第四章以及第十章中讨论的那样，石蒜科里的部分物种含有可以直接影响大脑的生物碱。不过，石蒜亚科中有超过 500 种植物含石蒜科生物碱，石蒜碱可能是造成中毒最多的一种。石蒜碱通常是石蒜科植物中最为常见也是含量最高的生物碱，它在大部分石蒜亚科中都存在，例如水仙（*Narcissus* spp.）、雪滴花（*Galanthus* spp.）、石蒜（*Lycoris* spp.）、文殊兰（*Crinum* spp.）、君子兰（*Clivia* spp.）、孤挺花（*Amaryllis belladonna*）、虎耳兰（*Haemanthus* spp.）、网球花（*Scadoxus* spp.）和葱莲（*Zephyranthes* spp.）。

容易犯的错误

学名
Narcissus pseudonarcissus L., *Lycoris radiata* (L'Hér.) Herb. 和其他

俗名
N. pseudonarcissus，黄水仙；*L. radiata*，石蒜

科名
石蒜科

毒素种类
石蒜科生物碱（石蒜碱和其他一些）

人类中毒症状
消化系统：恶心、呕吐、腹泻

额外的症状
神经系统：兴奋、癫痫、昏迷
循环系统：高血压、心动过速
其他：发热

在过去的几个世纪里，因黄水仙造成的人类严重或致死的中毒事件鲜有出现，但这种植物确实有着致命毒性，并且宠物猫和狗，甚至牛，都有过在吃下黄水仙鳞茎之后就中毒致死的先例。现在，人们已经非常清楚，即便只吃下一点点，黄水仙的鳞茎也能够造成剧烈的呕吐和胃部不适。在 2009 年的一次学校活动中，英格兰萨福克郡一群 9 岁和 10 岁的孩子在学校自己开垦的土地上收获种植的洋葱（*Allium cepa*），并用它们来做一道洋葱汤。仅仅过了一小段时间，部分孩子便开始觉得恶心和呕吐，并伴随有胃部痉挛。其中的 12 名孩子症状比较严重，随即被送往医院，不过他们在几个小时之内就都康复了，并在当天就回到了家里。最后查明，造成这些孩子上述症状的元凶是他们的洋葱汤里意外混入的一个黄水仙球茎。2012 年，在英国布里斯托的一个社区发生了另外一起混淆事件，这次是把黄水仙用于切花的花芽和一种可食用的葱（

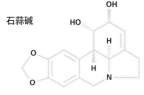

石蒜碱

上图：石蒜碱是石蒜科植物中最常出现的生物碱，能引发严重的消化道症状。

下图：黄水仙的球茎（左）很容易和洋葱的球茎（右）弄混，它们必须分开保存和种植。当你切黄水仙球茎时虽然不会被刺激到流眼泪，但吃下它则会让你生病。

右图：黄水仙（*Narcissus pseudonarcissus*）原产于欧洲、北美和温带亚洲，现在它是一种非常受欢迎的观赏植物和切花，因为它能为早春带来美丽的颜色。

物的炎症反应。这类植物还含有凝集素，它能够加重生物碱引发的胃肠道不适症状（详见第 146—149 页）。

A. schoenoprasum）弄混了。一家商店把黄水仙的花芽和蔬菜放得太近，导致一位顾客误以为这是可食用的绿色蔬菜。在这个事件中，有 10 个人被送往医院，公共卫生部门也发出警告，让大家不要在商店里把食用蔬菜和可能有毒的切花相邻摆放。这类石蒜科含有生物碱的切花还有一个潜在的中毒风险，从切花断口流出的植物汁液可能会污染花瓶中的水。通常情况下，即使插在其中的花束包含某些有毒植物，花瓶中的水一般也无毒。即便如此，也不建议饮用花瓶中的水，因为其中含有细菌和绿藻可能引发胃肠道问题。

除了生物碱，黄水仙同时还含有其他一些防御性的化合物。它的球茎含有草酸钙晶体，和那些在天南星科植物中发现的情况类似（详见第 112—113 页），这些晶体能够引发摄食动

萌发抑制剂

生物碱通常被认为是为了对抗食草动物而演化出来的，但对于石蒜碱来说可能不是这样。研究显示这种生物碱有化感活性，比如石蒜枯萎的叶子中含有高浓度的石蒜碱，它能够渗透到土壤中，阻止与其有竞争关系的植物种子萌发。石蒜碱通过抑制抗坏血酸也就是维生素 C 的生物合成过程中的一种酶活性来实现其抑制别的植物种子萌发。维生素 C 不仅是人类对抗坏血病必需的，而且它对很多植物种子萌发都至关重要。与此同时，石蒜碱和其他石蒜科的生物碱还可以通过抑制其他酶的活性或者与脱氧核糖核酸（DNA）结合来对抗食草动物和寄生虫，例如一些蠕虫。

下图：石蒜含有多种石蒜科生物碱，其中就包括石蒜碱。这种植物原产于东亚，它能在夏末开出非常壮观的花朵。

宠物的死亡

不止含有生物碱的石蒜科植物对于我们的爱宠来说是个威胁，全世界人类餐桌上都必不可少的大蒜（*Allium sativum*）和洋葱，在很少量的情况下，对于猫和狗来说都是致死性的威胁。洋葱中的刺激性物质由许多含硫的化合物组成，它们能够破坏猫和狗血液红细胞中具有携带氧气能力的血红蛋白，引起急性的和潜在的致死性贫血。谢天谢地，人类的血红蛋白对葱类的这些化合物远没有那么敏感。

泻药毒素——蒽醌

好几种含有蒽醌的植物常被用作草药，因为它们具有通便或者泻药的功效，其中最为著名的有来自蓼科（Polygonaceae）的大黄属（Rheum）；来自阿福花科（Asphodelaceae）的好望角芦荟（Aloe ferox，见本页小贴士）；来自豆科（Fabaceae）的决明属（Senna）；来自鼠李科（Rhamnaceae）的鼠李属（Rhamnus）和裸芽鼠李属（Frangula）。如果使用正确，这些草药能够帮助排毒和清空，但是如果出现意外或者滥用的话，也会带来意想不到的后果。

泻药大黄

学名
Rheum officinale Baill. 和
R. palmatum L.

俗名
大黄

科名
蓼科

毒素种类
蒽醌类（蒽酮、大黄酸和大黄素的苷类）

人类中毒症状
消化系统：呕吐、急性腹泻、肠梗阻（肠道无法运动）
其他：虚弱

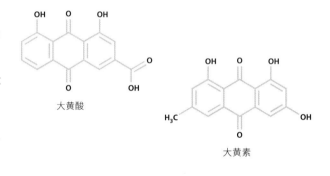

大黄酸

大黄素

上图：上面这些是在不同的植物中发现的蒽醌，它们以不同的糖苷形式存在。当消化道中的细菌将上面的糖基分离以后，它们会变成一种强效的泻药。

从斯科特拉岛到新世界

原产于非洲和阿拉伯半岛的芦荟属，包含大约550个物种。其中有两种在世界各地都作为草药使用，即来自沙特阿拉伯和也门的库拉索芦荟（A. vera，异名：A. barbadensis）和来自南非的好望角芦荟（A. ferox）。芦荟的属名来自阿拉伯语"alleoa"，意思是"闪耀着苦涩的物质"，它暗示着芦荟的叶子和汁液是苦的，但其叶子的胶质具有镇静的特质，这在历史上也非常有价值。芦荟是如此重要，以至于在公元前333年古希腊哲学家和科学家亚里士多德说服马其顿国王亚历山大大帝占领了靠近非洲之角的斯科特拉岛，以控制其芦荟种

右图：库拉索芦荟切开的叶子，可以看到流出的透明的具有镇静作用的胶状液体。

植园。而后在15世纪，探险家克里斯托弗·哥伦布曾在船上用芦荟来治疗伤口，他曾经说："四种蔬菜是人类福祉不可缺少的：小麦、葡萄、橄榄和芦荟。"干的芦荟胶含有苦味的化合物，包括芦荟甙A和B，这是一种芦荟—大黄素蒽酮的糖苷，也是刺激性的芦荟苦味剂中的活性成分。

左图：花园中的大黄是一种粗壮的植物，具有很大的叶子。商店里买到的大黄通常是在无光的环境下种植的，所以它的粉红色叶柄的口感没有那么刺激。

使用茎秆！

花园里栽种的波叶大黄（*Rheum rhabarbarum*）粉色茎秆常被用于烹饪或者作为制作果酱和各种甜点的水果。这些组织中苹果酸和草酸含量很高，因此它们的口感非常刺激，但这并不是所有人都喜欢，不过如果烹饪得当的话，是完全可以食用的。但这些大的绿色叶子就是另外一回事了。据说在第一次世界大战期间，英国政府曾经鼓励把波叶大黄的叶子当作蔬菜，这带来了严重的后果。在 12 世纪早期，已经出现了很多起因为食用经过烹饪的波叶大黄叶子而最终死亡的案例，其症状包括严重的呕吐、腹部痉挛和虚弱。

在第二次世界大战的时候，英国政府已经吸取了教训，他们当时甚至拍了一部影片来告诫人们不要将大黄叶子放在厨房垃圾中，以免将这些垃圾喂猪时让猪中毒。现在人们已经知道，大黄叶子是不能吃的，它其中所含的高浓度草酸盐对胃肠道有刺激和腐蚀作用，如果大量食用的话，还有可能造成肾脏损伤，新鲜叶子中所含的蒽醌也具有极强的刺激性。

大黄属的植物都是粗壮的、多年生的草本植物。它们大型、有时具有裂片或者边缘有齿的叶子从木质的根茎上长出来，在夏天会长出一根高的、顶端有花序的茎。一些中国物种的根和根状茎干燥切片后被用作传统中药。当它们在 12 世纪到 14 世纪传入欧洲后，它们也开始出现在欧洲的草药中。

在干的根状茎和根中，蒽醌是以糖苷的形式存在。它通过消化道时会一直保持这种状态不受影响，直到到达结肠。在结肠里某些细菌酶作用下，可将这些糖苷转化为有活性的苷元（蒽酮），这些苷元主要是大黄素（6-甲基-1，3，8-三羟基蒽醌），另外还有大黄酸、芦荟—大黄素和大黄酚。这些物质的作用是加快食物通过结肠的速度。上述作用通过加强结肠蠕动来实现，同时还能够增加结肠分泌水分并阻止其对水分的吸收。

然而，如果摄入过多的植物组织，或者这些植物组织没有经过恰当的处理（例如，这些植物组织没有经过充分干燥），又或者吃错了植物的部位，就会引发呕吐、腹泻和虚弱等症状。反之，如果药物的使用持续几周，刺激的作用可能会逆转，即可能发生肠梗阻——食物通过肠道的过程变缓或者停止，这会导致食物聚集，并可能会引起堵塞。

右图：掌叶大黄是根状茎和根可以作为中药大黄入药的三种植物之一，图中是它的一片叶子和一段花序。

有毒的蛋白质——凝集素

和动物的毒液不同，植物毒素很少是蛋白质。然而，确实有一小部分植物的毒素成分是蛋白质，这里面包含了一些毒性很强的化合物。凝集素是一类在植物和一些其他生物中出现的蛋白质，它能与特定的碳水化合物结合。凝集素扮演着重要的角色，例如保护植物免受真菌等病原体的侵害等。

左图：这种小小的红黑色种子来自相思子（*Abrus precatorius*），它是一种生长于很多热带地区的藤本植物。这些种子常常被用于珠宝、串珠和乐器中。

下图：从干燥的果荚中收获菜豆的种子。罐装的菜豆食用起来很方便，不过豆子必须充分煮熟，这样才能确保食用安全。

双倍的肠道刺激

毒性最强的凝集素，例如大戟科蓖麻（*Ricinus communis*）中的蓖麻毒素以及豆科相思子（*Abrus precatorius*）中的红豆素均为二聚体，包含着一条 A 链和一条 B 链，二者之间通过二硫键相连接。B 链称为吸附因子，它负责接合到细胞表面，然后让整个分子能够进入细胞内。一旦进入细胞，细胞内的酶将破坏二硫键，从而将两条链分离。自由状态下的 A 链，被称为效应因子，能让细胞内的核糖体失活，核糖体本身是细胞内合成蛋白质的细胞器。仅仅 1 个 A 链分子就能在 1 分钟内使 1 500 个核糖体失活，导致细胞的死亡。最先受到攻击的细胞位于消化道内，会引起消化系统严重的紊乱。有一些凝集素也可以穿过这些细胞直达循环系统，并影响身体的其他部位，造成更严重的后果，例如大出血和多个器官衰竭。

其他一些凝集素，例如豆科植物菜豆（*Phaseolus vulgaris*）中的植物血凝素和大戟科麻风树属植物中的毒蛋白只有一条单独的吸附因子链，它们可以接合到动物细胞表面，但缺乏进入细胞的能力，因此它们的毒性比较低，通常只会引起胃肠道的一些刺激和炎症。它们被认为会结合并杀死肠道菌群中的细菌，这会扰乱肠道环境，导致肠胃胀气和腹泻。

不公正的待遇

学名
Phaseolus vulgaris L.

俗名
菜豆、肾豆

科名
豆科

毒素种类
凝集素（植物血凝素）

人类中毒症状
恶心、呕吐、腹痛、腹泻

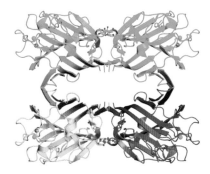

上图：当形成结晶的时候，植物血凝素会形成一种由 4 个分子组成的环状的超结构。

凝集素其实无处不在，尤其是在种子中。人们通常的食谱中其实包含了不少植物种类，它们都具有较高的凝集素含量，比如好几种豆子。不过，只有当这些豆子没有充分的煮熟，里面的凝集素没有完全变性的时候，才会引发中毒症状。变性是一个改变蛋白质结构的过程，这个过程有时候会产生一些肉眼可见的变化，比如你煎蛋的时候就能看到。

菜豆有许多的栽培品种。红色的菜豆是最广为人知的一种，但白色的（卡内利尼）、有淡斑点的和有红斑点的品种也被广泛种植。尽管它们都含有高浓度的被称为植物血凝素的凝集素混合物，在吃之前仍需要浸泡和煮熟才能确保安全，但是菜豆在全世界仍是一种重要的食物并被广泛栽培，它们是膳食蛋白质的一个重要来源。不过儿童或者动物生吃或者吃加工不恰当的菜豆时，就会中毒。这种情况偶尔会发生，例如，1976年，一群学生和他们的老师住在英国一家旅社里，吃了浸泡过但没有煮熟的菜豆。所有吃了两颗以上豆子的人都感到恶心和呕吐，还出现了腹泻症状。

下图：菜豆（*Phaseolus vulgaris*）野外的近亲原产于美洲中部，在 16 世纪菜豆传入非洲之前，它就在墨西哥、危地马拉和秘鲁被驯化为一种粮食作物了。

血型分析

在 1901 年，奥地利医生卡尔·兰德斯坦纳（Karl Landsteiner, 1868—1943）描述了三种不同类型的血液。基于将不同类型的血液混合在一起的时候红细胞有时会聚集在一起（凝集），从而破坏红细胞。他把这三种血型称为 A 型、B 型和 O 型（今天，我们还发现了 AB 型）。在 1888 年爱沙尼亚塔尔图大学的一项实验中，向血液中加入蓖麻毒素时也观察到了类似的凝集现象。正是由于这种效果，凝集素在最初被称为植物血凝素，字面意思就是"能让血液凝集的植物"。不过这个名字今天已经特指菜豆中所含的凝集素。兰德斯坦纳的研究显示，不同植物的凝集素能够选择性影响一种或几种血型，但不会影响其他血型。棉豆（*Phaseolus lunatus*）中的植物凝集素能够使 A 型血中的红细胞凝集，但不会影响 B 型血和 O 型血。而从翅荚百脉根（*Lotus tetragonolobus*）中分离出的凝集素则只会影响 O 型血。在针对不同凝集素的后续研究中，人们发现除了 ABO 血型之外人类还具有很多其他的血型种类，这一发现对于输血过程中的血型匹配非常重要。

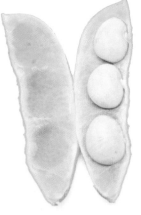

右图：一个裂开的新鲜棉豆荚，其中有绿色的种子。这种植物的种子成熟以后常被称为奶油豆。

有用的油和化学武器

学名
Ricinus communis L.

俗名
蓖麻

科名
大戟科

毒素种类
凝集素（蓖麻毒素）、蓖麻油酸

人类中毒症状
循环系统：心动过速、循环衰竭

呼吸系统：发绀（皮肤呈现蓝色）、肺水肿

神经系统：抽搐，痉挛，昏迷

消化系统：口腔灼烧感、恶心、呕吐、胃痉挛、血性腹泻

其他：虚弱、溶血（红细胞分解）、尿血、大出血、多器官衰竭

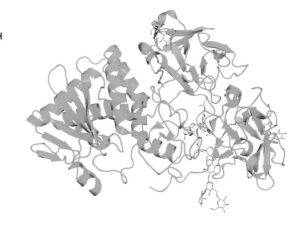

右上图：蓖麻毒素包含一个糖基结合区域（蓝色）和一个潜在致命的核糖体抑制区域（绿色）。

下图：蓖麻（*Ricinus communis*）生长在类似巴西这样的国家，人们将它的种子用来榨油，这种油可以用作生物燃料。榨完油后留下的固体残渣是有毒的，但可以用作肥料。

蓖麻可能原产于东亚，但由于全世界对蓖麻油需求量都很大，在世界上热带、亚热带和暖温带已经有超过 150 万公顷的蓖麻种植面积。蓖麻是一种粗壮的多年生草本，有时能长到超过 5 米高，像一棵小乔木，而在气温较低的区域，它则会长成茎单一不分枝的一年生植物。它的茎和大型的掌状裂的叶子通常呈蓝绿色或橄榄绿，有的时候也会呈红色到青铜色。果实由三心皮组成，表面覆盖着肉质的刚毛，成熟时三瓣裂，每个裂片里面含有一枚大型的种子。它的种子很漂亮，有时候被用在

珠宝中，或者被用作游戏中的筹码以及游客的纪念品。但它们是不可食用的，如果有人吃了蓖麻的种子，通常是因为偶然或好奇。如果在吃之前没有经过烹煮，会引发严重的中毒。如果种子被整个吞下去，它们通过消化道通常不会引起症状，因为坚硬的种皮确保蓖麻毒素不会被释放。但是如果种子经过了咀嚼，其内的蓖麻毒素就会与消化道内皮细胞结合并通过这些细胞最终进入循环系统，引起许多危及生命的症状。

除了含有有毒的蓖麻毒素外，蓖麻的种子中也含有油，这些油可以通过压榨提取出来。凝集素本身并不溶于油，但为了确保作为商业产品的油不含任何毒素，提取的过程会加热确保所有凝集素变性。这种油最著名的用途是泻药和通便剂，这也是它最古老的用途，正如公元前1552—公元前1534年间古埃及的药典《埃伯斯伯比书》（Ebers papyrus）上记载的那样。甚至在公元前4000年的埃及坟墓中也发现了蓖麻的种子。蓖麻油中存在一种独特的化合物，被称为蓖麻酸（一种羟基脂肪酸，约占蓖麻油的85%），它有七百多种工业用途，包括航空燃料和生物柴油。正因为如此，蓖麻在世界上才有如此广阔的栽培面积。

上图：市面上可以购买到的蓖麻的种子，用它可以种出引人注目的观赏植物。

右图：蓖麻的果实，没有成熟的部分是绿色的，成熟的部分是棕色的，旁边是一瓶蓖麻油，它在医药和工业上都有用处。

雨伞杀手

尽管蓖麻毒素在两次世界大战期间被许多国家作为化学武器开发（可能战争结束后仍在继续），但无论是以现代箭毒的方式作为子弹和弹片的涂层，还是作为有毒粉尘扩散系统的一种组成成分，它的用途从来没有得到过证实。然而，它的确在1978年声名鹊起，当时伦敦发生了一起刺杀事件，一名叫乔治·马尔科夫（Georgi Markov）的保加利亚持不同政见者在前往英国广播公司世界服务台工作的途中，被一颗含有蓖麻毒素的小药丸射中。在滑铁卢站等公交车的时候，他感觉到腿部一阵尖锐的刺痛，转身时看见一个男人正在捡

起掉落的雨伞。当天晚上，马尔科夫便开始出现严重的呕吐和高烧，而4天后，他便在医院中死于多个器官衰竭。尸检时，在他的腿上发现了一个小弹丸，里面仍然含有蓖麻毒素，他的死被保加利亚特勤局宣布为谋杀。

在此事发生的十天前，有一个类似事件，另一名保加利亚叛逃者弗拉基米尔·科斯托夫（Vladimir Kostov）在巴黎地铁站被一枚相同的子弹射中。不过在这个案件中，蓖麻毒素并没有从药丸中有效地释放出来，医生在它可能导致严重中毒之前在科斯托夫的皮肤下发现了它。

苦味的黄瓜——葫芦素

葫芦科，或者叫瓜科，包含约 1 000 种植物，其中大多数都作为果类蔬菜广泛栽培。实际上，在所有植物中，葫芦科是食用植物所占比例最高的一个科，其中随便说出几种都大名鼎鼎，例如黄瓜（*Cucumis sativus*）、西瓜（*Citrullus lanatus*）和南瓜（*Cucurbita pepo*）。然而，这个科里也有些植物是不能吃的，因为它们含有葫芦素，这种化合物能够引发胃痉挛直至死亡。

拔掉瓶塞

学名
Trichosanthes cucumerina
L.，*Ecballium elaterium* (L.)
A. Rich.，*Cucumis africanus*
L.f. 和其他

俗名
T. cucumerina—瓜叶栝楼；
E. elaterium—喷瓜；
C. africanus—非洲黄瓜

科名
葫芦科

毒素种类
葫芦素

人类中毒症状
皮肤：刺激性
消化系统：分泌唾液、胃痉挛、腹泻（出现便血）、有时伴有呕吐
其他：崩溃，肾衰竭、肝衰竭

左图：**葫芦素是一种类固醇类化合物，味苦，是一种拒食剂。**

葫芦科里包含了一些外形奇特的蔬菜，例如瓜叶栝楼（*Trichosanthes cucumerina*），它的果实好像——你可以猜一猜——像一条蛇。瓜叶栝楼的果实可以长到 2 米长，扭曲着从它的藤蔓上倒吊下来。当果实比较幼嫩呈绿色的时候，是可以安全食用的，正如在亚洲的很多地方它是一种常见的食物。但是一旦果实开始成熟，它会呈现出醒目的红色，这个阶段吃起来就会带有苦味而且非常危险。

在所有奇特和古怪的葫芦科植物中，喷瓜（*Ecballium elaterium*）可能是最奇特的一种。这种植物原产于地中海地区，它的果实有毒，果实呈绿色，很小，周身覆盖着刚毛，外观并不引人注目。这种果实虽然视觉上并不显眼，但它的外壳藏着玄机。当这种果实成熟的时候，如果被觅食的动物触碰或者感受到轻的机械力，它就会在茎上爆炸，并在其后喷出一股液体。

上图：种植的瓜叶栝楼果实可以长到 1 公斤重，这种果实幼嫩且呈绿色的时候可以作为蔬菜食用，当它们成熟变红时会有苦味，此时已经不可食用了。

口腔中的苦味

葫芦科奇怪和美妙的果实中含有大量有毒的葫芦素，这种化合物以其非常苦的口感闻名。所有葫芦素类化合物都有一个葫芦烷型三萜的骨架，这是一个具有 4 个互相联合的环的类固醇结构，有时还有糖基（糖苷）。葫芦素的种类和数量在一定程度上取决于不同的植物和其变种。大多数栽培的瓜类通过选育，其体内毒素含量非常低，但吃野生葫芦科植物的果实是相当危险的。举例来说，非洲黄瓜（*Cucumis africanus*）生长在安哥拉、纳米比亚、博茨瓦纳和南非，它的一个品种具有大型、长圆形、没有苦味的果实，在当地被当作水分的来源，同时也是一种可食用的蔬菜。但是，非洲黄瓜还有另外一个品种，它的果实小而苦涩，这些果实可能有毒，不适合人类食用。

果实中葫芦素的含量同时也会受生长条件的影响，例如，在干旱的情况下，葫芦素的含量会极大地升高。在 2015 年，一位 79 岁的德国老人在吃了他邻居给他的西葫芦之后中毒身亡。后来的结论是那段时间的干旱对西葫芦造成了一种环境胁迫，使其体内葫芦素的含量升高，让原本无毒的、可食用的果实变得致命。

左图：非洲黄瓜是一种攀缘植物，它的果实大约 8～10 厘米长，表面密被短刺，因此也被形象地称为刺猬瓜。

陶罐中的死亡

在《旧约全书》中的《列王纪下》中的第二本，当以利沙回到吉甲（很可能是在以色列与约旦交界处），他的一个仆人采集了一种野生的藤蔓（pakku'ot），将它粉碎之后装在一个陶罐里，给先知的儿子们吃。以利沙的儿子们吃了以后开始大喊"这个罐中装有死亡"，之后以利沙把饭放到了这个陶罐中，里面的食物便不再有毒了。

《旧约全书》中记载的植物名称 pakku'ot 翻译过来就是野葫芦，这种植物到底是什么以及书中描述的解毒方法令研究人员十分感兴趣。最有可能的是一种俗名为苦西瓜（*Citrullus colocynthis*）的植物，不过也有人认为书中的植物是喷瓜。这几种植物都有苦的口感，同时也都是强效泻药。而在 1919 年对狗进行的非人道实验显示，将小麦和玉米粉混合物加入苦西瓜或喷瓜的果实汁液中能够大大减轻动物的症状，并让它们完全康复。

阻止细胞分裂——秋水仙碱

秋水仙碱是苯乙基异喹啉类化合物中最著名的一种。这是一类几乎只在秋水仙科中发现的化合物，在这个科中有一些著名的植物，例如嘉兰（*Gloriosa superba*）和秋水仙（*Colchicum autumnale*）。秋水仙长期以来被用来治疗痛风，嘉兰在印度草药医学中也有一系列用途。然而，秋水仙碱的毒性意味着在使用这类药材时需要格外小心，因为过量服用或滥用，以及对植物本身的错误识别将会导致严重中毒甚至致命。

致命的错误

植物名称
Colchicum autumnale L.

俗名
秋水仙

科名
秋水仙科

毒素种类
苯乙基异喹啉（秋水仙碱）

人类中毒症状
循环系统：血压过低、心脏衰竭

神经系统：虚弱、上行性麻痹

消化系统：口渴、恶心、呕吐、腹部绞痛、腹泻

皮肤：中毒几天之后会开始脱发

其他：肝脏衰竭、肾脏衰竭、呼吸衰竭、骨髓抑制

秋水仙原产自欧洲的爱尔兰到乌克兰地区，同时也作为观赏植物在这些国家甚至温带地区广泛栽培。它有一个与众不同的生活周期，其花在秋天从地下的球茎上长出来，然后在冬天凋谢，期间不长叶子。在翌年的春天，带状的叶子才会长出来，同时蒴果也会继续发育，果实在夏天结束时成熟，而叶子也在此时凋亡。在另外一些种群中，花在春天出现而叶子在秋天出现。这种植物的各个部位都容易和另外一些可食用的植物混淆。通常它的叶子会被当作熊葱（*Allium ursinum*）误食，有时候花也会被误认为是番红花（*Crocus sativus*），它的球茎有时会被当作"日本姜"（蘘荷 *Zingiber mioga*），甚至果实会被误认为是胡桃（*Juglans* spp.）。

秋水仙是该属 100～160 个物种中分布最广泛的一种，所含的秋水仙碱的浓度也最高。秋水仙碱通过在细胞分裂中期抑制微管形成纺锤体来阻止细胞分裂（有丝分裂）。它对于那些细

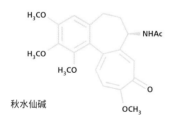

上图：秋水仙碱，只发现于秋水仙科，是植物中毒性最强的生物碱之一。

右图：秋水仙的花很像番红花（*Crocus* spp.），但它具有 6 枚雄蕊而不是 3 枚。

茶壶中毒

嘉兰，外形和秋水仙简直天壤之别。它是一种原产于热带、南部非洲和热带亚洲的攀缘藤本，具有引人注目的花朵。在其原产地或秋水仙碱来源种植的地区，嘉兰的球茎有可能会被食用，有时是因为误食，有时是为了自杀。2016 年斯里兰卡的一个案例涉及嘉兰的种子，它秋水仙碱的含量甚至比球茎里更高。当时一位病人的亲戚为他泡了一壶香菜茶来治疗感冒。然而，茶里却意外混入了病人供职农场中嘉兰的种子，这些种子在外形上和芫荽（*Coriandrum sativum*）的种子非常相似。病人喝完之后觉得非常不舒服，不过由于种子被很快识别出来，病人得到了有效治疗，不过他还是在医院里待了很长时间。

上图：嘉兰（*Gloriosa superba*）通过叶子先端的卷须来攀爬。它引人注目的花朵具有 6 枚反折的像火焰一般的花被和 6 枚开展的雄蕊。

胞分裂旺盛的组织影响最大，例如消化道的内皮，因此秋水仙碱中毒最初的症状通常是消化紊乱。在毒性水平上，秋水仙碱还会干扰其他微管功能，例如影响细胞结构和形状的维持。这种影响可以发生在身体所有的细胞里，它在几天之内就会导致多个器官有严重的反应，有些情况下会导致死亡。

小心使用

在不同的时期，人们对秋水仙治疗痛风这一疗法有着不同的看法，例如在一段时间内，它曾被认为是异端的。在 19 世纪，人们再次开始使用秋水仙碱，因为当乔治四世国王还是摄政王的时候用过一种名为 *l'eau médicinale d'Husson* 的药，秋水仙碱是其中重要的配方。直到 20 世纪 60 年代和 70 年代，秋水仙碱一直是治疗痛风的首选药，不过在这之后，它逐渐被更为安全的药物取代，这些药物可以预防痛风的发展，也可以治疗由痛风引起的炎症。在今天，秋水仙碱仍然用来治疗一种罕见的家族遗传性疾病——地中海热，这种病的患者胸部和腹部会反复出现炎症。

现在，秋水仙碱仍然被持续地探索和开发，人们利用秋水仙碱本身或者作为合成毒性较低的衍生物前体，用于治疗心血管疾病、肾脏疾病和癌症。植物育种学家也发现秋水仙碱影响细胞分裂是多倍化育种的一个重要手段。具有多套染色体通常意味着它们比亲本的耐受性更强，产量也更高。

右图：秋水仙的叶子和花通常不会同时出现，不过这幅插图显示了它们相对的大小以及地下的球茎。

第八章

器官衰竭

人体内的各个器官通过执行生命活动中所必需的生理功能来维持着身体的健康平衡。肝脏和肾脏能够清除体内的代谢废物和异物，产生其他生理功能中所必需的化合物，例如一些凝血物质，它们能让血液在需要的情况下迅速凝结。这些过程都可能是植物毒素攻击的目标。在本章中，我们将会展示植物化合物抑制、刺激或者欺骗肝脏和肾脏正常生理功能的例子。

杀死器官——作用机理

肝脏和肾脏是体内最重要的净化装置和排泄物处理系统。在第七章中我们描述了许多作用于胃和肠道的植物毒素，但其实在它们被吸收进入身体的主要部位之前，肝脏作为阻止毒素攻击整个身体的第一道防线就已经开始工作了，而肾脏则是大多数代谢产物离开身体之前的最后一站。这种特性使这两种器官更易暴露在毒素的攻击之下。由于它们具有转化和排泄化合物的能力，肝脏和肾脏在暴露于低浓度毒素攻击下会得到更好的保护，但另一方面，一旦它们被毒素影响，则会加剧全身的中毒反应。

重要的器官

肝脏和肾脏都能产生身体其他部分完成其生理功能所必需的重要化合物。肝脏参与血糖的调节，一方面储存可以转变成葡萄糖的肝糖原，另一方面，在饥饿或者运动的时候，肝脏也具有通过脂肪酸代谢和氨基酸代谢合成葡萄糖的能力。肝脏还能够产生血液循环中的蛋白质，包括那些具有凝血功能、能够防止受伤时出现致命大出血的蛋白质。肾脏则参与很多激素的合成，例如调控红细胞的产生、维持血压以及控制体内钙离子

的浓度和使用的激素。这些过程很少受急性中毒的影响，但从长远来看，肾脏功能受损会导致一系列副作用，同时还会因为排泄废物堆积导致肾衰竭，最终增加的死亡的风险。

毒素作用

毒素破坏肝脏和肾脏功能的方式有很多，因此身体其他部位更易暴露在毒素的攻击之下，所以这也是植物保护它们自己的重要方式。在这一章中，我们会讲到咸鱼果（*Blighia sapida*），它能产生一种肉质假种皮，如果在没有完全成熟时食用，肝脏中葡萄糖的合成会被抑制（详见第 158—159 页）。另外，常被用作催吐剂和通便药物的一种刺苞菊（*Carlina gummifera*）和一种美鳞菊（*Callilepis laureola*），会产生一种破坏细胞内产能系统的化合物，而肝脏和肾脏最容易受到伤害，因为这类化合物在吸收后和排泄前能达到一个极高的浓度（详见第 162—163 页）。在一些例子中，本来应该通过新

左图：苍耳（详见第 162—163 页）是一种广泛分布的菊科杂草。它的种子和幼苗含有苍术苷，这种化合物可以损伤细胞，尤其是肝脏和肾脏的细胞，严重情况下会导致牲畜和人死亡。

上图：聚合草（*Symphytum officinale*）的所有部位包括蜜腺都含有吡咯里西啶类生物碱。

陈代谢解毒的过程反而增加了中毒的风险。以吡咯里西啶类生物碱为例（详见第 164—167 页），身体为了让其风险降低做出的努力反而让它变成了活性化合物，增加了炎症和癌症的风险。在肾脏中，马兜铃属植物（*Aristolochia*，见第 168—169页）中存在的马兜铃酸会引发类似情况。当这类化合物通过肾脏里面代谢的酶将其转化为活性状态之后，能够破坏肾脏细胞并引发癌症，而这些酶本身参与肾脏调节体内钙离子平衡。

在另外的例子中，植物化合物能够抑制肝脏中酶的功能。香豆素会妨碍维生素 K 的功能，而

维生素 K 是产生凝血蛋白所必需的。罂粟科（详见第 172—173页）一些成员中某些生物碱的含量特别高，这些生物碱能阻碍肝脏的解毒功能，进而能够顺利到达身体的其他器官。以血根碱为例，它能够对血管产生影响，首先使血管出现漏液，接着出现水肿，最后影响许多器官的正常功能。

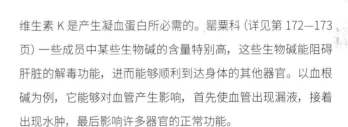

右图：草木樨（*Melilotus officinalis*）含有香豆素，草木樨本身是一种饲料，香豆素在干草或者发霉变质的饲料中会变成有毒的双香豆素。

无患子科——降血糖氨酸

咸鱼果是原产西非的一种乔木，它能长到 15 ～ 24 米高。它可能是通过运送奴隶的船只引入牙买加的，1793 年由威廉·布莱（William Bligh）船长在牙买加采集并带入英国。这种植物的属名也因此以布莱船长的姓氏作为词根。当时布莱作为皇家普罗维登斯号的船长来牙买加是第二次尝试将面包树（*Artocarpus altilis*）从塔希提引入西印度群岛，他第一次尝试的时候还是皇家邦迪号船长，不过那次航行最终以船员叛变而结束。

成熟的果实等待采摘

学名	人类中毒症状
Blighia sapida K.D. Koenig	神经系统：头疼、感觉异常（发麻）、惊厥、意识改变、昏迷
俗名	
咸鱼果	
科名	消化系统：呕吐
无患子科	**其他**：低血糖、肌张力减退、全身无力或嗜睡、低体温
毒素种类	
降血糖氨酸 A	

尽管咸鱼果也被引入其他加勒比海岛、中美洲以及佛罗里达地区，但只有在牙买加，它才是一种常见的食物。事实上，它是牙买加的国民水果，而它和咸鱼一起烹调是牙买加最流行的菜式。这种革质的果实大约有 7.5 ～ 10 厘米长，成熟的时候呈亮红色或者橘黄色，并开裂成 3 瓣，露出里面 3 枚亮黑色的种子，每颗种子外都有黄色或者发白的假种皮。只有成熟果实自然裂开的假种皮才是可食用的部位。为了消除所有残留的毒性，要去除所有的红色纤维（假种皮膜）并且煮沸假种皮，煮沸的水要丢弃。烹调未成熟的假种皮并不会破坏它们的毒性。

下图：咸鱼果（*Blighia sapida*）有着对生的有光泽的叶子。它的果实成熟时是红色的，开裂后露出奶白色的假种皮，这些成熟的假种皮经过烹饪之后是可以吃的。

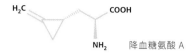

上图：降血糖氨酸 A 是一种异常的氨基酸，这种氨基酸不会合成蛋白质。在人体内，它能通过阻止身体合成葡萄糖从而引发非常危险的低血糖。

牙买加呕吐病

在咸鱼果的毒性被了解清楚之前，吃未成熟的假种皮通常会导致中毒，这在当时被称为"牙买加呕吐病"，这种病每年都会流行，症状包括呕吐、惊厥、昏迷，甚至会导致死亡。这种病的死亡率在儿童中更高，尤其是那些营养不良的儿童。最终人们发现，这种病的诱因与吃了未成熟的咸鱼果假种皮有关，食用之后会导致低血糖（血糖浓度降低），因为毒素能够抑制肝脏合成葡萄糖的能力，并且减少脂肪酸的代谢（这两种方式都是增加血糖浓度的正常途径），同时，毒素还会降低肝脏本身碳水化合物的储备。中毒的原因是未成熟的假种皮中含有一种氨基酸的衍生物，降血糖氨酸 A（2- 氨基 -3-（亚甲环丙基）- 丙酸），这种物质也存在于无患子科的其他植物中，例如荔枝（Litchi chinensis）。在咸鱼果中，降血糖氨酸 A 的含量在未成熟的假种皮中非常高，而成熟以后它的含量则急剧降低，但在假种皮膜中仍然保留着一部分。它的种子内含有另外一种毒性较弱的降血糖氨酸 B（降血糖氨酸 A 的 γ- 谷氨酰结合物），它的浓度在种子成熟时会显著提高。

黄油和奶酪

在牙买加，咸鱼果的假种皮有两种常见的种类，一种被称作"黄油"，它呈黄色而且比较软，据说吃起来有黄油的味道；另一种名为"奶酪"，它比较硬，呈奶油的颜色，主要被用于罐头食品中。罐装的咸鱼果假种皮已经销往世界各地，主要的消费人群是在国外生活的牙买加人。1973 年，出于对毒性的担忧，美国曾经禁止这种罐头进口，不过现在，如果采取了适当的防控措施，确保这类罐头只含有已经成熟并且加工过的咸鱼果假种皮，将会被允许进入美国。

现在在牙买加，咸鱼果中毒已经大为减少，不过在那里以及世界其他地方，中毒仍然偶有发生。例如 2000 年的时候在海地，由于严重的洪水冲毁了农作物，出现了很多食用未成熟的咸鱼果引起的中毒病例，导致 50 人死亡。几乎在同一时间，在苏里南，16 名儿童死于中毒，绝大部分都是在当地的巫医用咸鱼果治疗他们的急性腹泻和其他疾病之后。在当地民众知道这种果实有毒之后，就没有新的死亡病例出现了。

荔枝

自 20 世纪 90 年代初以来，在印度、孟加拉国和越南爆发了许多低血糖性的脑部疾病，这种疾病主要影响儿童，而且死亡率高。这些疫情的爆发被发现与荔枝收获同时发生，当排除了接触传染源或杀虫剂等原因之后，人们开始考虑这些可食用水果是病因的可能性。当时，已知荔枝种子和假种皮含有一种与降血糖氨酸 A 有关的化合物，被称为亚甲环丙基甘氨酸（MCPG）。最近，人们对新鲜荔枝假种皮的分析发现，它们本身就含有降血糖氨酸 A，在未成熟的假种皮中，降血糖氨酸 A 和 MCPG 的浓度更高。据证实，所有中毒的儿童都吃过荔枝，而且像咸鱼果中毒一样，营养不良儿童受到的影响最为严重。

上图：荔枝（Litchi chinensis）是一种分布于热带亚洲和中国东南部的常绿乔木。它的果实外面是一层薄的、粗糙的果皮，果皮里面是一层甜美的、有香味的白色假种皮包裹着一颗圆形的种子。

菊　科

菊科是被子植物中最大的科之一，它包含超过 1 600 属约 25 000 余种。这个科的保留名"Compositae"暗指这类植物有一种复合的花序，即头状花序，这一特征让这个科的绝大多数成员在野外非常容易辨别。在菊科中，我们所认为的"一朵花"其实是一个由很多小花（甚至非常微小）组成的头状花序。组成头状花序的小花有两种形态：一种是盘花，它是管状的；另外一种是缘花，它通常会伸长，有类似一枚单一的花瓣。在雏菊（*Bellis perennis*）和向日葵（*Helianthus annuus*）中，花序中央的盘花周围有一圈缘花，而在药用蒲公英（*Taraxacum officinale*）中，整个花序全由缘花组成。

上图：果香菊（*Chamaemelum nobile*）是一种分布于西欧和北非的低矮草本植物。花草茶中更常用的则是母菊。

从耶路撒冷洋蓟到罗马甘菊

这个科里的很多成员是著名的花园植物或者切花，而另一些可以食用或药用。葵花籽（实际上是向日葵的果实）的果仁（真正的种子）是常见的食物，而且也常常被用来提取食用油。菊科的其他一些植物也可以用来提取食用油，例如红花（*Carthamus tinctorius*）。除此之外，生菜的叶子（*Lactuca sativa* 以及其他一些种类）、菊苣（*Cichorium intybus*）、龙蒿（*Artemisia dracunculus*）、刺苞菜蓟（*Cynara cardunculus*）的头状花序、菊芋（*Helianthus tuberosus*）的块茎和一些大丽花（*Dahlia* spp.）都是可食用的。

考虑到这个演化上极其成功的科的规模以及科内的植物所含化合物的丰富程度，这个科里只有较少种类入药是比较奇怪的。事实上，菊科被认为是一个非常贫药的科。不过，其中也有一些种类，在药物中被广泛使用，例如母菊（*Matricaria chamomilla*，异名 *M. recutita*）和果香菊（*Chamaemelum nobile*），它们常被用来调制舒缓神经的洋甘菊茶，另外松果菊（*Echinacea purpurea*）具有提高免疫力的功效。

左图：药用蒲公英（*Taraxacum officinale*）是一种广泛分布的多年生草本植物。它具有羽状齿裂的叶子，头状花序全部由缘花组成。

生态上的重要性

我们可能并不把太多的菊科植物当作食物或者药材，但我们确实依赖于它们对世界大多数地区的草原、灌木和林地的生物多样性和稳定性的贡献（南极洲和热带雨林除外）。这个科很少有乔木和灌木，98% 的种类都是草本。这个科的植物通常是荒地或者新开垦土地植物群落的优势种，其中的一些先锋植物还是非常烦人的杂草，例如一种疆千里光的植物（*Jacobaea vulgaris*，详见第 166—167 页）。这种疆千里光可能含有吡咯里西啶类生物碱，虽然对农场动物有很强的毒性，但它是很多昆虫重要的食物来源。除此之外，许多菊科植物的果实是鸟类和小型哺乳类重要的食物来源，包括小葵子（*Guizotia abyssinica*）和向日葵，正因如此，向日葵才会被作为商品出售。

上图：许多鸟类都以菊科植物的种子为食，例如一只雌性的美洲金翅雀（*Spinus tristis*）正倒挂在一颗翼蓟（*Cirsium vulgare*）上，取食它的种子。

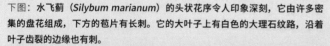

下图：水飞蓟（*Silybum marianum*）的头状花序令人印象深刻，它由许多密集的盘花组成，下方的苞片有长刺。它的大叶子上有白色的大理石纹路，沿着叶子齿裂的边缘也有刺。

肝毒性

一些菊科的植物含有吡咯里西啶类生物碱（详见第 164—167 页），包括款冬（*Tussilago farfara*）、大麻叶泽兰（*Eupatorium cannabinum*）、紫泽兰（*E. purpureum*）、蜂斗菜（*Petasites* spp.）、疆千里光和千里光（*Senecio* spp.）。这些植物一度被用作药物，不过它们现在几乎不被使用了，因为它们可能有潜在的肝脏毒性。有意思的是，菊科的另外一个成员，水飞蓟（*Silybum marianum*）的果实中可提取水飞蓟素，据说这是一种滋补肝脏的药剂。从它果实中分离出的混合化合物，可以用于治疗那些致命肝毒性的真菌，例如毒鹅膏（*Amanita phalloides*）和鳞柄白鹅膏（*A. virosa*）引起的中毒。

在菊科植物中发现的其他毒素是一些萜类化合物，包括苍术苷，这是一种二萜糖苷。苍术苷主要在一种刺苞菊和其他几种植物中存在，它对肝脏和肾脏的细胞都有毒性（详见第 162—163 页）。这个科里还含有一种最初从除虫菊（*Tanacetum coccineum* 和 *T. cinerariifolium*）里提取的杀虫剂，在之前因为它对人毒性很低而被广泛使用（详见第 217 页）。另外一种不太常见的毒药——佩兰毒素，存在于蛇根泽兰（*Ageratina altissima*）中，其中含有的屈美酮，一种苯并呋喃酮，能够引起家畜颤抖和人类中的乳毒症（详见第 191 页）。

能量耗尽——苍术苷

在第三章中，我们已经讨论过从萜类前体香叶醇二磷酸衍生的具有心脏毒性的乌头生物碱。在这里，我们将展示另外一种衍生的萜类化合物——苍术苷。这种化合物中没有氮原子，虽然它不会引起心律失常，但它会对肝脏和肾脏的细胞造成严重损伤。

苍术苷

上图：苍术苷是一种贝壳杉烯类二萜糖苷。它的糖基部分上少见地出现了一个有功能的硫酸盐。它能够阻止细胞内能量的产生。

埋在地下

学名
Carlina gummifera (L.) Less. (异名 *Atractylis gummifera* L.), *Callilepis laureola* DC., *Xanthium strumarium* L. 和其他

俗名
C. gummifera- 青柠蓟, *C. laureola*- （牛眼菊）, *X. strumarium*- 苍耳

科名
菊科

毒素种类
贝壳杉烯苷（苍术苷，羧酸苍术苷）

人类中毒症状
消化系统：腹痛；呕吐；腹泻
神经系统：头痛；头晕；癫痫；昏迷
其他：血糖降低（低血糖）；肝肾衰竭

有不少来自菊科的植物含有一种二萜糖苷苍术苷以及它的衍生物羧酸苍术苷。这类化合物能够消耗线粒体产生的能量，如果这种作用持续一段时间，它们会杀死细胞。由于肝脏是人体的第一道防线，它的细胞对这种毒素尤其敏感。如果摄入量过大的话，肾脏的细胞——负责排出苍术苷——同样也会受到影响。

在整个地中海地区，青柠蓟（*Carlina gummifera*）是一种广为人知的致命的有毒植物。这种植物的根磨成的粉末和粟米粉混合在一起常被凶手用作毒药，在摩洛哥，它却是一种传统上的催吐剂。这种植物经常容易和"野洋蓟"（可能是一种菜蓟属植物 *Cynara humilis*) 弄混，后者的根吃起来有甜味，所以儿童误食的风险更高。从19 世纪中叶开始，已经有多达 200 起中毒死亡事件与青柠蓟有关了。

左图：青柠蓟（*Carlina gummifera*）带刺的莲座状基生叶通常枯萎得很早。传粉者会被它所散发出来的胶状气味吸引，因此它也有另外一个俗名叫胶蓟。

是否健康？

在南非，从 1970 年以后，人们逐渐意识到传统上的药用植物牛眼菊能够引起肝脏衰竭。在祖鲁语中，这种植物被称为"impila"，意思是"健康的"，牛眼菊也一直以来被这个部落用于治疗胃部不适、咳嗽、绦虫感染以及驱逐恶灵。由于中毒事件频发，与这种植物相关的死亡率非常高。根据早期的记载，患者仅仅在第一次症状出现不到 24 小时内就会死亡，很多中毒的患者甚至没能撑到送往医院。由于这种中毒主要导致肝肾衰竭，因此即便能够接受医院的治疗，死亡率仍然居高不下，尤其是对儿童和营养不良的患者而言。

在传统中药中，苍耳被用于治疗"风凉引发的头疼和风湿引发的全身僵硬和头痛"，这些症状在现代医学中经常被认为是鼻窦炎、鼻塞和有呼吸道症状的过敏。尽管有报道称食用苍耳后会出现呕吐和肌肉痉挛等不良反应，但苍耳可能更常与动物中毒有关。

动物风险

苍耳是一种菊科的杂草，能造成牛、羊和猪中毒。它的种子和幼苗是毒性最强的部位，而成熟的植株在结果之前体内苍术苷的含量则非常低。苍耳很可能起源于北美，而在美洲，还有其他一些植物含有苍术苷，也能够对养殖的牲畜造成毒害。例如 2010 年在阿根廷的一座动物园里，一种微冠菊（*Pascalia glauca*，异名 *Wedelia glauca*）造成了一起小规模的致命中毒事件，当时这种菊科植物被混入了饲料紫苜蓿（*Medicago sa-*

右上图：**苍耳（*Xanthium strumarium*）每个椭圆形的果实里面都含有 2 枚种子。果实的表面有倒钩刺，能够轻易地钩在动物的皮毛或者人的衣服上，让这种植物能够散播到世界各地。**

tiva）中，并造成了 7 头白斑鹿（*Axis axis*）和 1 头大羊驼（*Lama glama*）死亡。

在南美洲，来自茄科（详见第 139 页）的植物大夜丁香（*Cestrum parqui*）含有一种名为夜香树碱的化合物，它也是一种贝壳杉烯糖苷，和苍术苷的区别仅仅是所连糖基的不同。在其原产地的农场，这种植物造成了牛群的死亡。大夜丁香也作为一种花园植物和防风植物被引入南非，不过目前没有这种植物引发中毒的报道。不过，该属的另一种植物（*C. laevigatum*）被认为是牛群山谷病的元凶，这种病因发生在夸祖鲁—纳塔尔省而得名，它在 20 世纪初期曾有过几次爆发。不过目前并不清楚这种植物是否同样含有二萜糖苷类生物碱。

下图：**大夜丁香（*Cestrum parqui*）是一种中型的灌木。它具有顶生的黄色花朵，在夜晚能散发出香味。花谢后会结出紫褐色或者黑色的浆果。**

有毒的饥荒食物

2007 年秋天，孟加拉国发生了破坏性季风洪水后，紧接着爆发了一起大规模中毒事件，共发现 76 例呕吐、肝损伤和精神错乱的病例。这次疫情的死亡率高达 25%，大部分死亡者都是 15 岁以下的儿童。最后调查发现这是因为自然灾害毁坏了水稻等粮食作物，当地人民不得已食用苍耳充饥导致中毒。

损害肝脏——吡咯里西啶中毒

吡咯里西啶类生物碱在很多植物中广泛存在，这些植物分属于一些互相没有亲缘关系的科，例如紫草科、豆科和菊科。植物产生吡咯里西啶是为了驱赶那些以它为食的食草动物。这些化合物不仅影响口感，还可能致命。

菊科植物疆千里光对牛和马的毒性是众所周知的，但这种植物中所含的化学物质并不是罪魁祸首。吡咯里西啶类生物碱可以通过多种途径进入人类食物，从被污染的谷物到草药茶和药方中的内含物，以及被污染的蜂蜜。不同途径带来的隐患可能不一样。例如，接触受污染的蜂蜜所带来的影响通常可以忽略不计，但对于那些大量摄取含有有毒生物碱的蜂蜜食用者来说，这存在很大风险。

吡咯里西啶

吡咯里西啶类生物碱是一类多样性极高的化合物，其种类之丰富甚至可以和含有这类化合物的植物丰富度相匹配。这类物质因为其共同的化学基础结构而得名，一个吡咯里西啶单元由两个互相联合的戊环组成，有一个位于这个结构中心位置的氮原子。通过取代环上不同的原子，它可以生成大量的化学变体，但并不是所有这些物质都有毒。这些物质只有通过代谢活化之后，才会展现出它们的毒性，活性状态下的吡咯里西啶能够对脱氧核糖核酸（DNA）造成损伤。大部分的损伤都发生在静脉血从肝脏流出，并流回到心脏和肺的过程中。静脉血管被堵塞（静脉闭塞性疾病），而那些流走的血液会把毒素带到肺和身体其他器官。单次摄入这些毒素之后，身体通常是可以修复这些损伤的，患者也只会出现腹痛、呕吐和腹泻等症状。然而，如果多次接触这些毒素，或者中毒时间很长，肝脏会出现不可逆的损伤，最终会导致致死性的肝脏衰竭。最糟糕的是吡咯里西啶中毒没有解毒剂，最好的办法是，避免再次接触毒素。

左图：聚合草（*Symphytum officinale*）广泛分布于欧洲，并被引种到世界各地。它是一种生命力很强的植物，具有肉质的根、大型的基生叶和直立多分枝并具叶的花茎。

有毒的茶?

学名
Symphytum officinale L.

俗名
聚合草

科名
紫草科

毒素种类
吡咯里西啶类生物碱

人类中毒症状
单次接触毒素:
消化系统: 腹痛和呕吐
重复接触:
肝脏: 腹部肿大, 肝脏疾病, 黄疸
肺部: 积液, 呼吸受限

聚合草素

上图: **聚合草素是一种吡咯里西啶生物碱, 它的核心结构中包含代谢活化所必需的双键。**

聚合草 (*Symphytum officinale*) 被用于传统中草药已经有近两千年历史了, 它有很多俗名, 例如 "knitbone" 和 "boneset", 这两个名字都和它长期作为药物使用有关。该属的属名 "*Symphytum*" 来源于古希腊词 *Sympho* 和和 *phyton*, 前者意思是 "聚合在一起", 后者意思是 "植物"。它常常用作外敷的药膏, 据说有促进伤口愈合和消炎的作用。这种植物还被用于治疗胃肠道疾病、痛风和其他许多疾病, 但疗效并不理想。

最近, 人们开始关注在花草茶中食用聚合草属 (*Symphytum*) 的植物, 因为它们含有吡咯里西啶生物碱, 可能会造成肝损伤。事实上, 从厄瓜多尔到埃及, 从美国到日本, 已经有好几起这样的中毒案例了。聚合草茶通常是用这种植物的叶子, 其内生物碱的含量要低于根, 但是这种含量也会因为所用植物的物种和年龄的不同而改变。例如糙叶聚合草 (*S. asperum*) 中吡咯里西啶的含量就要明显高于聚合草, 这两种植物常常会被搞混。这两种植物的一个杂交种, 山地聚合草 (*S. × uplandicum*) 同样也含浓度较高的吡咯里西啶生物碱。因为其潜在的危害, 除了一些专门的应用, 很多国家禁止在花草茶和药品中使用聚合草。

致死还是治疗

在世界上, 有多种含有吡咯里西啶的植物被用于传统草药疗法中, 有时会有人因此丧生。在古希腊, 一种叫萨提里翁的春药被用来治疗相思病。它是新疆千里光制成的, 所以它确实能够让人不舒服, 但绝不是因为爱情。在紫草科中, 琉璃草 (*Cynoglossum* spp.)、琴颈草 (*Amsinckia* spp.) 和蓝蓟 (*Echium* spp.) 是最常用的药用植物, 尤其以毒性强而闻名。在印度, 据报道有 3 起静脉阻塞病的病因是使用了椭圆叶天芥菜 (*Heliotropium ellipticum*, 异名: *H. eichwaldii*)。在当地, 椭圆叶天芥菜制剂被用于治疗癫痫和白癜风, 但会导致严重的肝脏损伤, 三名患者中至少有两名当时直接死亡 (唯一一名出院的患者后续情况未知)。

上图: **蓝蓟 (*Echium vulgare*) 是一种开蓝色小花的多年生植物, 它原产于欧洲和部分温带亚洲, 现在已经被引种到世界各地。**

变质的面包

含有吡咯里西啶的植物对谷类作物是一个重大威胁，特别是在干旱的气候条件下，这些植物往往会茁壮成长，到目前为止已经发生过好几起因受污染面包引发的大规模中毒事件。尤其是在干旱期过后，作物中有毒杂草的比例会显著提高。打谷的过程可以让谷粒从作物上脱落，但也会让那些有毒植物的种子掉落下来污染谷物。利用风力将谷物中的谷壳和其他不需要的污染物除去时，如果处理不当，有毒的种子就会留下来，并通过加工混入面粉中。

这种有毒植物污染的结果通常会造成静脉阻塞性疾病的突然爆发，这种症状有着很高的死亡率。这种疾病最早报道于 20 世纪 20 年代的南非，当时谷物被一些千里光属植物（*Senecio ilicifolius* 和 *S. burchelli*）污染。在 20 世纪 70 年代的印度，由于谷物中混入了猪屎豆属植物（*Crotalaria*，豆科）而再次爆发中毒事件。不过，最严重的一次中毒事件爆发在 20 世纪 70 年代阿富汗西北部的一个地区。连续两年的低降雨量，导致在粮食作物的农田里，一种天芥菜属植物（*Heliotropium popovii* ssp. *gillianum*，紫草科）大量出现。大约有 7 900 人因此中毒（当地总共 35 000 人），而最终大约 2 000 人死亡。由于当地大部分居民都营养不良，他们对这种有毒生物碱的作用更加敏感。

有毒的牧草

学名 *Jacobaea vulgaris Gaertn.* （异名 *Senecio jacobaea* L.） **俗名** 新疆千里光 **科名** 菊科 **毒素种类** 吡咯里西啶类生物碱（千里光碱、倒千里光碱、野百合碱及其他） **人类中毒症状** 与聚合草类似（详见第 165 页）	**动物中毒症状（多次接触后）** 神经系统：冷淡、运动不协调 消化系统：食欲不振、腹泻 其他：有肝衰竭引起的光毒性

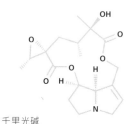

千里光碱

左图：千里光碱的吡咯里西啶核心结构是一种酯化的酸，也叫千里光次酸（葵酸）。目前已经知道有好几种类型，它们并不会影响这种生物碱的毒性。

下图：尽管牛和其他牲畜并不喜欢吃新疆千里光，但如果它们在一片其他植物很少的牧场时，还是有吃这种植物的风险。

上图：新疆千里光的黄色花朵是许多昆虫的蜜源，包括火眼蝶（*Pyronia tithonus*）和莽眼蝶（*Maniola jurtina*）。

新疆千里光有亮黄色的花朵，这种植物在世界上很多地方常见，经常出现在路边或者没有开垦的土壤上。和其他很多近缘植物一样，例如窄叶黄菀（*Senecio inaequidens*）和欧洲千里光（*S. vulgaris*），新疆千里光对牛、马、鹿和猪的潜在毒性广为人知，在一些国家（包括美国在内）这种植物被列为"有毒杂草"。这种植物含有高浓度的吡咯里西啶生物碱，能使以它为食的动物出现致死性的肝脏损伤。山羊和绵羊对这类毒素的耐受性高于其他牲畜，这可能是因为它们肝脏代谢这类毒素的途径不一样。大多数马和牛都不会吃这种有苦味的植物，除非正遭遇严重的食物短缺。最令人担忧的是，这种植物会通过一些途径混入干草中，而干的新疆千里光没有可以警示食草动物的苦味口感，因此动物常常在没有意识的情况下以它们为食。农场主和马主应该将新疆千里光从放牧区清除。

亦敌亦友

一株新疆千里光在一个生长季能产生上千朵花并能结出上万粒种子。由于这种植物对牛和其他牲畜构成明显的威胁，人们总是倾向于直截了当地从尽可能多的地区将这种植物彻底清除，这样，种子就不会借助风力再次回到农场中来。但是，新疆千里光也不全是坏处。在英国，这些植物至少为 77 种植食性昆虫提供了食物。有 30 种昆虫仅以新疆千里光为食，其中有 8 种是珍稀濒危物种。这些植物同时还为 170 余种昆虫提供花蜜，通常是独居蜂和蝴蝶。因此，它们在维持生物多样性上其实也起着至关重要的作用。

致命的食物——马兜铃酸

马兜铃科大约包括 500 种植物，其中一部分物种具有十分特别的花朵。一如它们的英文俗名 "birthwort"，这类植物在传统药物中扮演的重要角色可追溯到古希腊时代。事实上，马兜铃属的学名 *Aristolochia*，源于古希腊语 *aristos* 和 lochia，前者意思是"最好的"，后者意思是"孩子出生"。这种植物和药物的联系来源于形似原则（详见第 127 页小贴士），它们中某些花的形状能让人想起产道，但这并不是一些已被证实的疗效。马兜铃科植物分布于全球各地，它们在传统药物中的应用也不只局限在欧洲。在印度和中国的草药中，它们被用来治疗水肿和关节炎。在长达几个世纪的使用中，许多马兜铃科植物体内所含的剧毒马兜铃酸造成了多起死亡事件。

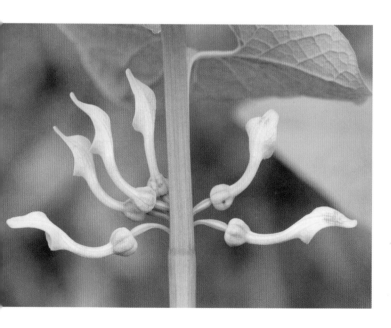

上图：欧洲马兜铃（*Aristolochia clematitis*）是一种具有心形叶子的多年生草本植物。在它的叶腋处通常会有 1～8 朵管状的花朵。

马兜铃酸 I

右图：马兜铃酸，这里展示的是马兜铃酸 I，是一种致癌物，含有植物所不常见的硝基化合物。

神秘的巴尔干肾病

学名
Aristolochia clematitis L. 和 *A. fangchi* Y.C.Wu ex L.D.Chow & S.M.Hwang

俗名
A. clematitis—欧洲马兜铃，
A. fangchi—广防己

科名
马兜铃科

毒素种类
马兜铃酸

人类中毒症状（多次食用后）
肾脏：进行性肾病、肾衰竭、癌症
其他：疲劳、贫血

1956 年，人们针对在保加利亚农村发生的一种奇怪肾病进行了研究。紧接着，在克罗地亚、塞尔维亚、波斯尼亚和罗马尼亚等多瑙河支流区域出现了更多这样的患者。这种患者的症状包括贫血、虚弱、古铜色的皮肤并最终发展为肾衰竭，患者需要进行透析或者肾脏移植。这种病被命名为巴尔干地区性肾病（BEN），大约有 25 000 人患上了这种疾病。

遗传、环境、病毒感染等原因都被排除了，这种病的真正病因在很长时间内都是个谜。直到 1991 年，一种马兜铃牵涉到比利时的一例肾衰竭中（详见第 169 页小贴士），科研人员才

上图：木通马兜铃（*Aristolochia manshuriensis*），分布于中国和韩国，是传统中药关木通的主要来源，不过自从马兜铃酸的危害被人们所熟知之后，它已经被禁止了。

重新开始审视巴尔干疾病。通过调查这些患者的食谱，他们发现当地有用自己种植的小麦来烘烤面包的传统，而欧洲马兜铃（*Aristolochia clematitis*）常常混生于这些庄稼中间。马兜铃的种子通过一些途径混入了面粉中，让面包变得有毒。对病人样本的检查也发现了马兜铃酸引起肾脏损伤的迹象。

马兜铃酸

马兜铃酸是一种对肾脏毒性极强的化合物，同时它也是一种致癌物。它会导致严重的、永久性的肾脏损伤，以及肾脏和尿道的肿瘤，但尚不清楚这两种不同的临床表现是否由相同的机制造成。目前已知马兜铃酸在体内通过代谢可以产生一种衍生物，这种物质可以与 DNA 形成非常牢固的结合。这种与 DNA 的相互作用能够引起特异的基因突变（腺嘌呤 - 胸腺嘧啶碱基对会颠倒为胸腺嘧啶 - 腺嘌呤碱基对），这是马兜铃酸中毒的特征，在临床上也可以用来确诊病例。患者接触的马兜铃酸越多，造成的损伤也就越大，疾病越严重。症状可能会在不再接触马兜铃酸几周甚至更长的时间之后出现，因为在最开始，肾脏未受影响的部分可以弥补这些损伤。不过，这种弥补会逐渐减少，最终都不可避免地发展为肾脏疾病。

错误的防己

在 1991 年，在比利时的医院里来了一些肾衰竭的病人——大部分是妇女，他们与比利时减肥计划都相关。调查发现，这群人用于减肥的药片中含有广防己（*Aristolochia fangchi*），一种富含马兜铃酸的植物。这种药片的正确成分应该是粉防己（*Stephania tetrandra*），一种防己科的植物，但是药品的汉语拼音太容易被搞混了。粉防己的拼音为 fangji，与广防己的拉丁名 Fangchi 相似，这意味着当时的中国药商很可能把广防己当成粉防己出口到了比利时。这个错误影响了超过 100 人，其中很多人都要进行透析或者肾脏移植，至少有 3 名患者最终死亡。由于比利时发生的这起事故，在欧洲的很多国家，含有马兜铃属植物的药物销售开始受到限制。在美国，食品药品监督管理局已经发布了马兜铃酸的危险警告。然而，不幸的是，目前因为草药中使用的马兜铃属植物造成的肾脏衰竭和癌症的事件仍时有发生。

抗凝血剂——香豆素

香豆素首先是从香豆树（*Dipteryx odorata*，豆科）中分离出来的，它的英文名来自 "*coumarou*"，这是这种植物在法语中的名称。到现在，人们已经从超过 100 个科的植物以及真菌和细菌中分离得到了 1 300 余种香豆素类化合物。含有香豆素的植物被用作草药，以及调味品或者香料（详见第 171 页小贴士）。

左图：大部分草木樨原产于欧洲和亚洲，如今它们广泛分布于世界各地。其中香豆素含量很高的种类能够造成牛的出血性疾病。

发霉的牛饲料

学名	毒素种类
Melilotus officinalis (L.) Pall. 和 *M. albus* Medik.	苯并吡喃酮（香豆素）
俗名	**牲畜中毒症状**
M. officinalis—草木樨；*M. albus*—白花草木樨	循环系统：皮下出血（皮肤下出血）、自发性出血
科名	神经系统：虚弱、无法移动
豆科	

香豆素

左图：香豆素通常认为没有毒性或者毒性很低，但它的二聚体形式能够阻止血液凝集。

当北美农民在 20 世纪初最先将草木樨（*Melilotus officinalis* 或 *M. albus*）作为牛的饲料从欧洲引入时，他们没有意识到这种植物具有潜在的毒性。前所未有的出血性疾病迅速在牲畜身上蔓延，造成毁灭性破坏，影响了许多农民的生计。发病原因最终被归咎到了草木樨上。新鲜的草木樨并没有问题，事实上，牛也并不喜欢吃，虽然它们的气味很好闻，但吃起来有点苦。当用草木樨干草或者储存饲料来喂牛的时候，问题就出现了，这些饲料因为霉菌滋生而变质，引发不可控制的自发性出血。

新割干草的气味

香豆素让草木樨具有芳香的气味，同样，新割的干草的香味也源于它。这种气味被描述为"甜的、芳香的、奶油香草豆的气味与坚果味道的调和，它是厚重的，并不尖锐或明亮"。很多含有香豆素的植物都被人们利用它们的香味，例如茜草科的香猪殃殃（Galium odoratum，异名 Asperula odorata），它被用作装饰性的草本和驱赶蛾子的药物，在德国，它还被用于调制麦维恩酒的香味。而禾本科的香茅（Anthoxanthum nitens，异名 Hierochloe odorata）被用于调制祖波韦卡的香味，这是一种东欧传统的伏特加酒。这种植物被称为圣草，因为它常常被放置于教堂中以产生香味。

1954 年以后，人们对香豆素潜在毒性的担忧开始增加，在食品和饮料中允许添加这些植物的量就开始受到限制。来自樟科的肉桂（Cinnamomum cassia）是商业上最常见的香料肉桂来源，现在也被认为是食物中香豆素最大的来源。

下图：香猪殃殃（Galium odoratum）生长于欧洲和温带亚洲，它是一种低矮的、芳香的多年生草本，有着柔软的轮生的叶子和由许多白色小花组成的花序。

下图：肉桂（Cinnamomum cassia）的桂皮是一层厚的树皮，而锡兰肉桂（C. verum）的桂皮则更柔软、更薄。

人们花了很长时间，再加上几次重要的偶然事件，才最终搞清了腐败的草木樨中所含的物质。当香豆素含量很低的细齿草木樨（Melilotus dentatus）被用作干草或者储存饲料的时候，即便变质，也不会引发牛的出血病，但如果将香豆素加入苜蓿干草中再让其变质，则会引起出血性疾病。此外，人们还发现，香豆素本身是不具活性的，但是当草木樨在曲霉的作用下变质，香豆素就会转变成双香豆素，后者是一种抗凝血剂。

灭鼠剂和抗凝血剂

1940 年，抗凝血剂双香豆素的功效在世界上公布，不久之后，它开始用于人体志愿者中，以测试其治疗血栓形成和急性心力衰竭的疗效。双香豆素的另一个用途是用作灭鼠剂，但在这方面，它被证实效果很弱而且不稳定。不过，在人们研究变质草木樨活性成分的高峰期，合成了数百种 3- 取代 4- 羟基香豆素，并对这些化合物灭鼠的有效性进行了研究。最终，第 42 号化合物效果最好，并在 1948 年以"华法灵"（warfarin）的名称申请专利，这个名称是以资助这项研究的威斯康星校友研究基金会的首字母（WARF）命名的。

华法灵最初在市面上是作为灭鼠药销售的，人们认为其毒性太大，不能用于人体。然而，一名海军新兵企图大量服用华法灵自杀但未遂并最终完全康复改变了临床医生的想法。华法灵被发现是一种远优于双香豆素的抗凝剂，后来，当德怀特·艾森豪威尔（Duight Eisenhower）总统在 1955 年心脏病发作时，他也接受了这种药物的治疗。所以，曾经的牛之杀手变成了灭鼠药，还成了血栓的标准治疗方法。

罂粟科

罂粟科是本书介绍的一个相对比较小的科。即便是在最新的分类系统下，罂粟科已经包含了之前单独的紫堇科（现在是罂粟科紫堇亚科），仍然只有40～45个属，大约800种植物。尽管这个科的植物在形态上差别比较大，能分为完全不同的两类，与之前划分的两个亚科相对应，但它们共享很多生物碱的合成途径。罂粟科大部分成员是草本，但也有一些种类是灌木甚至小乔木（例如博落木属）。这个科的植物主要分布于北半球的温带地区，也有一些种类分布于南美的西部和南非。

药检不合格的烘焙食物

人类几乎不把罂粟科的植物当成食物，这个科的植物主要用途是药物或者充当观赏植物。其中，经济价值最大的物种是罂粟（*Papaver somniferum*，详见第200—201页），它同时具有以上3种用途而被人们种植。除了因为其花朵美丽和蒴果的结构有特点作为观赏植物种植在花园里之外，罂粟的乳汁里含有好几种生物碱（详见第173小贴士），其中最著名的是具有镇痛作用的可待因和吗啡，后者可以提炼出非法的毒品海洛因。因此，罂粟是造成人类死亡最多的植物之一。抛开上述不光彩的记录，它的种子常用于烘焙，能够使面包和蛋糕增色和变得酥脆。尽管种子里面只含有非常少量的活性生物碱，低到不足以产生任何生理上的反应，但是如果吃太多的话还是会在药检中呈阳性。

生物碱

罂粟科的成员可以产生大量的异喹啉类生物碱，这些生物

下图：血根草的花，这是一种林下的植物，它的花茎直接从土里长出来，并伴有一片深裂的叶子，叶子的直径可以长到22厘米。

右下图：蔓生烟堇（*Fumaria muralis*）是一种欧洲的细小的一年生植物，它的花序由许多两侧对称、粉红色顶部有深色斑点的花组成。

碱都来自同一种前体 1- 苄基四氢异喹啉。这类化合物在罂粟科中有着高度的多样性。它们可以分为 7 种主要的类型：吗啡喃、原小檗碱、白屈菜碱、原阿片碱、枯拉灵、邻苯二异喹啉类和荷包牡丹碱。这类生物碱具有保护作用，对细菌、病毒、真菌以及昆虫都有毒性。大型的食草动物不会以罂粟科的植物为食，所以它们很少中毒，因此部分植物变成了严重的杂草。许多罂粟科的植物被用于传统草药，不过一般都建议在使用时小心谨慎。

吗啡喃类只出现在罂粟属（*Papaver*）中，比如可待因和吗啡就可以在罂粟中发现，而蒂巴因（二甲基吗啡）则出现在其他一些植物中。原小檗碱是这些生物碱中最常见的，其中包含了小檗碱。白屈菜碱，例如血根碱，存在于蓟罂粟（*Argemone mexicana*，详见第 174—175 页），已经通过污染食用油造成了上千人中毒。不像罂粟中的吗啡喃类，这种毒性更高的生物碱只在蓟罂粟的种子中存在。最后两类生物碱，只存在或者主要存在于罂粟科紫堇亚科的种类中。

药用的植物乳汁

植物乳汁是用来区分紫堇亚科和罂粟亚科的一个最重要特征，后者也可以称为狭义的罂粟科。在紫堇亚科中，植物乳汁是水样的，但在罂粟亚科中，植物乳汁是黏性黄色、橘色、红色或者白色的液体。鸦片就是罂粟干燥以后的白色乳汁，它们可以通过割破蒴果来收集。在白屈菜（*Chelidonium majus*）中，乳汁的颜色鲜亮，它最初是黄色到橘黄色的，但暴露在空气中之后会变成红色。这种物质传统上是用来治疗疣的，但现在已经不建议使用了。生于北美的血根草（*Sanguinaria canadensis*），它得名于红色的乳汁。血根草根茎的提取物因为具有抗菌特性而一度被用作口腔卫生产品，但因为这类物质中的血红素具有潜在的致癌性而被停止使用。

下图：血根草（*Sanguinaria canadensis*）根茎中的红色乳汁被美国原住民用来给篮子和纺织物染色，以及涂抹在脸上。

食用油污染——白屈菜碱

当有毒的植物误被当成食物时，会造成严重的中毒事件。这通常是把有毒的植物错当成了一种可食用的植物，受影响的常常是一个人或者整个家庭。蓟罂粟曾因污染了一个地区所有的庄稼，而影响了这个地区所有的人。

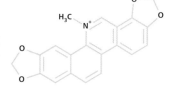

右图：血根碱是一种存在于罂粟科植物中的白屈菜碱，多次接触后，它会造成水肿和心脏衰竭。

血根碱

棘手的情况

学名	**多次接触**
Argemone mexicana L.	循环系统：低血压（血压过
俗名	低）、心动过速、充血性心
蓟罂粟	力衰竭
科名	神经系统：脚部灼烧、四肢
罂粟科	酸痛
毒素种类	消化系统：呕吐、腹泻
菲啶类生物碱（二氢血根碱和	皮肤：腿部发红（红斑）
血根碱）	其他：四肢肿胀、肿胀区域
人类中毒症状	施加压力后不能反弹（点
单次接触	状水肿）；低热、呼吸困难、
消化系统：轻微呕吐和腹泻	有时有青光眼

蓟罂粟是一种蓝绿色的一年生草本，它具有带刺的叶子、亮黄色的乳汁、黄色的花朵和娇嫩的花瓣。这种植物不仅仅靠刺来保护自己，它们的口感还很差，因此很少被食草动物取食。它原产于墨西哥中部和洪都拉斯南部，并作为一种泛热带杂草在其他地方被归化，尤其是在受到干扰的环境中。当它的

左图：蓟罂粟（*Argemone mexicana*）的生命力很顽强，是一种非常成功的入侵性杂草。

种子出现在其他粮食作物中间时，例如出现在十字花科植物黑芥（*Brassica nigra*）、豆科植物紫苜蓿或者禾本科植物小麦（*Triticum aestivum*）中时，会造成特别严重的危害。如果在收获的时候不清除掉，蓟罂粟的种子就会使这些庄稼制成的食物有毒。

蓟罂粟的种子油中（也称蓟罂粟油）含有多种生物碱，包括白屈菜碱二氢血根碱和少量毒性更强的血根碱。这两种化合物会引起毛细血管扩张，增加毛细血管的通透性，使血浆渗漏到细胞周围的孔隙中去。这些积液会导致组织肿胀，形成水肿，下肢最先受到影响。在最严重的病例中，肺和心脏的正常功能受损，最终因为心力衰竭而导致死亡。在不太严重的情况下，腿部肿胀也会持续好几个月。

上图：具有黄色花瓣的蓟罂粟会结出带刺的椭圆形的蒴果，这些蒴果成熟后开裂，散播出许多含有有毒生物碱的黑色的种子。

流行性水肿

在印度，因为烹饪中常用的黑芥子油被蓟罂粟污染，导致了一种被称为流行性水肿的疾病爆发（水肿曾经也被描述为浮肿，详见第 198 页）。蓟罂粟在印度是一种外来物种，第一例流行性水肿出现在 1877 年的加尔各答。从那以后，这种疫情就经常爆发，最糟糕的一次发生在 1998 年，当时超过 3 000 名患者被送往医院，其中 60 人最终死亡。直到 2013 年，仍然有小规模的爆发，在这次爆发中，有 3 个家庭受到影响。

当人们食用了被污染的油，几天之后会开始出现症状，而那些长时期食用严重污染的油的人们受到的影响更为严重。黑芥子油的污染通常是无意的，不过为了经济利益也不排除蓄意污染。芥末油的辛辣味道可以掩盖同样辛辣的蓟罂粟油，而只需要 1% 的污染就足以导致流行性水肿。目前，印度对瓶装芥子油的销售控制有所改善，所以病例数量有所下降，但那些种植黑芥作物的家庭仍面临着中毒的风险。

筛子的孔径

尽管动物们不会食用蓟罂粟或者该属的其他植物，但如果它们的饲料中含有蓟罂粟种子，也会造成中毒。例如 1962 年在南非，一些绵羊就因吃了被污染的小麦而死。一些吃了死羊肉的人也中毒了，这是一个二次中毒的例子。不过，更有可能的是这些人自己也吃了被污染的小麦。20 世纪 40 年代末的一项记录表明，最初一些农民通常要求磨坊主在筛种子的时候将筛子孔径设置为不清除所有杂草种子的大小。所以，受污染的谷物将被喂给农场动物，并磨成面粉供农场工人食用。当工人们出现流行性水肿症状的时候，人们最终确定了罪魁祸首是蓟罂粟，并采取了积极措施，告知所有相关人员蓟罂粟对人类和动物的危害。

第九章

细胞毒素

当提到毒药或者有毒化合物的时候，我们通常会想到那些能引起急性剧烈反应的物质，这些物质会作用于单个细胞，阻止它们正常产生能量的生命活动。而有些化合物的作用则会缓慢许多，因此在机体能够感知到明显的有害影响之前，它们的作用可能会被忽视。其中的一些化合物甚至能增加癌症的风险或者影响胎儿的发育，不过要想详细地叙述这些内容可能需要另外一本书，在这一章中我们只介绍一些具有明确高风险的化合物的例子。

细胞毒素：作用的机制

一些植物中含有的毒素可以通过影响每个细胞中的基本生命过程来发挥其潜在的致死效果。细胞内产生能量的反应被破坏时，就会导致迅速出现一些症状甚至死亡。当上述破坏的过程比较缓慢时，初期症状可能不明显，从而导致更多的组织受到影响，产生不可逆的损伤。在一些例子中，很难将植物和其毒素与一些致命的反应联系起来，例如一些致癌的植物或者影响胎儿发育的植物。

左图：**毒羊豆属植物 Gastrolobium spinosum 是一种分布于澳大利亚的灌木，因为其含有氟乙酸，所以能让牛中毒。**

破坏运动功能

植物中最大的科之一，豆科，含有多种不同毒素，前面几章我们已经讨论过其中一部分。而在另外一些豆科植物中，具有一些不常出现在蛋白质中的异常氨基酸。这类氨基酸可以造成一系列后果，而其中最严重的是一种神经性精神病（详见第186—187页）。在这种情况下，异常的氨基酸会模拟大脑中常见的神经递质谷氨酸，并有效地破坏与运动功能有关的脑细胞从而导致运动障碍。

在这些异常氨基酸中，有一种 β-甲氨基-L-丙氨酸（BMAA），常存在于苏铁中。这种氨基酸被认为参与到了帕

延迟表达

我们已经知晓，人体有许多防御机制来防止中毒。那么毒素怎么才能躲开这些防御机制呢？其中一种方式是产生一些需要特定代谢活化的化合物。这些物质会偷偷摸摸地混入其他物种中被身体吸收，它们只有碰到特定的酶，调整了自身的结构以后才会致命。在这些延时毒素中效力最强的是一类影响细胞内能量产生的毒素，例如氟乙酸（详见第180—181页）和氰苷（详见第182—185页）。对于后者，还有一种"双重打击"式的活化，这种活化过程首先在植物被取食的时候发生，如果还不足以阻止食草动物，在动物体内会进一步将其作为氰化物前体来进行代谢活化，最终可能会引发孔佐病（详见第185页）。

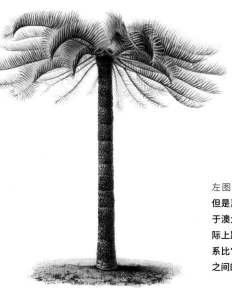

左图：**虽然外形很像棕榈，但是苏铁类，比如这种分布于澳大利亚的间型苏铁，实际上跟松树和云杉的亲缘关系比它们与开花的被子植物之间的亲缘关系要近许多。**

右图：苏铁类植物是雌雄异株的，通过它们的球花很容易对其进行区分。右图是间型苏铁的雄球花。

金森症的发展过程（详见第 188—189 页），它通过嵌入人类正常的蛋白质，使这些蛋白质没有办法完成其功能，从而导致步态不稳、身体震颤，有时还会引起痴呆。苏铁中还含有一种类似氰苷的化合物，但它不释放有毒的氰化物，而是产生甲醛和甲基化物质。这些物质本身，或者因为它们的存在会消耗保护性的谷胱甘肽，均会对肝脏造成损伤。还有一些观点认为这种对谷胱甘肽的消耗也会导致如今比较罕见的"乳毒病"，这种病由喝了以含有佩兰毒素植物为食的奶牛所产的奶所引发的（详见第 191 页小贴士）。

缓慢但是致命

　　许多生物体都依赖蛋白质的糖基化（向主体结构上连接不同种类的糖基）来完成酶的特定功能，并同时给蛋白质贴上标签或者"地址签"，使这些物质能转运到细胞中正确的位置。有一些植物，特别是一些棘豆（详见第 190—191 页），含有一些结构上类似糖类的生物碱，因此能够抑制酶的糖基化。这样会导致糖类积累，形成不必要的储存液泡。这种影响是双重的，一方面受感染的细胞会增大，进而侵犯临近的细胞；另一方面，正确糖基化的蛋白质则出现短缺。这两条途径都能降低其他细胞的功能，从而影响大脑（造成运动障碍）和心脏（造成充血性心力衰竭）。其他一些缓慢起效的毒素则包括那些能够通过随机结合到脱氧核糖核酸（DNA），从而引发致命突变最终导致癌症的化合物。在这一章中，我们将以欧洲蕨（*Pteridium aquilinum*，详见第 192—193 页）为例来说明这一过程，这种植物在生吃的时候还会增加风险，因为它含有一种能够分解硫胺素的酶，会引发机体急性维生素 B_1 缺乏。DNA 的有害突变在胎儿发育过程中影响尤其严重，能引发胎儿致死性畸变（详见第 193 页小贴士）。

下图：这种美丽的沙耀花豆（*Swainsona formosa*）分布于澳大利亚的南部，它的属名来自苦马豆碱的英文名，而这种生物碱能让家畜患上"疯草病"。

有毒的叶子——氟乙酸

19 世纪 30 年代末，发生了一起被称为移民先驱的先锋运动，它指的是居住在南非开普敦殖民地的荷兰人后裔，为了寻找更好的生活而向内陆拓荒。当他们来到今天被称为德兰士瓦地区的时候，遇到了一种能对牛和羊产生巨大毒性的植物。他们管它叫吉夫布拉（gifblaar），翻译成南非荷兰语则是"有毒的树叶"。

注射化学物质引发的疼痛

学名	**毒素种类**
Dichapetalum cymosum (Hook.) Engl.	氟乙酸
俗名	**人类中毒症状**
吉夫布拉、毒树叶	消化系统：腹痛、呕吐、腹泻
科名	神经系统：出汗、混乱、烦躁、昏迷
毒鼠子科	循环系统：心律失常、低血压
	其他：肌肉运动不协调、瘫痪

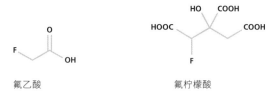

氟乙酸　　　　　　　　　氟柠檬酸

上图：植物中的氟乙酸，当被身体吸收之后会转变为氟柠檬酸，而后者会通过阻断体内能量产生过程来造成致命伤害。

左图：这些很多的茎很可能来自同一棵吉夫布拉（*Dichapetalum cymosum*），它们通过地下的根系相连。早期德兰士瓦的拓荒者们发现这种植物的叶子对家畜是有毒的。

吉夫布拉是一种长相很奇怪的植物，它们由许多低矮的茎聚生在一起，叶子和花都很靠近地面。它们常常被描述为"地下的树"，因为我们看到的许多丛植株实际上都是同一个个体，它们都从地下分支的根上长出来。这种巨大的根系可以利用地下深层的水源，使这些植物在夏天雨季来临之前也能长出叶子。这种春天长出的叶子之前被认为对牛的毒性最强，不过春天的高发病率其实是因为在这个季节缺乏合适的牧草。

因为中毒症状（快速的意识减退和身体摇晃）类似氰化物中毒，人们曾经认为吉夫布拉中有毒的成分主要是氰化物，但人们从来没有在这种植物中检测出氰化物。而在移民先驱潮发生的近一个世纪后的 1944 年，才在这种植物中分离出了真正的有毒物质——氟乙酸。在 1942 年，这种化合物的钠盐就已经被化学合成，并作为一种有前景的灭鼠药被研究，当时被称为"化合物 1080"。这个故事好像回到了起点，因为吉夫布拉的一个近缘种又被称为毒鼠强（*Dichapetalum toxicarium*，异名 *Chailletia toxicaria*），在 19 世纪的西非是一种广泛

上图：一片吉夫布拉的叶子，显示出其左右不对称的叶边缘和网状的叶脉。这些叶脉能将水分运送到叶肉细胞同时将葡萄糖运输到植物体的其他部分。

应用的灭鼠剂（详见本页小贴士）。由于其毒性过强，化合物 1080 不仅被用于对抗鼠害，并且它还具有一个更具争议性的用途，那就是在澳大利亚和新西兰用于控制非本土动物的数量以及在世界其他地方用来保护圈养动物。

平行演化

吉夫布拉不是唯一一种含有氟乙酸的植物。由于平行演化，这种化合物在隶属于不同科属中的超过 50 种植物中被发现。在巴西，牛因为吃了一种茜草科的植物（*Palicourea marcgravii*）而中毒，而氟乙酸在这种植物的好几个近缘种中都被发现。在西澳大利亚西南部，豆科毒羊豆属植物，通常被称为毒豆子，是 19 世纪中叶牛大量死亡的元凶。由于经济损失非常严重，很多地区开始了对这个属的植物进行连根拔起，结果导致了毒羊豆属中有超过 100 种植物面临灭绝的风险。

停止循环

氟乙酸本质上说不算一种毒药，但它与乙酸结构上很相似，所以动物体内（包括人体）的一些酶没法正确区分二者。在动物细胞中，能量以三磷酸腺苷（ATP）的形式在线粒体中通过三羧酸循环产生。而当氟乙酸转变为氟柠檬酸参与到这个过程中的时候，就会对三羧酸循环产生强效的抑制。如果摄入量过大，影响了足够多的线粒体，身体内储存的能量就会迅速耗尽，导致中毒。

下图：这种茜草科的灌木 *Palicourea marcgravii* 具有小的、颜色鲜艳的花朵。由于它含有氟乙酸和其他毒素，每年在巴西都会造成许多牛中毒。

致死的氰化物——氰苷

氰苷（这是一类化合物，大约有 300 种）广泛存在于植物中，大约有超过 100 个科的 3 000 种植物含有氰苷，其中很多植物还是可食用的。单次摄入有时会造成中毒，但通常不会有持续性的后果，但如果摄入量过大则是致命的。如果长期食用，比如作为固定食谱的一部分，哪怕每次的量很小，都会引起慢性健康问题，包括全身瘫痪的孔佐病。

释放氰化物

氰苷储存在植物细胞的液泡中，通常毒性很低。但是一旦细胞被破坏，比如遭到食草动物的咀嚼，这些化合物就会被释放出来，并接触 β- 葡萄糖苷酶。这种酶会迅速地将糖基从氰苷中分离出来，使氰苷生成腈，后者进一步自发或者在酶促（腈酶）下进行分离，生成醛和氰化氢 (HCN，即我们通常所说的剧毒的氰化物)。这些植物一旦被吞下，那些仍然完好的储存在未经破坏的植物细胞液泡中的氰苷，会在肠道菌群的 β- 葡萄糖苷酶作用下发生上述反应，释放出氰化物。氰化物很容易通过吸收进入循环系统中，通过运输抵达身体各处，它能够干扰细胞呼吸从而导致细胞死亡。

下图：杏（*Prunus armeniaca*），很可能原产中亚，现在作为一种重要的水果在世界上广为栽种。它的橘红色甜美多汁的果肉包裹着一颗坚硬有毒的果仁。

苦杏仁

学名	人类中毒症状
Prunus armeniaca L.	**循环系统**：心悸、低血压、心血管衰竭
俗名	**神经系统**：焦虑、头痛、头晕、精神错乱、意识减退、癫痫发作、昏迷
杏	
科名	**消化系统**：恶心、呕吐、腹部痉挛
蔷薇科	
毒素种类	**其他**：虚弱、麻痹、呼吸衰竭
氰苷（野黑樱苷、苦杏仁苷）	

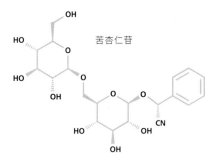

苦杏仁苷

左图：苦杏仁苷是蔷薇科植物中所含的一种主要的氰苷，尤其在苦的扁桃仁和杏仁中含量较高。

蔷薇科的很多种类是重要的食用水果，然而它们的种子或者果仁含有致命的秘密。苹果的种子、樱桃的核、桃仁以及扁桃仁中都能释放氰化物，这些果仁也通常有苦味和甜味的不同品种。而这其中引起中毒事件最多的当属杏仁，因为它们被认为有治疗癌症的功效。

杏树是一种小型乔木，原产吉尔吉斯斯坦和中国的新疆，它在大约 5 000 年前就已经被驯化为农作物，并引入高加索地区和伊朗，再借由亚历山大大帝的战役（公元前 334—公元前 323）或者丝绸之路传到欧洲。此后，西班牙人把这种植物带到了北美洲，现在杏树已经在世界上温带地区广泛种植。杏的果实是核果，具有肉质的中果皮和由坚硬内果皮所包裹的一粒种子。杏外面甜美多汁的果皮是可食的，鲜吃或者干制都可以，但是苦杏仁中却含有含量不等的氰苷，主要是苦杏仁苷（*D*- 苯乙氰醇 -β-*D*- 葡萄糖苷 -6-β- 葡萄糖苷）。

右图：每一颗杏的果实里面有一粒被坚硬的内果皮包裹的果仁，当这层内果皮裂开之后，含有毒素的果仁（种子）就会被释放出来。

维生素 B17

在杏的主产区，杏仁中毒的事件时有发生，有时还会致命。这主要是儿童误食，或者是用于某些特殊风味的食物中但又没有经过合理的加工。不过，近些年来，另外一种因杏仁造成中毒的途径开始出现。20 世纪 50 年代开始，一种以苦杏仁苷化学衍生物杏仁素（之前曾错误地称为维生素 B17）来治疗癌症的疗法诞生。1978 年，在美国已经有 70 000 病人接受了这种治疗。由于缺乏对其疗效以及其潜在毒性的临床数据支持，这种治疗方法现在已经在美国、欧洲、加拿大等地被禁止使用。

尽管如此，杏仁本身已成为一种流行的替代疗法和保健食品。作为一种天然的产物，这些果仁中含有不同浓度的苦杏仁苷，在有一些个体中含量很高。如果人们一次性大量吃杏仁，毒素就会很容易被摄入体内。

氢氰酸中毒

氢氰酸中毒这一提法源自氰化氢。那些吃了含有氰苷植物的家畜会迅速出现中毒症状，并能影响到整个兽群。反刍动物，如牛，由于瘤胃中的微生物发酵，更容易中毒。有一些禾草类（禾本科），例如高粱（*Sorghum bicolor*，异名 *S. vulgare*，见下图）能够导致这种中毒。高粱原产于非洲中部，现在在世界上，尤其是半干旱地区广泛种植。它的谷粒是超过 5 亿人的主要粮食。高粱的茎和叶含有蜀黍苷（氰苷的一种），所以要让家畜们远离这种植物，尤其是在这类物质含量最高的时期，即幼苗期、霜冻过后或者干旱期。

是非功过话木薯

学名
Manihot esculenta Crantz

俗名
木薯

科名
大戟科

毒素种类
氰苷（亚麻苦苷、百脉根苷）

人类中毒症状
单次摄入：类似杏仁中毒（详见第 183 页）

多次摄入：神经系统受损，下肢瘫痪，视力受损，耳聋

左图：亚麻苷是一种在许多粮食作物中都存在的氰苷，例如木薯的根中就有这种物质。

亚麻苷

木薯是大戟科（详见第 114—115 页）中众多有毒植物之一。这种多年生的木质灌木原产于南美洲，在 17 世纪由葡萄牙人带到非洲。尽管有毒，但它大型、伸长的块根仍然是世界上热带和亚热带地区重要的粮食。

种植木薯有很多优点，相比于其他农作物，种植木薯的人力投入要小很多，而且木薯更能忍受干旱或者洪涝灾害。另外由于其略带苦味的口感和能够瞬间释放大量的氰化物，它同其他同时含有氰苷和分解氰苷释放氰化物的酶的植物一样，对害虫具有强大的威慑力。但是这种植物中的有毒化合物确实存在着相当大的隐患，如果木薯的块根在食用之前没有经过恰当的处理，会对人造成很大的伤害。

右图：种植的幼年木薯。图片中展示了木薯的掌状复叶，这种植物通常能长到 1～3 米高。

甜和苦

木薯的品种可以大致上分为甜味型和苦味型。不过它们所含的氰苷种类是一样的，主要是亚麻苷，同时还包括少量的百脉根苷。但是它们的含量在不同的品种中变化很大，在甜味型品种中每公斤含 15～100 毫克氰化物，在苦味型品种中每公斤大约含 500 毫克，当遇到干旱时这个数量还会升高。甜味型的品种通常作为粮食作物来种植，但有的时候人们也会种植苦味型木薯，尽管它们的毒性更高，但也具有更强的抗逆性。

加工木薯的时候，人们通常将块根削皮后置于水中浸泡，让氰化物的含量降低到安全水平。这种处理方式对于正常生长条件下的氰苷含量较低的甜味型品种来说是有效的，但对于苦味型品种来说却不够。对于苦味型品种，加工过程包括将削皮的块根磨成粉，以确保酶和氰苷充分混合并释放氰化物，然后将粉末浸泡在水中，让氰化氢安全地挥发。

急性和慢性

偶尔一次吃了没有经过充分处理的木薯会造成急性氰化物中毒，但由于这些症状通常不致命，而且通常发生在比较偏远的地区，在这些地区这种中毒已经习以为常了，所以这种中毒通常不会被报道。中毒通常是因为吃了木薯的块根，尤其是没有经过充分处理的块根。在委内瑞拉，直到 1992 年数名儿童发生了严重的中毒反应，人们才意识到中毒的原因。近些年

左图：一株木薯可以产生许多肉质块根，对于农民而言，这是一种非常重要的粮食作物。不过木薯中宝贵的碳水化合物都由氰苷守护着。

下图：苏里南的马农人正在展示处理木薯的过程，这个过程包含舂打和冲洗等多个步骤，让其中的氰化物挥发，确保块根安全可食。

来，由于食品价格的大幅度上涨，贫困地区的人民不得不选择更便宜的、不熟悉的营养来源，其中就包括了苦涩的"工业"木薯，结果它在数月内就造成了 11 人死亡。在非洲地区，一种称为孔佐病的慢性神经性疾病，其症状类似于由山黧豆属植物（详见第 186—187 页）引发的神经性斑疹，也是因为吃木薯引发的（详见本页小贴士）。

孔佐病

孔佐病（木薯引发的痉挛性截瘫）是一种不可逆的疾病，被认为是日常低蛋白饮食中摄入了未恰当加工的木薯中所含氰苷引起的。"孔佐"在刚果民主共和国西南部雅卡人的语言中意思是"绑着的双腿"，这也是对孔佐病症状很形象的描述。患者通常情况下无法行走。孔佐病的症状来得非常快，人们可能在早晨醒来发现双腿已经僵硬、不能动弹。

孔佐病在非洲的东部、中部和南部都有爆发，通常伴随着旱灾。这种病的具体发病机制还不完全清楚，不过一种可能的解释是当饮食中蛋白质含量比较低，体内硫的含量也会降低，而硫能够帮助氰化物解毒，使氰化物变成硫氰酸盐（详见第 35 页小贴士）。其他的理论则认为神经的损伤是食用苦味型木薯之后，高浓度的硫氰酸盐造成的，或者孔佐病根本就是氰苷直接引起的，并不涉及释放任何氰化物。

神经性斑疹——
不参与蛋白质合成的氨基酸

豆科（详见第102—103页）中的很多植物是我们日常膳食蛋白质的主要来源，但是在某些情况下，需要采取一些预防措施才能让它们可以被安全食用。例如菜豆（*Phaseolus vulgaris*，详见第146—147页）中含有凝集素，在吃之前必须彻底煮熟。在这一节中，我们将关注家山黧豆（*Lathyrus sativus*），它含有一种有毒的游离氨基酸。

并不是那么好吃的豆子

学名
Lathyrus sativus L.

俗名
家山黧豆

科名
豆科

毒素种类
不参与蛋白质合成的氨基酸（β-N- 草酰氨基 -L- 丙氨酸）（BOAA）、草酸二氨基丙酸（ODAP）

人类中毒症状
神经系统：痉挛性步态、进行性行走困难、挛缩性麻痹
消化系统：腹泻、呕吐
其他：呼吸停止

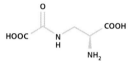

β-N- 草酰氨基 -L- 丙氨酸

上图：氨基酸 β-N- 草酰氨基 -L- 丙氨酸是造成神经性斑疹这种使人瘫痪的疾病的主要原因。

家山黧豆是一种分枝的一年生草本植物，它能长到170厘米高，并借助复叶末端的卷须来攀缘。它的花是豆科植物典型的蝶形花冠，通常为蓝色、红色、粉色或者白色，花谢之后会结出扁平的豆荚，大约5.5厘米长，2厘米宽。每个豆荚里最多有7颗楔形的种子，这些种子的直径为4～7毫米。山黧豆的原产地目前并不清楚，但有考古学证据表明它是在大约公元前6000年在巴尔干地区被驯化的。由于山黧豆对极端环境具有很高的耐受性，种植简单以及根瘤能固氮因而可以生长在非常贫瘠的土壤中，它现在在亚洲、欧洲南部、非洲北部以及其他一些地方已经被广泛种植。

左图：家山黧豆（*Lathyrus sativus*）的种子，如果只吃少量且处理得当的话是无害的，但如果在旱灾期间将其当作主要的粮食就会引起中毒。

救荒食物

在通常情况下，山黧豆只是我们日常饮食中的一小部分，但是一旦遇到旱灾，山黧豆就几乎成了唯一能存活的粮食作物，它也因此变成重要的食物来源。在这种时候，通常用来处理山黧豆使之解毒的办法，例如浸泡、在水里煮沸或者与面粉混合就变得不那么管用了。如果旱灾持续几周甚至几个月，那么在一部分人中，就会开始出现一种神经疾病，即神经性斑疹。这种病是由于脊髓神经元和控制腿部的皮层细胞的对称病变导致的痉挛性截瘫。这种病的进展非常缓慢，可以通过改善饮食来停止，但不幸的是，这种病无法治愈。这些症状类似于孔佐病（详见第 185 页小贴士），后者是因慢性摄入木薯所引发的，而症状与食用北美腺勾儿茶（*Karwinskia humboldtiana*，详见本页小贴士）引起的瘫痪略有不同。

尽管上述令人衰弱但不致命的神经性斑疹曾一度十分流行，但现在这种病症只出现在亚洲和非洲的部分地区。在 1976—1977 年埃塞俄比亚的严重饥荒期间，这个人口总数为 100 万的国家中至少有 2 600 人得了神经性斑疹。而在 1995—1996 年的干旱之后，1997 年 2 月爆发了一场神经性斑疹病，一年内就有 2 000 人患上了这种疾病。在那些以山黧豆为主要食物的人中，大约有 2% 的人患上了这种病，其中以男性、青少年和儿童发病率最高。除了大量饮水外，还可以通过向山黧豆和水中加入大量的谷物来解毒。

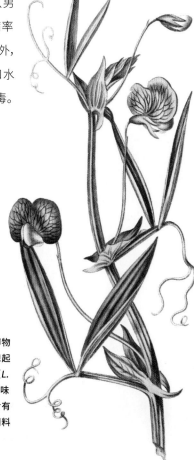

右图：这是一幅家山黧豆的博物学画，它的样子很容易让人想起同属的另外一种植物香豌豆（*L. odoratus*），后者因其花的香味被广泛栽培。香豌豆的种子含有另外一种毒素，长期拿它做饲料会让火鸡中毒。

毒鼠李的诅咒

在 1918 年，爆发了一起大型的人类中毒事件，事件的元凶是一种生长在墨西哥北部和中部以及美国得克萨斯州的有毒的鼠李科植物北美腺勾儿茶。在这起事件中，有 106 名墨西哥士兵中毒，最后其中 20% 的人死亡。从 11 月到翌年 2 月，这种有毒的鼠李科植物会结出深紫色的果实，果实本身味道甜美，可以食用，但种子中含有神经毒素，例如过氧异黄酮，它能通过脱髓鞘作用损伤外周神经。

随后又发生了几起由腺勾儿茶引起的大型中毒事件，在 20 世纪 80 年代，每年就有好几起，而受害者几乎都是儿童。如果大量食用，最初的症状只有呕吐和腹泻，但是在 1 到数天之后，就会出现四肢松软、麻痹等症状，甚至可能会因为呼吸骤停而死亡。症状延迟出现时间的长短和其严重程度取决于所食用的量，以及食用的次数及频率。最终活下来的人尽管恢复得比较缓慢，但最终会完全康复。

上图：生长在得克萨斯的一种灌木北美腺勾儿茶（*Karwinskia humboldtiana*）的枝条。这种植物可以长到 4～6 米高，具有对生的叶子，在叶腋处有 1～3 朵小花。

苏铁和蓝细菌

苏铁是一类生长非常缓慢的、分布在热带和亚热带的棕榈型乔木。它们从恐龙时代开始出现，到今天外形几乎没有发生过改变。它们的化石可以追溯到古生代晚期，距今大约 2.9 亿年到 2.65 亿年。它们对飓风和干旱的抵抗能力很可能是它们能一直存活到今天的原因之一。几个世纪以来，人们一直把苏铁作为食物和药物的来源，但是苏铁是含有毒素的，因此在使用之前必须经过恰当的处理。即便如此，食用苏铁仍然会导致一些慢性疾病。

恐龙时代之前就出现的毒药

学名
Cycas revoluta Thunb.

俗名
苏铁

科名
苏铁科

毒素种类
偶氮甲醇苷（苏铁苷、新苏铁苷）、不参与蛋白质合成的氨基酸（β-甲基氨基-L-丙氨酸，BMAA）

人类中毒症状
单次摄入
循环系统：心动过速

神经系统：头疼、头晕、虚弱

消化系统：腹痛、严重呕吐、腹泻

其他：肝脏损伤

重复摄入
神经系统：进行性麻痹，帕金森样症状，有时伴有痴呆

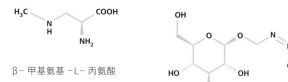

β-甲基氨基-L-丙氨酸

苏铁苷

上图：所有的苏铁都含有一种类似于氰苷的化合物，苏铁素。而有一些种类还含有由蓝细菌产生的 β-甲基氨基-L-丙氨酸。

应急储备

　　苏铁（*Cycas revoluta*）属于苏铁科，是苏铁纲中仅有的两个科之一（另外一个科是泽米铁科），有时被称为西米棕榈，但它其实并不是真正的西米棕榈，后者是棕榈科的植物西米椰（*Metroxylon sagu*）。苏铁原产于日本，今天它可能是苏铁科中栽培最广泛的种类之一。苏铁，以及该科内其他种类的许多部分，被人类食用，当作自然灾害破坏其他作物时或季节性食物短缺期间的一个补充，但同时苏铁也是许多地区传统饮食的主要组成部分。苏铁幼嫩的叶子被当作蔬菜食用，但更常见的是吃它种子和茎的髓部，在经过了一个比较长的解毒过程之后，这些部位能够制作出淀粉含量比较高的面粉。

左图：苏铁的雌株，茎顶端有正在发育的种子，这些种子着生在小型的叶状结构的柄部，它们又被大型的、可以长到 1.5 米长的棕榈状的叶子围绕。

生活在贫困线上

在布尔战争期间（1899—1902），一群由扬·克里斯蒂安·史末资（Jan Christiaan Smuts）领导的布尔人发现他们在祖尔伯格山脉腹地陷入了极度的食物短缺，于是他们决定吃一种长得很奇怪的、当地称之为"霍顿托面包"的植物（Encephelartos altensteinii），这种植物的"果实"初看上去像个凤梨。植物学家后来鉴定为另外一种植物，长叶非洲铁（Encephalartos longifolius）。首先其中一个士兵尝了尝，喜欢它的味道，很快连里的许多人也跟着尝了尝。但接下来便出现了严重的中毒反应，一半以上的人在地上痛苦地呻吟和干呕。史末资将军比其他人的情况更糟糕，他甚至昏迷了一段时间。万幸的是，这次中毒没有造成人员伤亡，在接下来的几天里，战士们逐渐康复，并最终击退了敌人。

右图：长叶非洲铁（Encephalartos longifolius）是一种分布于南非东开普省的稀有苏铁类植物。它会结出大型的雌性球果，上面有许多被黄色苞片所包裹的红色种子。

当欧洲人在大航海时代中首次发现了苏铁时，他们并不了解其毒性。1770 年，在詹姆斯·库克（James Cook）船长第一次前往澳大利亚的航行中，植物学家约瑟夫·班克斯（Joseph Banks）注意到，几名船员在吃了间型苏铁种子之后得了重病，而在布尔战争期间，扬·史末资将军和他的部队也被长叶非洲铁（Encephalartos longifolius，泽米铁科）毒害（详见本页小贴士）。在洪都拉斯，有文献记载鳞粃泽米铁的根（Zamia furfuracea，泽米铁科）被用于非法投毒。苏铁类植物在食用前如加工不当，无论是作为食品还是传统药物，食用者都会因为其所含的偶氮甲醇苷中毒，这也是目前苏铁急性中毒的最常见原因。另外一种毒素 β- 甲基氨基 -L- 丙氨酸（BMAA）在苏铁的种子和根瘤中含量最高，无法通过常规的解毒处理方法去除，但只有多次重复食用之后它们才会体现出毒性。

右图：吃处理不得当的苏铁以及该科内其他一些种类的种子会引起急性中毒，症状包括呕吐、头痛和头晕。

关岛帕金森病

生活在太平洋马里亚纳群岛的关岛查莫罗人患有一种被称为"肌萎缩侧索硬化症 / 帕金森 – 痴呆综合征"（ALS/PDC）的神经系统疾病，且发病率很高。这与他们长期食用一种苏铁种子有关。他们利用这种种子制作的面粉中含有毒素 BMAA。这种化合物在另一种传统关岛食物来源中也有，即马里亚纳狐蝠（Pteropus mariannus），这种哺乳动物以苏铁的种子为食，并在它们身体的脂肪中富集 BMAA。目前，由于过度狩猎，这种狐蝠已经濒临灭绝。由于西方食品的传入，直接食用苏铁种子概率大大降低。相应地，人群中 ALS/PDC 的发病率也呈明显下降趋势。不过可能我们错怪这个故事的主角了，研究发现，这种苏铁其实并不合成 BMAA，真正的合成者是在苏铁的根瘤中与其共生的固氮蓝细菌（例如念珠藻属），它产生 BMAA 并最终在这种苏铁的种子中积累下来。

疯草和乳毒病——苦马豆碱

牛、羊、马以及其他大型牲畜通常是植食性的，它们需要大量取食植物，尤其是树叶，因此它们更容易受到人类不吃的有毒植物的影响。能够使牲畜中毒的植物种类非常多，其中一些在本书的其他章节已经介绍过了，例如翠雀（*Delphinium* spp.，详见第48—49页），这类植物只吃一次就能毒死一头牲畜，而其他一些有毒植物需要长期食用才会出现症状，例如含有吡咯里西啶生物碱的疆千里光属植物（*Jacobaea vulgaris*）和聚合草（*Symphytum* spp.，详见第164—167页）。在这一节，我们将要讲述其他一些长期食用能导致牲畜中毒的植物，其中一些植物还能通过非常规的途径与人接触，讲清楚这其中的故事需要花费一些时间。

上图：**绢毛棘豆（*Oxytropis sericea*）** 生长在美国西南部的山区，它其中的苦马豆碱的含量在不同个体中差异很大，有些个体可能完全无毒。

主要分布于北美洲的黄芪（*Astragalus* spp.）和棘豆（*Oxytropis* spp.）（以上均是豆科的两个大属）被称为"疯草"。和其余的黄芪属和棘豆属的植物不同，被称为疯草的黄芪和棘豆含有一种吲哚类生物碱——苦马豆碱，这类植物对生活在该地区的牲畜造成了严重威胁。尽管人类也利用黄芪和棘豆来作为咖啡替代品或者草药，但目前并没有人类中毒的报道。

牛、羊、马和其他牲畜长期食用疯草会患上疯草病。在澳大利亚，亲缘关系较近的沙耀花都属（*Swainsona*）植物也含有

疯草病

学名	动物中毒症状（多次食用后）
Astragalus spp. 和 *Oxytropis* spp.	神经系统：抑郁、运动失调（肌肉运动缺乏自主性协调）
俗名	
黄芪和棘豆，疯草	消化系统：体重降低
科名	皮肤：表皮粗糙
豆科	其他：步态和姿势异常，后肢肌肉无力（痉挛性轻瘫），站立困难
毒素种类	
吲哚类生物碱（苦马豆碱和苦马豆碱的氮氧化物）	

苦马豆碱

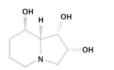

左图：**苦马豆碱**是一类在豆科植物中发现的吲哚类生物碱，它很可能是由植物中内共生的真菌产生的。

苦马豆碱，它们能引发一种类似的疾病，当地称之为豌豆热。疯草病是一种慢性代谢性疾病，表现为各种神经和行为障碍，以及不孕、死胎和后代生育能力弱。苦马豆碱能通过在化学结构上模拟甘露糖来影响催化甘露糖与其他蛋白质结合的酶，进而干扰这些蛋白质在细胞中的正常功能和定位。这会导致错误匹配的蛋白质积累，形成细胞中的囊泡，扩大细胞的体积并挤

压周围的细胞，进一步影响它们的功能。

苦马豆碱可能主要是由疯草中的内共生真菌（链格孢属无丝菌）所产生的，内共生菌在植物中很普遍，但在种子中，它们通常只出现在种皮，而在种子发芽过程中才开始侵染幼苗。苦马豆碱也存在于巴西和澳大利亚另外一些能够让牲畜中毒的植物中，锦葵科的白背黄花稔（*Sida carpinifolia*）；一些旋花科的植物，例如番薯属（*Ipomoea*）中的一些种类和心叶盘蛇藤（*Turbina cordata*）。有趣的是，旋花科其他一些种类体内的共生菌也能产生毒素，不过在那些种类中，毒素主要是麦角生物碱（详见第 88—89 页）。

左图：兰伯特棘豆草（*Oxytropis Lambertii*）生长在美国南部和西部的中短草草原上。

乳毒病

当欧洲人在 19 世纪初开始在美国中西部地区定居时，他们和牲畜便开始患病。当动物们被迫移动或者变得焦躁不安时，它们便开始剧烈地颤抖，因而这种病也被称为颤抖病。人们如果喝了患病动物的奶，就会患上所谓的乳毒病。据估计，在印第安纳州和俄亥俄州的一些地区，有 25% ～ 50% 的早期移民死于这种病。在这些病例中最著名的一位是 1818 年死于此病的南茜·汉克斯·林肯（Nancy Hanks Lincoln），而他的儿子，当年 9 岁的亚伯拉罕·林肯（Abraham Lincoln）后来成了美国总统。

人们花了一段时间才找到了颤抖病的元凶，蛇根泽兰（*Ageratina altissima*，异名 *Eupatorium rugosum*）。尽管在 19 世纪 30 年代人们便开始怀疑这种植物能引发颤抖病，但直到 20 世纪初才最终确定。这种菊科植物生长在湿润、阴暗的环境，例如靠近树林的

上图：近年来，由于牛奶的工业化生产，人们因为蛇根泽兰（*Ageratina altissima*）中毒几乎绝迹，不过在历史上，这种植物是非常著名的致命植物。

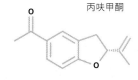

丙呋甲酮

左图：丙呋甲酮和其他类似的化合物是蛇根泽兰（*Ageratina altissima*）有毒的主要原因。

河床边。动物们只有在连续 1 ～ 3 周都食用了蛇根泽兰之后才会表现出症状，而症状最终将会发展成骨骼肌的慢性退化。苯并呋喃酮，包括丙呋甲酮至少在一定程度上是造成蛇根泽兰有毒的原因，它们在菊科的另外一种植物多花无舌黄菀（*Isocoma pluriflora*，异名 *Haplopappus heterophyllus*）中也被发现，这种植物也能在食草动物中引发类似的疾病。

致癌物——蕨苷

植物产生的一些防御性化合物可能是致癌的，有些化合物甚至能够导致胎儿畸形，母亲如果在怀孕期间食用这些植物，会导致后代的初生缺陷（详见第 193 页小贴士）。不过很少有植物毒素发病周期很长，因为快速起效的毒素才能更有效地阻止食草动物。

想方设法，不择手段

学名
Pteridium aquilinum (L.) Kuhn

俗名
欧洲蕨

科名
碗蕨科

动物中毒症状

单次取食：在牛和羊中，会出现大面积出血和易感染（由于骨髓的机能受到抑制）

多次取食：在马中，引起硫胺素（维生素 B_1）缺乏，导致蹒跚、呼吸困难、步态不稳、颤抖、蹒跚、拱背，最终出现抽搐。

致癌作用：在牛中，出现地方性尿血，导致血尿和膀胱肿瘤；在牛和羊中，导致上消化道癌症

蕨苷

左图：萜苷类化合物蕨苷是致癌的，因此含有蕨苷的欧洲蕨（*Pteridium aquilinum*）是一种潜在的、慢性的植物杀手。

下图：欧洲蕨，有时也被称为鹰蕨，是一种分布在温带和亚热带的世界性植物，它对于食草动物来说是危险的。

欧洲蕨是一种蕨类植物，通过孢子繁殖，它们具有地下横走的根状茎和大型的分支羽状复叶，能长到 1.5 米高。如果我们把蕨类当作一个物种来看，它可能是地球上最丰富的植物之一。它们的根状茎使得它们能够首先侵入受干扰的土地，并影响该区域内后续生长的植物。欧洲蕨能够产生许多化合物，这些物质能够有效抵御昆虫和大型食草动物的攻击。不过，幼嫩的蕨 [又叫 croziers，因为它们在外形上与主教的拐杖（crock）类似] 虽然已经含有某些有毒的化合物，但仍是一些食草动物的食物。

硫胺素酶和蕨苷

欧洲蕨能够在动物中引发很多不同的症状。马在吃了1~2个月欧洲蕨之后会出现硫胺素（维生素 B_1）缺乏的症状，例如虚弱、颤抖和不协调。这是因为欧洲蕨中有硫胺素酶，它能使硫胺素失活，而后者对周围和中枢神经系统完成正常生理功能是必需的。

牛和羊在食用欧洲蕨后容易患上消化道的癌症，会出现因为骨髓功能受到抑制而血细胞减少导致出血，牛也更容易患上膀胱肿瘤。导致上述一系列症状的化合物是一类萜苷，即蕨苷，它在肝脏中通过代谢转化为致癌物。在羊群中，蕨苷也是导致一种被称为"明亮失明"症状的元凶，这种症状通常会导致羊凝视太阳的行为。

对人类的危害

据记载，人类从史前时代开始就食用欧洲蕨，在冬天吃它的根状茎，在春天吃它幼嫩的叶子。直到"一战"时期，苏格兰地区仍在食用欧洲蕨的根状茎，而在日本、中国、南美洲和加拿大的部分地区以及其他一些地方，今天仍有食用其幼嫩的叶子的习惯。幼叶在食用前在水中煮沸，并用苏打粉（碳酸钠）处理，这种方法虽然能够降低毒素的含量，但并不能完全去除。在日本和巴西，人们已经确定了食用欧洲蕨的幼叶和患上消化道癌症之间的联系。

牛以欧洲蕨为食，它的牛肉和牛奶被认为是一个潜在的让人接触到欧洲蕨毒素的途径。在以欧洲蕨为食或者在欧洲蕨比较丰富的牧场上放牧的奶牛的牛奶中，已经检测到了蕨苷的存在，而生活在这些区域的人们（例如哥斯达黎加）患消化道癌症的概率也会更高。直接饮用来自牧场的牛奶，被认为是偏远地区的人接触到蕨苷的一个重要途径。而从不同来源获取，并通过巴氏消毒的工业化生产的牛奶则会把蕨苷中毒的风险降低到可以忽略的水平。

左图：欧洲蕨的幼叶从基部向顶端拳卷折叠。

不那么神秘的独眼巨人

在希腊神话中，独眼巨人是一个前额中央长着一只眼睛的巨大怪物，据说他们在埃特纳火山的中心为火神赫菲斯托斯劳动。这个传说产生了一个术语"独眼畸形"（cyclopia），用来描述动物的一种出生畸形，这种畸形的胎儿面部中央没有结构，而且最明显的特征是只有一只眼睛。通常来说造成这种畸形的是遗传因素，但有时候还有外在的因素。

在美国西部，独眼畸形在亚高山草甸上放牧的绵羊中频繁发生，但直到20世纪50年代因为一场流行病才被报道出来。造成这种畸形的原因最后被归结到一种藜芦科（Melanthiaceae）的植物加州藜芦（*Veratrum californicum*）上。研究表明，加州藜芦的某些种群含有致畸的化合物环胺（11-脱氧介芬胺）。如果怀孕的母羊在妊娠期10—15天吃了这种植物，则会导致胎儿出现独眼畸形。

上图：加州藜芦以及生长于北半球的藜芦科近缘种中所含的生物碱可能会导致胎儿畸形。

第十章

化敌为友

尽管有毒的植物会给人们带来伤害甚至导致死亡，但千百年来人们通过不断地试验一些偶然事件以及长时间的科学研究发现，很多毒素都能作为药物在医疗中发挥作用。而有的有毒植物可以用作杀虫剂，用来防控传播病菌的昆虫和农业害虫。在最后一章中，我们将举例讲述其中一些有上述用途的植物化合物及其衍生物。

从毒药到良药：发现的过程

纵观历史，植物在人类社会中发挥了重要作用。时至今日，它们仍然在为我们提供食物、衣服、建筑材料以及燃料。另外，正如我们在前几章中提到的，植物还为人类狩猎活动、宗教仪式以及某些药物提供了有毒的化合物。瑞士炼金术士和内科医生菲利普斯·奥雷罗斯·西奥弗拉斯托斯·博马斯图斯·冯·霍恩海姆（Philippus Aureolus Theophrastus Bombastus von Hohenheim，1493—1541），他更为人所知的名称是帕拉塞勒斯（Paracelsus），常被认为是毒物学之父，他的格言是："只要剂量足，万物皆毒。"

从药理学的观点来看，传统草药是有问题的。它们通常包含了许多种化合物，虽然其中的某些成分可能是无害的，但其他的化合物会增加中毒的风险，或者完全抵消药物的效用。它们所含活性物质的量因植物生长条件不同而变化，因此很难从不同批次的草药中获得一个精确的、可重复的起效剂量。鉴于这些草药中某些有效成分的安全剂量范围特别窄（换言之，安全剂量范围指这些物质从安全的、有疗效的剂量到对人产生伤害甚至让人中毒的剂量之间的范围），现代药物应运而生。这些药物中通常只含有单一的有效成分，因此可以精确测量和确定剂量。不过，在现代药物能够分离植物主要活性成分的今天，一些植物来源的物质在药物中仍然占据重要位置，尤其是对那些在实验室中很难合成或者分离纯化成本太高的物质。有植物化学家从植物中分离有效成分，并最终研发成药物，对植物来说也是非常重要的，因为这样可以保护这些植物免于灭绝。

帮忙还是捣乱

尽管强心苷（见第三章）只要稍微高于治疗剂量就能引发一系列中毒反应，毛地黄苷（详见第198—199页）在治疗充血性心力衰竭中仍然占有重要的地位。其他具有较窄的安全剂量范围的草药包括鸦片（详见第200—201页），它其中含有有效的镇痛成分，但会引起依赖性，并且只要稍稍过量就会引发呼吸抑制。乙

左图：帕拉塞勒斯的雕像，他首次认识到了药物和毒药之间的剂量效应。

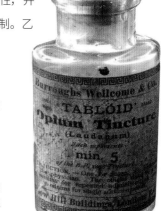

右图：鸦片酊是一种稀释的鸦片酊剂，在18世纪和19世纪被普遍用作止痛药，但许多人开始依赖这种药物。

左图：毒扁豆（*Physostigma vene-nosum*）的种子可以用来制作一种名为"烈酒"的饮料，这种液体曾经在犯人受审期间让其饮用（详见第207页）。其中所含有的活性成分毒扁豆碱目前已经在医学上被加以利用。

下图：桃儿七（*Podophyllum hex-andrum*）花开在嫩叶的顶端。从这种植物的根状茎中可以提取一种具有抗癌活性的化合物 —— 鬼臼毒素。

酰水杨酸（详见第202—203页）虽然可以减轻发烧和疼痛，但也增加了胃溃疡出血的风险。而金鸡纳树的树皮（详见第204—205页）虽然具有重要的抗疟疾活性，但它即便在正常剂量下仍然会导致一些不良的反应，因此使用起来也受到限制。

传统用法和偶然性

对传统医药系统中常用植物的研究已经推动了现代药物的发展，这些现代药物有些表现出了和传统药物一致的药性，而出人意料的是，有些则表现出与其在传统医药体系下完全不同的效果和应用。一种来源于毒扁豆属和解表木属（详见第206—207页）植物中的毒性非常强的药物，被发现可以用于解毒剂和治疗其他几种疾病。长春花（*Catharanthus roseus*，详见第208—209页）传统上被用来治疗高血糖，桃儿七（*Podophyllum peltatum* 和 *P. hexandrum*，详见第210—211页）传统上是泻药和杀虫剂，但上述这些药物均被意外地发现具有很好的抗癌活性。加兰他敏（详见第212—213页）传统上用于一种麻痹疗法，但目前已经成为一种减缓阿尔茨海默病（老年痴呆）进展的药物。其他一些传统药物则或多或少保留了它们的原始用途，例如麻黄生物碱（详见第214—215页）主要用于缓解呼吸性感冒症状，以及另外一些用于防治病虫害的植物，例如印度楝（*Azadirachta indica*，详见第216—217页）。

心脏问题——毛地黄苷

尽管具有潜在的致死风险，但至少从中世纪开始，毛地黄（*Digitalis purpurea*）一直在欧洲传统医学中作为药物来治疗某些疾病。在威尔士，含有这种植物的药膏被著名医生迈德菲推荐用于治疗头痛和痉挛；在英格兰，它被用来治疗癫痫、甲状腺肿和肺结核，还被用作催吐剂。然而，直到 1785 年威廉·威瑟林（William Withering）提出了利用毛地黄治疗水肿的处方，人们才意识到这种药用植物的风险。

毛地黄

学名
Digitalis purpurea L. 和 *D. lanata* Ehrh.

俗名
D. purpurea—毛地黄；
D. lanata—狭叶毛地黄

科名
车前科

毒素种类
强心苷类（强心甾：地高辛，毛地黄毒苷）

人类中毒症状
循环系统：心律失常，心脏衰竭

神经系统：头疼，虚弱，混乱，昏迷

消化系统：恶心、呕吐、腹泻

今天，水肿被认为是充血性心力衰竭引发的组织肿胀，当心脏的肌肉不能有效收缩时，组织间体液就会渗漏和积聚。而一些毛地黄属植物能够间接地缓解水肿，这种治疗效果是通过它们对心脏的作用——增加肌肉的收缩力量，从而减少液体在组织间的积聚，最后通过肾脏将多余的水分排出。

被公认为临床药理学之父的英国医生、植物学家和化学家威廉·威瑟林在 1785 年出版了一本名为《毛地黄及其药用功效的报告》（*An Account of the Foxglove and Some of its Medical Uses*）的书。在这本书中，他仔细地调查了 10 年间使用毛地黄的 163 例病例。通过他的研究，威瑟林证明了毛地黄能够影响心脏收缩，并且推断出用毛地黄治疗水肿的最有效剂量和安全剂量范围。

下图：英国医生威廉·威瑟林，他的手上拿着一支毛地黄（*Digitalis purpurea*）。

左图：毛地黄带花序的枝条，毛地黄原产于西欧和摩洛哥。

下图：地高辛的结构中含有 3 个毛地黄毒素糖基，它是药物中应用最广泛的强心苷。

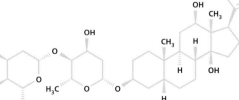

地高辛

上图：分布于欧洲东部的多年生植物狭叶毛地黄（*Digitalis lanata*），相比于毛地黄，其中毛地黄苷的含量更高，种类也更多，它也是现在工业生产这类药物的主要来源。

地高辛和毛地黄毒苷

正如在第三章中谈到的那样，毛地黄属（*Digitalis*）植物的活性成分是强心甾类中的强心苷（详见第54—59页）。在历史上，人们曾将含有各种糖苷类混合物的毛地黄初级提取物用于治疗。在许多毛地黄苷类中，治疗充血性心力衰竭和房颤（心跳不规则且快）最常见的两种化合物是地高辛和毛地黄毒苷。

维罗纳绅士之死

堪格兰德·德拉·斯卡拉（Cangrande della Scala, 1291—1329）在1311年成了意大利维罗纳的统治者，而他更著名的身份可能是著名诗人但丁·阿里吉埃里（Dante Alighieri, 约1265—1321）的赞助人。同时他也是一名成功的军事家，他统治下的版图还包括了其他几个意大利城市，但在征服特雷维索仅仅四天后，他就去世了，享年38岁。而斯卡拉死于中毒的谣言便流传开来。2004年，考古学家发现了德拉·斯卡拉的遗体，随后在他的器官和肠道内容物中检测出了毒性浓度的毛地黄苷，这意味着他可能死于谋杀。不过我们今天已经永远不可能知道他是被他的侄子和继承人下毒，还是因为药物剂量过大而死的了。

毛地黄属中的两种植物毛地黄（*Digitalis purpurea*）和狭叶毛地黄（*D. lanata*）是生产这类药物的重要来源。毛地黄原产于欧洲西部、西南部和中西部，狭叶毛地黄原产欧洲东部。毛地黄是一种二年生植物，在第一年的时候只会长出莲座状的叶丛，到第二年的时候才会长出明显的茎和花序。这就意味着毛地黄其实不太适合作为大规模工业生产用于治疗心脏疾病的类固醇原料。将其取而代之的是狭叶毛地黄，它是一种多年生植物。

地高辛和毛地黄毒苷在化学结构上比较类似，唯一的区别是在地高辛中有一个羟基不同。这种不同会影响它们在体内的排泄途径，毛地黄毒苷主要通过肝脏代谢清除，排泄非常缓慢，半衰期为5～9天；而地高辛主要通过肾脏排除，半衰期为36～48小时。在治疗上，毛地黄苷类的安全剂量范围非常窄，并且很接近其中毒剂量。由于其体内排泄周期过长，毛地黄毒苷的使用远比地高辛少，但是后者在肾脏损伤的患者中不可用，因为在这种情况下会迅速导致地高辛毒性的积累，从而导致心律失常。

在爱尔兰，历史上毛地黄还有一个更为不同寻常的用途，据说它能够鉴别出孩子的灵魂，即一个小孩到底是人类的小孩还是精灵的小孩。如果一个小孩在喝了毛地黄汁之后死去了，那么就意味着这个小孩实际上是个精灵。

在梦中——鸦片

鸦片（来源于希腊词 opos，意思是"果汁"）是由从未成熟的罂粟科（详见第 172—173 页）植物罂粟（*Papaver somniferum*）蒴果中获得的乳汁晒干而成。它是有史以来最强大的镇静和催眠药物。鸦片的主要成分及其衍生物，在缓解疼痛和产生虚妄的幸福感和愉悦感方面，有着无与伦比的功效。然而，根据世界卫生组织的统计，每年有 69 000 人死于过量服用阿片类药物。

鸦片的两面性

学名
Papaver somniferum L.

俗名
罂粟

科名
罂粟科

毒素种类
吗啡类苄基异喹啉生物碱
（吗啡、可待因、蒂巴因）

人类中毒症状
神经系统： 瞳孔缩小、嗜睡、昏迷、呼吸抑制
消化系统： 恶心，便秘

可待因

上图：可待因，或叫 3- 氧 - 甲基吗啡，约占鸦片生物碱的 2%。在人体内，它在肝脏中通过代谢变成吗啡，后者是一种活性化合物。

自古以来，罂粟就因其药用价值被种植和利用。在一些古代亚述帝国文物上，我们可以清楚地看到上面绘有罂粟的蒴果，在古埃及陵墓的壁画上也绘有罂粟的图画。古埃及最早的医学文献——《埃伯斯伯比书》（*The Ebers Papyrus*，约公元前 1552—1534）中就有给不停哭泣的儿童使用一些罂粟提取物的记载。对于鸦片的使用一直持续到 19 世纪，当时不需要任何处方就能买到鸦片酊，一种含有鸦片的酊剂。现在，尽管罂粟的成瘾性众所周知，但其在镇痛方面的强大功效使人们仍在不断尝试寻找新的安全方法来利用这种植物积极的一面。

吗啡（Morphine）是 19 世纪初从鸦片中分离出的第一种生物碱，它的名字来自梦之神墨菲斯（Morpheus）。吗啡可以被大量生产，自 19 世纪 50 年代发明皮下注射器之后，吗啡已经被大量应用于缓解术后和慢性疼痛、小型手术过程中和作为全身麻醉的辅助药物。除了镇痛和麻醉作用外，吗啡还是一种强

右图：用于制药工业的罂粟（*Papaver somniferum*）是合法种植的，它的提取物能够生产阿片类药物，包括可待因、吗啡和其衍生物。

右图：鸦片传统上是通过切割成熟的罂粟蒴果并收集其流出的汁液获得的，这种行为在许多国家是非法的。

效的呼吸抑制剂，曾被用于止咳药中。吗啡会使人便秘的副作用也被用于治疗腹泻，这类药物中通常将吗啡与高岭土混合。

　　然而，与鸦片本身一样，吗啡也有成瘾性，有被滥用的可能。此外，由于其成瘾性，以及使用过程中所引发的兴奋感和极其窄的安全剂量范围，吗啡的使用并不十分安全。为此，人们投入了大量的精力去寻找和开发一种非成瘾的、安全的阿片类药物，并半人工合成了吗啡的衍生物——二乙酰吗啡（二吗啡）。尽管这种化合物在 1874 年就已经被合成，但直到 1898 年它被重新合成并在北美市场以海洛因的名字开始销售，才流行起来。不幸的是，这种药物的毒性和成瘾性比吗啡更大，而且由于它让人产生的兴奋性，目前被大量用作非法的毒品（详见第 172—173 页）。

医学上其他重要的生物碱

　　鸦片含有多种异喹啉生物碱，包括具有成瘾性的吗啡喃、吗啡和可待因，以及不成瘾的蒂巴因。阿片类药物，如吗啡和可待因，通过刺激特定的阿片类受体来影响中枢神经系统（CNS），这种受体广泛分布在大脑中，也存在于脊髓和消化道中。这些阿片受体对内源性的神经递质（自身产生的肽，因此也称内啡肽）和摄入的植物性生物碱都有反应，这两种物质都能与受体结合。可待因的药效不如吗啡，它可作为中度到重度疼痛的止痛药，例如偏头痛的镇痛剂。即便如此，长期使用可待因的问题正变得越来越明显，包括耐药性的增加以及一些其他副作用，例如对疼痛的敏感性上升等。

　　蒂巴因，这种化合物由于缺乏镇痛活性，曾被认为是鸦片工业中的副产物，不过现在人们发现可以把它作为前体，来半合成一些可能具有良好疗效的新药，这些新药比吗啡更安全。在 20 世纪 60 年代，化学家肯尼思·本特利（Kenneth Bentley）就做了类似的尝试，他试图在蒂巴因上添加新的结构基团。然而这种以他名字命名的化合物除了镇痛效果超过吗啡 12 000 倍之外，也具有极高的成瘾性，因此这种化合物有了个更形象的名字，叫大象吗啡。事实上，这类化合物的其中一种——依托啡（效果比吗啡强 5 000 到 10 000 倍），在兽医实践中被用来镇静大型动物，如大象和犀牛。

催眠海绵

　　早在公元 9 世纪初，阿拉伯人的医术书就将鸦片作为手术麻醉剂的主要成分，他们将其与茄科（详见第 80—83 页和第 138—139 页）的天仙子和茄参（Mandragora spp.）混合。整个准备过程用到一种被称为催眠海绵（spongia somnifera 或 spongia soporifera）的工具，它是通过将新鲜的海绵浸到混合植物的汁液中，然后再在太阳下晒干而成的。当需要时，将海绵重新用热水打湿，然后放置于病人鼻孔处，病人便会失去知觉。不过，如果用量太少，病人没法充分镇静，而如果用量太多，病人则永远不会再醒过来。

左图：罂粟是一种一年生植物，它能长到 1～1.5 米高。除了药用和非法获取其生物碱之外，它本身也是一种非常美丽的园艺植物。

植物万灵药——水杨酸

希腊医生希波克拉底（Hippocrates，约公元前 460—公元前 370）是历史上第一个记录使用水杨酸来减轻疼痛的医生，他建议孕妇在分娩时咀嚼柳叶。在接下来的数年间，有更多关于水杨酸在退烧和消炎上的应用出现，人们不仅仅使用柳叶，还包括含有这类化合物的其他植物。1757 年，爱德华·斯通（Edward Stone，1702—1768）牧师开始对柳树皮进行临床试验，并成功地分离出其活性化合物，最终开发出合成衍生物阿司匹林（详见第 203 页小贴士），它对人的肠胃来说更容易吸收。如今，阿司匹林已经成为世界上使用最广泛的药物之一，它常用于缓解感冒、流感、肌肉疼痛、头痛、月经痉挛和关节炎的症状，不仅如此，定期小剂量地服用还能够降低心脏病发作和中风的风险。

化学止痛剂

学名	**毒素种类**
Salix spp. 和 *Filipendula ulmaria* (L.) Maxim. (异名 *Spiraea ulmaria* L.)	水杨酸（柳树：水杨苷；蚊子草：水杨醛）
俗名	**人类中毒症状**
Salix spp.—柳 树；*F. ulma-ria*—罗旋果蚊子草（蚊子草）	神经系统：头晕、耳鸣、颤抖、抽搐、昏迷
科名	消化系统：腹痛、恶心、呕吐
柳树：杨柳科；蚊子草：蔷薇科	其他：过度呼吸（呼吸频率和深度增加），长期使用会引起肝脏损伤

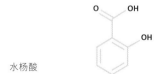

水杨苷

水杨酸

左图：**水杨苷是水杨酸的一种活性化合物形式。它是一种重要的植物激素。**

右图：**各种柳树的干树皮，包括白柳的树皮可以用来治疗发烧和缓解许多疾病引起的疼痛。**

爱德华·斯通牧师出生于英格兰的奇平诺顿地区，他很早就注意到人们在使用白柳（*Salix alba*）的树皮，他亲自尝过后发现很苦，于是怀疑它可能与当时叫作"秘鲁树皮"的东西有着相同的功效。这种治疗发热的方法，也被称为奎宁疗法（金鸡纳属植物，详见第 204—205 页），虽然应用很广泛但花费昂贵，因此他想寻找到一种廉价的当地的替代品。在接下来的六年里，斯通对包括自己在内的 50 名患有炎症性疾病和发烧的患者进行了临床试验。在 1763 年，他给时任英国皇家学会主席的麦克莱斯菲尔德伯爵写信，提交了他的重要研究成果。虽然普通人早已知道柳树的用处，但斯通的信首次引起了医学界的注意，将水杨酸盐带到了现代历史的舞台上。

后来的研究结果进一步证实了斯通的发现，在 19 世纪 20 年代末，水杨苷最终从柳树的树皮中被分离出来。几年之后，水杨醛也通过蒸馏的方法从螺旋果蚊子草 [*Filipendula ulmaria* (L.) Maxim. 异名 *Spiraea ulmaria* L.] 中被提取出来，并由此制备了活性化合物水杨酸。后来，水杨酸又可以从柳树皮中提取的水杨苷中直接分离，而从杜鹃花科植物匍枝白珠

上图：白柳是一种生长在欧洲、北美洲和温带亚洲的直立乔木，它的雄花和雌花组成柔荑花序，分别生长在不同枝条的顶端。

（Gaultheria procumbens）的树脂中所含的水杨酸甲酯制备水杨酸是第三种获得这种物质的途径。水杨酸是一种植物激素，具有多种生理功能和防御害虫的作用，因此广泛存在于许多植物中。不过，有一些植物，如柳树，可以以水杨酸盐的形式大量积累水杨酸，如水杨苷和水杨酸甲酯，当植物需要时，或在当它被吞入动物的消化道中时，它们就会转化为水杨酸。

强和弱

虽然水杨酸盐是一种有效地治疗疼痛、发烧和炎症的手段，但它也有一个严重缺陷，即有很强的胃毒性。这其中的原理，直到 1971 年阿司匹林的生物学效应被发现以后，才最终被解释清楚。通过抑制环氧合酶的作用，水杨酸盐可以阻止前列腺素的产生。前列腺素被称为局部激素，它能调节许多生理过程，例如疼痛感、体温、胃黏膜中的保护性黏液量以及血小板聚集和凝结的能力。尽管低剂量阿司匹林可以通过对血小板的影响来预防某些中风的发生，但如果剂量过高会降低胃黏膜中的黏液保护，并导致因胃溃疡出血而引发的死亡。

下图：罗旋果蚊子草（Filipendula ulmaria）是一种生长于欧洲和温带亚洲的多年生草本植物，它通常能长到 60 ～ 120 厘米高，它的花序不太规则。

退烧药——奎宁

金鸡纳树（*Cinchona* spp.）是一种原产于中部和南部美洲热带山地的植物，当地人用它们的树皮熬汤来治疗反复性的发烧。这种疗法可能是由耶稣会的牧师（详见第205页小贴士）传入欧洲的，但人们很快发现此方法只对部分发烧有效。1820年，人们首次从金鸡纳树里面分离出活性化合物——奎宁，而在大约60年后，人们才首次在显微镜下观察到了疟原虫。随着第二次世界大战的爆发，金鸡纳树皮的全球供应被中断了（当时世界上的金鸡纳树皮几乎全部来自爪哇），人们开始研究其合成替代品，最终其合成替代品在治疗疟疾上取代了金鸡纳树的卓越地位。今天，世界上大部分金鸡纳树的生产供应已经主要服务于软饮料工业，但仍有一小部分金鸡纳树在药物中扮演着重要的角色。

奎宁

左图：**奎宁是金鸡纳树皮所含的喹啉类生物碱中最主要的一种，也是汤力水中苦味口感的来源。**

金鸡纳树和它的生物碱

学名 *Cinchona pubescens* Vahl 和 *C. calisaya Wedd.*（异名 *C. ledgeriana* (Howard) Bern. *Moens ex Trimen*）	**毒素种类** 喹啉类生物碱（奎宁、奎宁丁、金鸡纳丁、辛可宁）
俗名 金鸡纳树、退烧树、耶稣会的树皮、秘鲁树皮	**人类中毒症状** 循环系统：心律失常、低血压、循环衰竭、心脏骤停 神经系统：视力模糊、失明、耳鸣、耳聋 消化系统：恶心、呕吐、腹痛、腹泻
科名 茜草科	**其他**：头痛、流汗

金鸡纳树的历史可以形象地由它的各种俗名反映出来，例如退烧树、耶稣的树皮和秘鲁树皮等等。而它的属名 *Cinchona* 则是一个拼写错误。一位名为 Chinchón 的伯爵夫人曾用这种树皮治好了她的发烧，后来这种植物就以她的名字命名的，所以应该被拼写为 "Chinchona"。在传统医学中，这个属的植物都被用来做药。但实际上在这个属约20种植物中，只有2种[黄金鸡纳（*Cinchona callisaya*）和鸡纳树（*C. pubescens*）]具有经济价值，是活性化合物的来源。

左图：**黄金鸡纳（*Cinchona callisaya*），是一种原产于玻利维亚和秘鲁热带雨林中的常绿灌木到小乔木，它的树皮是工业生产抗疟疾药奎宁的主要来源。**

奎宁是金鸡纳属植物中最主要、最著名的生物碱，但其他富含喹啉的生物碱，例如奎宁丁、金鸡纳丁和辛可宁，也在这类植物中以不同比例存在着。在 1866 年至 1868 年间，研究者曾对 3 600 名患者进行了最早的大规模临床试验，发现奎宁和其他三种生物碱的硫酸盐对治疗疟疾非常有效。所有 4 种生物碱在阻止由疟疾引发的反复性突发高热的效果均超过了 98%。

目前，奎宁的使用在很大程度上已经被其他毒性更低的抗疟药物取代，例如人工合成的氯喹，以及菊科植物黄花蒿（*Artemisia annua*）中的天然产物青蒿素。（译者注：科学家屠呦呦因发现青蒿素获得了 2015 年诺贝尔生理医学奖。）然而，由于疟原虫抗药性的出现，奎宁仍用于治疗极为严重的病例。

奎尼丁是奎宁的一种立体异构体，目前用于心脏并发症，包括心律失常、心房扑动和房颤等。一些国家还允许将奎宁或奎尼丁作为一种骨骼肌松弛药物来治疗夜间抽筋，但一些研究指出长期使用这类药物可能会有潜在风险。

金鸡纳中毒和苦味的奎宁酒

杜松子酒和汤力水是殖民地时期大英帝国派驻在亚洲和非洲官员们的首选饮品。奎宁是汤力水中产生苦味的物质，这种饮品也作为预防疟疾的药物。今天，世界各地的汤力水里面仍含有奎宁，但其浓度已经非常低，以至于完全没有任何抗疟疾的功效，当然也无须为其安全性担心。

长期食用或过量服用奎宁、奎尼丁或金鸡纳树皮可能会导致一种被称为金鸡纳中毒的疾病，其症状包括头痛、耳鸣、腹痛、皮疹、异常出血 / 瘀伤和视觉障碍。大剂量奎宁可导致更严重的金鸡纳中毒症状，包括神经损伤性耳聋和失明、心律失常和心脏毒性而导致死亡。不过除严重病例外，如果停药，大多数金鸡纳中毒症状是可逆的。

左图：玻璃瓶装的硫酸奎宁，这种药物在 1860—1910 年由英国宝来维尔康公司生产，作为当时治疗疟疾最重要的药物。

上图：在东南亚地区沙捞越的一幢长屋前正在干燥的金鸡纳（*Cinchona* spp.）树皮。自 19 世纪末以来，金鸡纳树就在美洲本土以外的地方广泛种植。

耶稣会的树皮

16 世纪，耶稣会传教士来到新世界，并开始在他们布道的地区建立药店，类似于当时的欧洲药剂师们。起初，他们从欧洲进口药物，但同时他们也开始研究当地的药物，并从当地药物中寻求一些补充。牧师们观察到秘鲁土著克丘亚人用金鸡纳树皮煎水来抑制颤抖，这是发烧和疟疾的症状之一（疟疾可能是通过非洲奴隶从非洲大陆引入南美的）。据传，耶稣会的传教士们在 17 世纪 30 年代把这种树皮的粉末引入欧洲。在 1677 年，金鸡纳树皮首次作为治疗发烧或疟疾的药物出现在《伦敦药典》（*London Pharmacopoeia*）上。

抗胆碱解毒剂——毒扁豆碱

毒扁豆（*Physostigma venenosum*）是一种豆科的多年生藤本植物，它一般生长在热带非洲的河岸边。它的果实大而长，里面通常含有 2～3 枚深棕色的种子，种子可以漂浮在水中，借助水流传播到远方。这些种子里含有多种毒素，可以防止在它们顺水漂流的过程中被鱼吃掉。人们最初把它作为一种剧毒的毒药使用，但最近又发现它可以作为托品类生物碱中毒的解毒剂，用来治疗重症肌无力。

吾之蜜糖彼之砒霜

学名
Physostigma venenosum
Balf.
俗名
毒扁豆
科名
豆科

毒素种类
毒边豆碱
人类中毒症状
循环系统：脉搏变慢变弱
神经系统：头晕、晕厥、瞳孔缩小、抽搐
消化系统：唾液增多，无意识排尿和排便
皮肤：出汗增加
其他：呼吸困难

毒扁豆碱

左图：毒扁豆碱是一种吲哚类生物碱，也被称为伊色林。它能够抑制乙酰胆碱酯酶。

19 世纪的毒理学家对从尼日利亚运来的毒扁豆很感兴趣。当 19 世纪 60 年代从毒扁豆中分离出了其活性化合物毒扁豆碱（伊色林）之后，人们发现这种物质对人体的影响似乎与阿托品和类似的托品生物碱（详见第 80—83 页）的作用完全相反，因此有人认为它们虽然对于一些人来说是毒药，可也是一种有效的解毒剂。1871 年，45 名儿童和一名成人在利物浦码头卸货时吃了掉下来的一种豆子后生病。这种豆子就是毒扁豆，当时这些患者迅速用阿托品解毒，除了一人之外，其他人全部获救。现在我们已经知道，毒扁豆碱并不是阿托品的真正拮抗剂，但它也是一种很好的解毒药，因为它能迅速通过血脑屏障，而且这两种物质可以通过影响神经信号传输过程中的不同点来发挥其完全相反的作用。

老卡拉巴尔的杀人豆

在 19 世纪 40 年代，苏格兰传教士在尼日利亚的卡拉巴地区发现了一种通过折磨进行审判的做法。对于那些被指控诸如谋杀、强奸、巫术等重罪的人，审判者会给他们服下一种卡拉巴豆。据说真正有罪的人会被毒死，无罪的人则不会受任何影响，可以完好地走出去。当地人深信这种做法，数以百计的人愿意吞下豆子来证明他们是无辜的。这种豆子甚至被用作决斗的武器。挑战者会吃掉一半的豆子，而他的对手会吃下剩余的部分。两人将会一直这么下去，直到其中一人或者两个人全部毒发身亡。

传教士们对这种豆子的特殊特性感到好奇，于是便把样品送回了苏格兰，毒理学家在这种豆子里发现了它的医用潜力。但人们总也想不明白这些豆子怎么能区分有罪还是无罪呢？后来有一种理论认为，无辜的人会尽可能快地吞下豆子来证明自己的清白。而那些真正有罪的人则会磨磨蹭蹭，他们在吞咽之前通常会咀嚼和犹豫，想推迟不可避免的后果发生，但正是这样做才让他们增加了和毒素接触的量和时间 [卡拉巴豆（毒扁豆）的照片在 197 页]。

医疗福利

毒扁豆碱可以阻断乙酰胆碱酯酶的作用，这种酶负责分解兴奋性神经递质乙酰胆碱。乙酰胆碱浓度过高会导致神经处于过度刺激状态，这可能是灾难性的，也是毒扁豆碱中毒的原因。然而，在重症肌无力（一种引起肌肉无力的自身免疫性疾病）的情况下，乙酰胆碱受体无法做出有效的反应。因此，当使用毒扁豆碱，尤其是其衍生物新斯的明，可以阻止乙酰胆碱分解，从而提高乙酰胆碱的浓度来引起神经兴奋。毒扁豆碱的另一种衍生物，利凡斯的明，则被用于治疗阿尔茨海默病。

从芸香科植物解表木（*Pilocarpus* spp.）叶子中分离出的毛果芸香碱是阿托品的直接拮抗剂——它和阿托品可以作用于同一种乙酰胆碱受体，但在效果上是刺激这些受体而不是关闭它们。毛果芸香碱对人体的影响与毒扁豆碱基本相同，因为它们都主要影响副交感神经（这类神经参与身体休息和消化等反射），因此它们有一些类似的医学应用。

毛果芸香碱和毒扁豆碱都能够用来治疗青光眼（特别是眼睛内液体的积聚对视神经施加压力导致的青光眼），它们能够让瞳孔收缩从而使液体更有效地从眼睛内部排出来缓解症状。毛果芸香碱和毒扁豆碱的其他应用还包括治疗口腔干燥，这种症状是头颈部癌症放疗后经常出现的，不过即便在正常剂量下，毛果芸香碱也有使人产生混乱、幻觉和躁动等副作用。

左图： 毒扁豆（*Physostigma venenosum*）是一种产于中非西部的木质藤本，它能长到 15 米高，并能结出含有 2 ～ 3 枚种子的巨大果荚。

右图： 解表木（*Pilocarpus pennatifolius*）是一种具有芳香气味叶片的 3 ～ 5 米高的灌木或小乔木。它含有低浓度的毛果芸香碱，医药工业中则主要是从原产巴西的小叶解表木（*Pilocarpus microphyllus*）中提取毛果芸香碱。

抗癌物质——长春花生物碱

长春花生长在马达加斯加岛南部和东南部的雨林里，因此在西方，它也被称为马岛长春花。在几个世纪之前，这种植物从它的原产地扩散到世界上其他一些地方。现在，它作为一种美丽的观赏植物被广泛种植，并在热带和亚热带的许多地方成功归化。除了作为观赏植物，长春花还在许多引种这种植物的国家的传统医药中扮演着重要角色。在20世纪50年代，长春花改变了许多白血病患儿的命运。

由糖尿病引发的

学名	毒素种类
Catharanthus roseus (L.) G. Don（异名 *Vinca rosea* L.）	长春花生物碱（特别是长春新碱和长春碱）
俗名	人类中毒症状
长春花、马岛长春花	消化系统：恶心、呕吐、便秘、肠梗阻
科名	其他：免疫抑制
夹竹桃科	

长春花在不同地区的传统医学中被用来治疗多种疾病。20世纪50年代，在牙买加用长春花治疗2型糖尿病引起了加拿大西安大略大学的科学家罗伯特·诺布尔（Robert Noble，1910—1990）和查尔斯·比尔（Charles Beer，1915—2010）的注意，当时他们正在研究长春花潜在的导致低血糖的活性。他们发现，长春花提取物对血糖水平并没有影响，取而代之的是实验动物最后都因为白细胞大量降低而死于细菌感染。这一结果被认为是一个意外收获，并暗示这种植物可能具有潜在的抗癌功效，于是人们开始进一步的研究长春花所含的活性成分。与此同时，礼来制药公司与美国国家癌症研究所（详见第209页小贴士）新建立的发展治疗计划合作，对1 500种植物提取物进行了研究。这些植物就包括长春花，因为它在菲律宾也被用来治疗糖尿病。

提高白血病患者的存活率

到目前为止，在长春花中已经发现了超过150种生物碱。它们主要为萜类吲哚生物碱，很多种类在夹竹桃科的其他植物中也存在。抗肿瘤活性主要体现在长春花中一些二聚吲哚（双吲哚）生物碱中，其中最重要的是长春碱和长春新碱。这类生物碱被称为长春花生物碱，英文名却用了蔓长春花的属名（*Vinca*），这是因为瑞典植物学家卡尔·林奈在1759年最初描述这种植物的时候将它置于蔓长春花属中，后来的植物

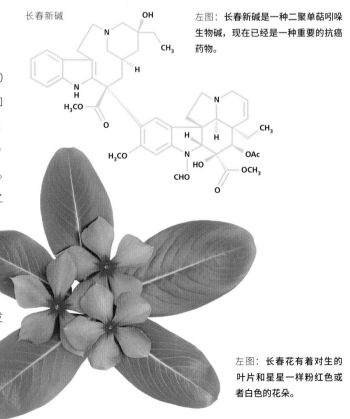

长春新碱

左图：长春新碱是一种二聚单萜吲哚生物碱，现在已经是一种重要的抗癌药物。

左图：长春花有着对生的叶片和星星一样粉红色或者白色的花朵。

致命植物

208

上图：很多国家都种植长春花，包括其原产地马达加斯加。人们收割它的叶子和花用来提取长春花生物碱。

学家将长春花转移到一个新的属中，但对于其生物碱的命名却被保留了下来。

与其他天然产物，包括紫杉醇（详见第46页）、秋水仙素（详见第152—153页）和鬼臼毒素（详见第210—211页）作用机制相同，长春花生物碱通过抑制细胞分裂来发挥抗癌作用。它们与微管蛋白结合，阻止微管的形成，没有微管，癌细胞就无法分裂。植物中的长春碱和长春新碱的含量实际上非常低，生产1克的长春新碱需要500公斤以上的长春花。幸运的是，人们现在已经能够从植物中含量较高的简单生物碱通过半人工合成来获得这些化合物。

白血病是儿童最常见的癌症，占所有儿童癌症病例的近三分之一。30年前，只有患急性淋巴母细胞白血病（ALL）的一半的患儿才存活下来，这还是白血病的最普通的一种。而到今天，由于长春新碱的广泛使用，被诊断为白血病的儿童10年存活率已经是20世纪70年代的4倍。现在，儿童白血病5年存活率已经上升到88%，而对于ALL而言，这一数字已经提升到92%。

大海捞针

长春花生物碱的发现，以及从北美桃儿七（详见第210—211页）发现鬼臼毒素型木脂素这两个案例促使美国国家癌症研究所（NCI）和美国农业部合作，他们从数千种植物中收集材料，试图寻找新的抗癌药物。20世纪60年代之前，他们的筛选的主要目标是微生物的天然产物或者经过发酵以后的产物。此后，NCI把筛选的重心转移到植物上来，他们对许多不同的肿瘤类型通过高通量筛选了数千种植物提取物，成功开发出紫杉醇（最初来自短叶红豆杉；详见第46页），用于治疗乳腺癌和卵巢癌。

优点和缺点——鬼臼毒素

北美桃儿七是一种生长于美国中东部森林地区的草本植物。它在东亚有一个近亲——桃儿七，有的时候后者也被放置在另外一个属桃儿七属（*Sinopodophyllum*）中。北美桃儿七的属名 *Podophyllum* 意思是像"脚掌一样的叶子"，它是一种多年生植物，有着地下横走的根状茎，其上长出长长的茎和具有掌状分裂叶片的叶子。这类植物根状茎中的乳汁在北美和亚洲的传统医学中有多种用途，而在现代西方医学体系中，常常将它外敷来治疗某些肉瘤。这些植物乳汁的提取物目前也被用于合成新的抗癌药物。

北美桃儿七的老用途

学名：
Podophyllum peltatum L. 和 *P. hexandrum* Royle [异名 *P. emodi Wall. ex Honig-berger, Sinopodophyllum hexandrum* (Royle) T.S.Ying]

俗名
P. peltatum—北美桃儿七；
P. hexandrum—桃儿七

科名
小檗科

毒素种类
鬼臼毒素

人类中毒症状
循环系统：低血压
神经系统：抑制中枢神经系统，外周神经病
消化系统：肠炎、呕吐、腹泻
皮肤：刺激，化学烧伤（局部使用）

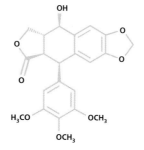

鬼臼毒素

左图： 鬼臼素含有木脂素化合物鬼臼毒素，用来治疗生殖器疣。

如果没有异味，北美桃儿七的果实是可食的，不过这种植物其余的部分是有毒的。尽管它还有另外一个名字叫美洲曼陀罗，但其实它所含的化学物质跟真正的曼陀罗相去甚远，后者主要含托品类生物碱（详见第 80—83 页）。传统上，美洲土著人用北美桃儿七的根状茎和根磨成粉制成汤剂，内服，作为驱虫药（去除寄生虫）、呕吐药（诱导呕吐）和泻药，这种做法其实并不是完全没有风险。它同样也可以外敷治疗肉瘤和皮肤生

右图： 北美桃儿七有横走的根状茎，在其节上会长出长长的地上茎。地上茎上会着生一对叶片，在叶腋处有一朵花。

药用植物的可持续性

今天，在全球贸易市场上交易的大多数药用植物都是野生植物，而非人工种植的。生境的破坏，加上对草药需求的增加，使人们对野生药用植物资源的可持续性越来越担忧。随着植物越来越稀少，它们作为商品的价值不断增加，由此给野生植物种群带来了额外的压力，因此保护它们成为一个迫在眉睫的问题。

国际社会为了解决这一问题，起草并通过了《濒危野生动植物种国际贸易公约》（CITES）。除了我们熟知的大型哺乳动物如虎（*Panthera tigris*）之外，许多药用植物现在也被列入 CITES 公约，这其中就包括桃儿七，它被认为是目前因过度开发受威胁的植物物种之一。CITES 公约禁止植物所有部分的国际贸易，但不包括种子、花粉和商业成品。自 1984 年以来，从印度出口桃儿七及其产品已被禁止，但目前认为仍有相当数量的非法贸易仍在暗中进行。

右图：桃儿七可以长到 20～50 厘米高，它的果实成熟的时候是红色的，内含许多种子。

长问题，以及治疗溃疡和疮伤。

分布于喜马拉雅山脉以及与山脉接壤的国家包括阿富汗和中国西部的桃儿七，在当地传统医药中的应用和北美桃儿七类似。它的根状茎常常被用作通便剂、泻药和抗风湿药。

鬼臼素树脂及其有效成分

从上述两种北美桃儿七属的植物根状茎提取物中可以获得一种叫作鬼臼素的植物乳汁，它的活性化合物是木脂素。桃儿七根状茎产生的植物乳汁比北美桃儿七要多（在桃儿七中，能产生 12% 的植物乳汁，其中含有 50%～60% 的木脂素，而在北美桃儿七中，只能产生 2%～8% 的植物乳汁，其中含有 14%～18% 的木脂素）。鬼臼素在一些局部治疗疣的处方药中有应用，例如它被应用在一些治疗由人类乳头状瘤病毒引起的生殖器疣药物中。但是这种细胞毒性的木脂素（其中最重要的就是鬼臼毒素）毒性太大，因此只能外用，不能内服。

抗癌活性

鬼臼毒素于 1880 年首次被分离出来，到了 1932 年，人们阐明了其化学结构。尽管这种物质不只存在于北美桃儿七中，但在其他植物中它的含量非常低。在 20 世纪 40 年代，人们发现，与秋水仙碱（详见第 152—153 页）一样，鬼臼毒素能与微管蛋白结合，阻止微管形成，从而阻止细胞分裂。这种作用机制是多种药物的基础，包括长春花生物碱（详见第 208—209 页）和紫杉醇（源自太平洋红豆杉；详见第 46 页），它们被用于治疗一系列癌症。

尽管鬼臼毒素有抗肿瘤活性，但由于其非常强的胃肠毒性，被认为并不适合临床使用。不过，这种化合物是重要的人工半合成许多衍生物前体，这些基于鬼臼毒素的半合成衍生物具有非常好的抗癌活性，而且毒性要小很多。这些衍生物中就包括了著名的用于治疗微小细胞肺癌的依托泊苷和用于治疗脑肿瘤的替尼泊苷。

治疗痴呆症的药物——加兰他敏

痴呆症，尤其是阿尔茨海默病，影响着全世界 4 750 万人。目前很多研究把重点放在开发能够预防或治疗该病的药物上。迄今为止，五种治疗阿尔茨海默病的药物中，有两种是从植物中提取的，其中一种是加兰他敏，这种物质在石蒜科的很多成员中都有，包括雪滴花（*Galanthus* spp.）、水仙花（*Narcissus* spp.）和雪片莲（*Leucojum* spp.）。

从小儿麻痹症到阿尔茨海默病

学名
Narcissus pseudonarcissus L.

俗名
黄水仙、水仙花

科名
石蒜科

毒素种类
生物碱（加兰他敏）

人类中毒症状

循环系统：心率缓慢，心律失常

神经系统：头晕、癫痫（抽搐）

消化系统：恶心、呕吐、大便增加

其他：出汗、排尿增多、肌肉无力或痉挛

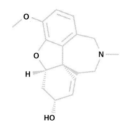

加兰他敏

左图：加兰他敏是一种结构上有改变的异喹啉生物碱。它在石蒜科很多种类中都存在，临床上用于缓解阿尔茨海默病的进展。

加兰他敏获得一种药物许可的故事，要从 20 世纪 50 年代说起。据说当时的一位俄罗斯药理学家注意到生活在高加索地区乌拉尔山脚下的居民用当地野生的一种绿雪滴花（*Galanthus woronowii*）来治疗小儿麻痹症。1952 年，人们从绿雪滴花中分离出了加兰他敏。几年以后，这种化合物在保加利亚作为药品上市，用于治疗小儿麻痹症和神经肌肉疼痛。

加兰他敏生物碱存在于石蒜科许多植物的叶和鳞茎中，它们被认为可以保护这些植物免受食草动物和微生物感染。药理研究表明，加兰他敏具有抗胆碱酯酶活性，它能够抑制这种酶降解大脑中的神经递质乙酰胆碱，从而帮助维持乙酰胆碱的正常水平。由于加兰他敏很容易通过血脑屏障，并且通过刺激烟碱受体也能带来一些有帮助的效用，因此被选为治疗阿尔茨海默病理想的候选药物。

加兰他敏的临床试验始于 20 世纪 90 年代，经过几年的跟踪，加兰他敏一直表现出对阿尔茨海默病的临床治疗有帮助，

左图：加兰他敏最早是从分布于高加索和土耳其地区的绿雪滴花（*Galanthus woronowii*）中被分离出来，现在人们已经知道它广泛分布于石蒜科的许多植物中。

左图：黄水仙的栽培品种"卡尔顿"是加兰他敏的重要来源。它是一种广泛种植的园艺植物，早在 1927 年前，就由珀西瓦尔·D. 威廉姆斯（Percival D. Williams）在英国培育成功。

尽管这种效果并不十分显著。从 2000 年开始，这种生物碱在英国已经批准成为治疗阿尔茨海默病的药物，它在美国以及欧洲和亚洲的其他一些国家也同样批准上市。另外一种从植物中提取的治疗痴呆症的药物是利凡斯的明，它与毒扁豆中所含的毒扁豆碱在化学结构上很类似（详见第 206—207 页）。

药物来源

尽管加兰他敏可以人工化学合成，但黄水仙（*Narcissus pseudonarcissus*），尤其是它的栽培品种"卡尔顿"是中欧和西欧大规模生产这种化合物的主要来源。研究表明，相比于生长在海平面的植物，生活在高海拔地区的变种能够产生更多的加兰他敏。英国是世界上最大的黄水仙种植国家，其商业种植面积超过 4 000 公顷（10 000 英亩），其中大部分黄水仙种植在威尔士布雷肯附近的黑山。

在欧洲的某些地区，加兰他敏是从夏雪片莲（*Leucojum aestivum*）的野生种群中提取的。由于生产 1 克加兰他敏需要 1 公斤鳞茎，这导致了夏雪片莲自然种群枯竭。出于可持续发展的考虑和日益增长的全球需求，近年来人们开始着重寻找新的生产方法，例如通过克隆细胞的培养，尤其是对夏雪片莲的细胞进行克隆。在中国，人们主要从栽培的石蒜中提取加兰他敏，而在乌兹别克斯坦和哈萨克斯坦，来源植物被换成了一种辐花石蒜。

莫利和水仙

古希腊诗人荷马是第一个记录用植物来给人解毒的人。在公元前 8 世纪他完成的著作《奥德赛》（*Odyssey*）中，奥德修斯听从了赫尔墨斯的建议，用一种叫作莫利的药草来给被喀耳刻女巫用毒药变成猪的同伴解毒。后来，植物学家卡尔·林奈便用了莫利这个名字给黄花茖葱（*Allium moly*）命名，这种植物有着金黄色的花朵。但是根据荷马的记载，莫利是一种有着黑色的根、牛奶一样白的花朵的植物，人们推测莫利更可能是雪滴花（*Galanthus nivalis*）或者同属的植物。

石蒜科的另一种植物——水仙，也是从希腊神话中获得它的名字。一位名叫纳西索斯的年轻人以美貌闻名，但他却拒绝所有接近他的人。有一天，当他走在水边时，他被自己的倒影迷住了，忘记了其他的一切，但最终却因为在岸边无法触碰到倒影而伤心死去。

右图：生长于欧洲大陆的雪滴花可能才是荷马笔下的植物莫利。

引起兴奋—麻黄生物碱

麻黄是几千年中药历史长河中非常重要的一味药。它最早的记载见于《神农本草经》中，这是中国最早的一部药典。今天，药物麻黄可以从麻黄属（*Ephedra*）的 4 种植物中获得，这其中就包括了草麻黄（*Ephedra sinica*），一种原产于中国北部、蒙古和俄罗斯部分地区的植物。事实上，全球至少三分之二的麻黄属植物被用作药物，它们是抗感冒和流感药物的主要来源。不幸的是，麻黄也是一种容易被滥用的毒品。

一种古老的药物

学名
Ephedra sinica Stapf 和其他植物

俗名
草麻黄、沙漠之茶

科名
麻黄科

毒素种类
生物碱（麻黄碱、伪麻黄碱、去甲麻黄碱）

人类中毒症状
循环系统：高血压、心律失常、心动过速

神经系统：瞳孔扩大、烦躁不安、易怒、失眠、头痛、癫痫、中风

消化系统：食欲不振、恶心、呕吐

其他：尿潴留，呼吸困难

麻黄属隶属于麻黄科，这个属并不大，包含 54 种植物，主要分布于北半球温带地区和南美洲西部。有证据表明，麻黄可能是人类最早使用的药用植物。公元前 60000 年位于伊拉克沙尼达尔洞穴的一处尼安德特人墓地中，发现了一些药用植物花粉，这其中就包括了高麻黄（*E. altissima*）。不过，也有一些科学家对麻黄的球花是特意放在坟墓里的说法持不同意见，因为花粉可能是由穴居啮齿动物引入的。

下图：草麻黄（*Ephedra sinica*）是一类裸子植物，它和针叶树亲缘关系比较近，包括红豆杉。它们的茎是光合作用的主要器官，球果由许多肉质的苞片组成。

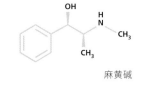

麻黄碱

左图：**麻黄碱是一类在结构上以及在刺激身体兴奋的效果上都与肾上腺素很相似的生物碱。**

不管是否有争议，麻黄在传统医学体系中的应用无可争辩，它被用于治疗包括哮喘、花粉热和其他过敏，以及诸如支气管炎、肺气肿、感冒和流感等呼吸道疾病。麻黄治疗这些疾病的有效性是毋庸置疑的，但是活性化合物的滥用要求我们需要严格控制它们的使用。

从麻黄碱到安非他明

麻黄属的植物含有多种不同的生物碱，包括麻黄碱、伪麻黄碱、去甲麻黄碱、去甲伪麻黄碱、甲基麻黄碱和甲基伪麻黄碱。不同植物所含的生物碱差别非常大 [产于北美内华达的麻黄 (*Ephedra nevadensis*) 甚至完全不含上述这些麻黄碱]，而在同一株植物的不同部位，含量差别也很大，这些生物碱一般在绿色的茎和叶中含量较高，在根和球果中几乎没有。

麻黄碱和相关生物碱通过模拟身体自然产生的有效化合物（内源性激动剂）与受体结合并激活受体从而刺激神经系统。它们是肾上腺素受体（麻黄碱）和去甲肾上腺素受体（去甲麻黄碱）的强效刺激剂，调控身体"战斗还是逃跑"反射。这些药物的直接作用包括收缩血管、升高血压、加快心率、扩张支气管，使呼吸更容易，以及增加能量消耗（产热效应）。

麻黄碱和伪麻黄碱是麻黄属植物中发现的两种主要生物碱，它们已被用于治疗咳嗽、感冒和鼻窦炎的减充血性药物。然而，这些生物碱在结构上与合成的安非他明非常相似，麻

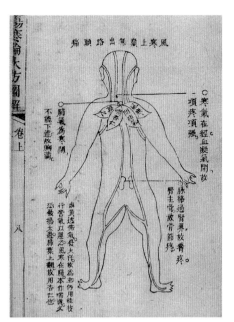

左图：这幅 1833 年的木刻插图以及上面的文字展示了用麻黄汤治疗疾病的原理和效果。

黄碱仅在羟基上与甲基安非他明（译者注：俗称冰毒）不同，导致一些人使用这些药物来非法生产安非他明。为了阻止这一现象，目前对含有这类生物碱的药品销售通常是有限制的。例如，在英国，这类药物只能在药店由药剂师或在药剂师的监督下合法出售，如果在没有处方的情况下，只允许售出最少量的药物以确保其中生物碱含量保持在最低水平。

销售草药麻黄同样受到限制，它们被称为"植物摇头丸"。尽管有这些法律上的限制，但未经加工过的麻黄植株以及含有麻黄生物碱的一些产品仍然在互联网上公开销售，这对那些不知道麻黄极其危险的副作用的消费者构成了潜在危险。

下图：中药麻黄是产于中国和印度的任意一种麻黄属植物的干燥的茎，当然这其中草麻黄是最常用的一种。

为了美而被滥用

麻黄及其生物碱的刺激作用，包括抑制食欲、减肥和增强运动能力，导致越来越多的健美运动员和那些试图快速减肥的人使用含有麻黄或麻黄碱的补充剂（尤其是与其他兴奋剂联合使用，包括咖啡因）。高剂量的咖啡因被认为能增强麻黄碱刺激心血管的作用。然而，这些饮食和运动补充剂的使用已经引发了数起因心脏病发作和中风致死的案例，因此它们在欧盟和美国被禁止使用。世界反兴奋剂机构也已经将麻黄碱和相关生物碱列入禁止使用的兴奋剂名单。除了消费者滥用这些产品外，一些生产商也被发现在草药"麻黄"制剂中偷偷加入合成的麻黄类生物碱。

天然杀虫剂——印楝素

印楝原产于印度次大陆和东南亚。在印度传统医学中，这种植物的所有部分都被用来治疗各种疾病，包括皮肤病、疟疾和肠道寄生虫。传统上，把印楝叶和种子提取物涂在身上可防治虱子的侵扰，而在储存的衣物和食品中放几片干的印楝叶也能保护它们免受霉菌和害虫的侵害。人们观察到蝗虫从来不吃印楝树，这一现象引起了人们进一步的研究。从印楝的果实和种子中提取的印楝油，以及活性化合物印楝素，现在被广泛用于制作肥皂和洗发水，同时它也是最重要的植物性杀虫剂之一。

天然的杀虫剂

学名
Azadirachta indica A.Juss. (异名 *Melia azadirachta* L.) 和 *A. excelsa* (Jack) Jacobs

俗名
A. indica：印楝；*A. excels*：高大印楝

科名
楝科

毒素种类
三萜类柠檬酸盐 (印楝素)

人类中毒症状
循环系统：心律不齐
神经系统：嗜睡、癫痫、昏迷
消化系统：恶心、呕吐、腹痛
其他：肝功能衰竭

1952 年，德国昆虫学家海因里希·施穆特瑞 (Heinrich Schmutterer) 首先向西方科学界报告了印楝的拒食效应，他观察到一群沙漠蝗虫 (*Schistocerca gregaria*) 吞食了它们迁徙路线上几乎所有的植物树叶，唯独印楝完全不受影响。这一报道不仅让人们开始研究印楝及其所含的活性化合物，而且还激发了人们尝试用植物杀虫剂作为化学合成杀虫剂替代品的广泛兴趣。1968 年，人们从印楝的种子中分离出来了活性化合物印楝素，这一发现正逢其时，因为 1962 年雷切尔·卡森 (Rachel Carson) 撰写的《寂静的春天》(*Silent Spring*) 一书首次让人们意识到不易降解的农药所带来的危机，而在 1972 年，美国彻底禁止了 DDT 的使用。

印楝，或者叫印度楝，在许多热带和亚热带地区作为行道

左图：有一些鸟以印楝的果实为食，这其中就包括噪鹃 (*Eudynamys scolopaceus*)，这是一种生活在东南亚热带森林中的一种鸟，图中的是一只雌鸟。

上图：印楝素是一种结构上有调整的柠檬酸三萜类化合物。它是印楝油中的活性化合物，也是一种重要的天然拒食性杀虫剂。

树、植树造林的树种以及大规模生产印楝素的经济作物加以种植，但是在非洲、中东和澳大利亚的一些地区，这种植物被当作入侵植物，并已经归化。分布于印度尼西亚、马来西亚、菲律宾、巴布亚新几内亚和越南，并已经入侵到新加坡和泰国的高大印楝的种子也是提取植物杀虫剂的一个来源。然而，尽管以印楝为原料的杀虫剂是合成化合物的一种很好的生物替代品，意外摄入印楝产品或种子已经导致多人死亡，其中大多数是儿童。

对昆虫的影响

尽管印楝杀虫剂的效果与印楝素含量直接相关，但印楝树中存在许多其他化合物（大多数也是三萜类柠檬酸化合物），它们的生物活性也对杀虫有一定效果。依照这些物质的自然组合来使用，有助于减少昆虫抗药性的产生。印楝素和其他一些印楝化合物的拒食活性体现在它们对昆虫口器上特定"忌避"细胞起作用，同时阻断其他刺激进食的受体细胞传递信号，最终导致昆虫饥饿和死亡。不同昆虫针对印楝素的行为差别也很大。对沙漠蝗虫的研究表明，它对印楝素作为拒食剂的敏感性特别高，在印楝素浓度仅为 0.04 单位 /100 单位的情况下，就已经呈现出明显的拒食效应。有趣的是，北美的许多蝗虫，包括美洲蝗虫（*Schistocerca americana*）虽然与前面所说的沙漠蝗虫是同一个属，但它们对上述低浓度下的印楝素就不敏感。

昆虫如果持续摄入印楝素，并不会立即死亡，但由于这类

上图：印楝（*Azadiachta indica*）可以长到 10 ～ 20 米高。它的复叶有很多成对的小叶，它的花序上常常有 150 ～ 250 朵白色小花。

化合物在许多生理过程中的综合作用，它们很快就会停止进食。印楝素还会干扰蜕皮和生长，例如它通过阻止蜕皮激素的产生和释放，导致蜕皮缺陷，并通过减少排卵和降低后代活力来影响昆虫的生殖。

其他植物杀虫剂

公元前400年左右，立陶宛诗歌中有这样一句话："地球上出现的害虫，地球本身就是解毒剂。"直到最近，人类还还在寻找战胜疾病和最大限度地提高作物产量的自然方法。在这方面，植物杀虫剂就起到了一定作用，随着目前逐渐摆脱对化学杀虫剂的依赖，人们正在重新研究植物杀虫剂的使用。除了印楝之外，茄科烟草属（*Nicotiana*；详见第 98—99 页）植物中的尼古丁，豆科鱼藤属（*Derris*）以及其他一些属植物中的鱼藤酮，菊科除虫菊（*Tanacetum cinerariifolium*，异名*Chrysanthemum cinerariifolium*）和红花除虫菊（*T. coccineum*，异名 *C. coccineum*）花序中的除虫菊酯都作为植物杀虫剂在全球发挥着重要作用。

左图：红花除虫菊（*Tanacetum coccineum*）的花朵。这是一种分布于高加索地区的多年生草本植物，它含有的除虫菊酯可以作为一种杀虫剂。

词汇表

乙酰胆碱：神经系统中能与毒蕈碱受体和烟碱受体结合的神经递质。

肾上腺素：神经系统中一种常见的神经递质。

生物碱：对人体有明显作用的含氮类化合物。

致敏性：能够引发过敏反应。

止痛剂：能够缓解或者消除痛觉反射。

拮抗剂：与另一种物质具有相反的作用，或者抑制另一种物质的活性。

抗胆碱能：能够抑制乙酰胆碱与神经系统中毒蕈碱受体和烟碱受体结合的化合物（参见抗毒蕈碱）。

解毒剂：能够消除毒素作用的物质。

拒食剂：在动物，特别是昆虫中，能够产生厌食效果或者阻止它们进食的物质。

抗毒蕈碱：能够抑制乙酰胆碱与神经系统中毒蕈碱受体结合的化合物。这种受体之所以被称为毒蕈碱受体是因为它们能被毒蕈碱激活（参见抗胆碱能）。

假种皮：种子外层的保护性结构，通常是肉质的。

心律失常：异常的心脏节律。

传统印度教医学（阿育吠陀医学）：发源于印度的传统药学体系。

巴比妥酸盐：一种有时用来治疗癫痫的安眠药。

双名法：由两部分组成的学名系统，例如植物的学名。

血脑屏障：大脑和脊髓中血液和细胞之间的生理屏障。

致癌性：有可能引发癌症。

中枢神经系统：高等动物中的大脑和脊髓。

栽培品种：在栽培育种中被选育出来的植物的变种。

细胞毒性：能够引起细胞死亡的化合物。

解毒：从一个系统中将毒素清除，或者通过化学异构使其变成无毒物质或毒性大大降低。

多巴胺：神经系统中的一种神经递质。

催吐剂：能够引起呕吐的化合物。

酶：能够催化化学反应的蛋白质。

糖苷：一种连有一个或多个糖基的非糖类化合物。

出血：造成流血（译者注：医学专有名词，指伴随有不同原因引发的出血症状）。

致幻剂：通过视觉或听觉上的假象来引起精神状态的改变。

肝毒性：对肝脏有损伤。

组胺：在炎症反应中最常见的信号化合物，尤其是因过敏引发的炎症中。

高血压：血压过高。

低血糖：血液中葡萄糖浓度过低。

低血压：血压过低。

张力过低：肌肉张力异常低；组织内渗透压过低。

肠梗阻：肠道堵塞，并伴有剧烈疼痛。

凝集素：能够选择性地与不同糖类结合的蛋白质。

线粒体：细胞内与能量产生相关的细胞器。

毒蕈碱受体：激活后能够传递神经信号的一种受体，通常可由乙酰胆碱激活，但同时也能被毒蕈碱以及类似化合物激活（参见烟碱受体）。

麻醉药：能够引发精神状态受损的药物，通常能够减轻疼痛和产生愉悦的情绪。

肾毒性：对肾脏有损伤。

神经元：神经细胞。

神经毒素：对神经细胞有损伤。

神经递质：由神经细胞释放的物质，它能够将信号传递到其他细胞。

烟碱受体：激活后能够传递神经信号的一种受体，通常可由乙酰胆碱激活，但同时也能被烟碱以及类似化合物激活（参见毒蕈碱受体）。

去甲肾上腺素：神经系统中的一种神经递质，通过连接甲基（−CH₃）可转变为肾上腺素。

水肿：由于身体组织或者腔体中体液的积累而引发的肿胀。

鸦片制剂：从鸦片中分离出来的麻醉物质。

阿片类药物：与吗啡有同样作用的化合物。

审判毒药：人们用来测试犯罪嫌疑人有罪还是无罪的化合物。

细胞器：细胞内执行特定功能的结构，例如线粒体。

渗透：溶剂分子（如水）通过半透膜从浓度较低的溶液进入浓度较高的溶液的过程。

渗透压：溶液引起渗透能力的度量。

副交感神经系统：人体神经系统中负责与"休息和消化"以及"繁殖和喂养"等自主性功能有关的植物神经系统。

周围神经系统：在高等动物中除了大脑与脊髓之外的神经

系统，包括了负责感官和自主运动的神经，以及在躯干和大脑间发送其他信号的神经。

光毒性：与紫外线联合作用产生毒性。

通便剂：泻药，通常具有明显的活性。

针晶：针样的结晶。

皂苷：植物产生的一类化合物，因其有水溶性的部分（糖基）连接在脂溶性的核心结构上，因此能在水中产生泡沫。

富集作用：昆虫通过摄取植物，而将其化合物不经修饰地储存在体内，用于自我防御的一种能力。

5-羟色胺：又称血清素，神经系统中的一种神经递质。

钠离子通道：细胞膜上的一种蛋白质，能够选择性地让钠离子通过。

类固醇：在化合物中发现的具有多种生理活性的化学结构，例如强心苷和性激素。

心动过速：心跳加快；一般来说，成人在休息时每分钟心跳超过 100 次可认为是心动过速。

分类学：命名、分类和将生物有机体排列起来的科学。

致畸：对正在发育过程中的胚胎造成损伤。

萜类：由两个或者多个异戊二烯组成的化合物（其结构见 27 页）。

毒素：由生物体，例如微生物、动物或植物产生的有毒物质。

毛被：叶子或者茎表面长出来的结构，例如柔毛或者刚毛。

液泡：含有无机和有机化合物水溶液的细胞器，其主要作用是储存。

血管收缩：限制血管直径的过程。

延伸阅读

Elizabeth A. Dauncey, with toxicity by Leonard Hawkins and Katherine Kennedy, *Poisonous Plants: a guide for parents and childcare providers*. Royal Botanic Gardens, Kew, 2010.

Paul M. Dewick, *Medicinal Natural Products: a biosynthetic approach*. 3rd edition, Wiley, Chichester, 2009.

John Emsley, *Molecules of Murder: criminal molecules and classic cases*. RSC Publishing, Cambridge, 2008.

Dietrich Frohne and Hans Jürgen Pfänder, *Poisonous Plants: a handbook for pharmacists, doctors, toxicologists, biologists and veterinarians*. Manson Publishing, London, 2005.

James R. Hanson, *Chemistry in the Garden*. Royal Society of Chemistry, Cambridge, 2009.

Kathryn Harkup, *A is for Arsenic: the poisons of Agatha Christie*. Bloomsbury Publishing, London and New York, 2015.

Michael Radcliffe Lee, *Plants: healers & killers*. Royal Botanic Garden, Edinburgh, 2015.

John Robertson, *Is That Cat Dead? And other questions about poison plants*. Book Guild Publishing, Brighton, 2010.

John Harris Trestail III, *Criminal Poisoning: investigational guide for law enforcement, toxicologists, forensic scientists, and attorneys*. 2nd edition, Humana Press, New York, 2007.

Nancy J. Turner and Patrick von Aderkas, *The North American Guide to Common Poisonous Plants and Mushrooms: how to identify more than 300 toxic plants and mushrooms found in homes, gardens, and open spaces*. Timber Press, Portland and London, 2009.

Michael Wink and Ben-Erik van Wyk, *Mind-altering and Poisonous Plants of the World: a scientifically accurate guide to 1200 toxic and intoxicating plants*. Timber Press, Portland and London, 2008.

图片来源

Illustrations on pages 17, 19, 20, 25, 30 (left & right), 31, 33 (top left & right) by Robert Brandt.

All images copyright the following (T = top, M = middle, B = bottom, L = left, R = right):

Alamy Stock Photo: 5 Wildscotphotos; 9R Homer W Sykes; 21 Lucy Turnbull; 23R blickwinkel; 42T age fotostock; 43T imageBROKER; 48 Garden World Images Ltd; 51 Homer W Sykes; 56 AfriPics.com; 58L Bramwell Flora; 61 Universal Images Group North America LLC/DeAgostini; 64B Manfred Ruckszio; 69TL Universal Images Group North America LLC; 69B mauritius images GmbH; 70L John Richmond; 71 blickwinkel; 76 Anne Gilbert; 77 blickwinkel; 80 blickwinkel; 85 Armands Pharyos; 86 Brian Van Tighem; 87 Pawel Bienkowski; 105T Yon Marsh Natural History; 110 Suzanne Long; 115B Rob Matthews; 116 age fotostock; 118 Stefano Paterna; 119B Stephanie Jackson – Aust wildflower collection; 129B Medicshots; 135 blickwinkel; 136 WILDLIFE GmbH; 139 WILDLIFE GmbH; 146R Design Pics Inc; 150 Tim Gainey; 156 imageBROKER; 157T Frank Hecker; 161B WILDLIFE GmbH; 162 imageBROKER; 163B Florapix; 166 Nigel Cattlin; 169 WILDLIFE GmbH; 173B Carol Dembinsky/Dembinsky Photo Associates; 178L Garden World Images Ltd; 185B Hilke Maunder; 187T Rick & Nora Bowers; 189T Florapix; 193B Richard Griffin; 200 Chrispo; 203B blickwinkel; 205T robertharding; 209 Minden Pictures; 211 Organica; 213T Graham Prentice; 214 WILDLIFE GmbH; 217T QpicImages.
Liz Dauncey: 74B.
John Grimshaw: 16R.
Nature Photographers Ltd: 9L Laurie Campbell; 14R Laurie Campbell; 50 Laurie Campbell; 100 Paul Sterry; 101T Paul Sterry; 128 E.A. Janes; 170 Paul Sterry; 172BR Paul Sterry; 192 Paul Sterry.
MedicalArtist.com: 46L.
Damir Repič:108B.
Science Museum, London, Wellcome Images: 196R, 205B.
Science Photo Library: 25T Biology Pics; 41M & B Trevor Clifford Photography; 108T Antonio Romero; 109T Sheila Terry; 197T Jerry Mason.
Shutterstock: 1, 2, 10, 28, 44, 62, 132 Geraria; 8 martaguerriero; 12 Alexander Mazurkevich; 13 AustralianCamera; 15 Martin Fowler; 16L Andrew Koturanov; 17T Ken Wolter; 18 BMJ; 19T D. Kucharski K. Kucharska; 20 plamice; 22T vseb; 22B Dr Morley Read; 23L Only Fabrizio; 24 vovan; 27 marilyn barbone; 33 Manfred Ruckszio; 34 Andrea Danti; 35BL Potapov Alexander; 35BR Oliver S; 36 Alila Medical Media; 37T siriboon; 37B Vector FX; 38 Somrerk Witthayanant; 41T Ariene Studio; 26 tristan tan; 42B Kelly Marken; 43B Catalin Petolea; 46R Manfred Ruckszio; 47T Volkova Irina; 47B Katsiuba Volha; 49 Alex Polo; 53TL kongsky; 53BL Porawas Tha; 53BR Cathy Keifer; 54 Morten Normann Almeland; 57T Panya7; 58R Boonchuay1970; 59B Alexlky; 64T Morphart Creation; 65T Shulevskyy Volodymyr; 65B Ammit Jack; 66 wasanajai; 67 Manfred Ruckszio; 70R Dolores Giraldez Alonso; 72 Wiert nieuman; 78 vagabond54; 79 Dennis van de Water; 81 A_lya; 82B KBel; 83B LFRabanedo; 88 Maljalen; 89 Carmen Rieb; 90 Morphart Creation; 92B Anne Kitzman; 93T Robert Biedermann; 93B Michael Avory; 95 Ammit Jack; 97T Catchlight Lens; 97B Bill Perry; 98 Dariusz Leszczynski; 102B topimages; 104 MaryAnne Campbell; 105B Olga Popova; 109M wjarek; 109B ncristian; 112 Niwat Sripoomsawatt; 113T the808; 113B SOMMAI; 114B joloei; 115T Kidsada Manchinda; 117 SAPhotog; 119T Popova Valeriya; 120 Bildagentur Zoonar GmbH; 121T Patana; 121B Madlen; 122 photo one; 123T mangbiz; 123B stolekg; 124BL Mariola Anna S; 124BR SRichard Griffin; 126R APugach; 127 Ann Louise Hagevi; 129T annalisa e marina durante; 130 Flashon Studio; 131T Tom Grundy; 131B Aggie 11; 140 Irina Borsuchenko; 141 Pixeljoy; 142L Annaev; 142R EM Arts; 143T FlorinRO; 143B Yayuyu210615; 144 Lotus Images; 145T photoiconix; 145B Manfred Ruckszio;

146L Caner Cakir; 147BL jeehyun; 147BR Lotus Images; 148 Xico Putini; 149L Dimijana; 149R Ruttawee Jai; 151 Thongseedary; 152 Wolfgang Simlinger; 153T nofilm2011; 157B SeDmi; 158 twiggyjamaica; 159 apiguide; 160B oksana2010; 161T Nancy Bauer; 164 Luka Hercigonja; 165 BergelmLicht; 167 Ruud Morijn Photographer; 168 Martin Fowler; 171L Nattika; 171R fotomarekka; 172BL LesPalenik; 174 Ovchinnikova Irina; 175 StripedNadin; 176 Libellule; 179B Ashley Whitworth; 181B Ricardo de Paula Ferreira; 182 petrovichlili; 183L JIANG HONGYAN; 184 Yatra; 185T Fecundap stock; 186 ARCANGELO; 188 JT888; 189B Antonio Gravante; 190 cjchiker; 191T ALong; 191B Wiert nieuman; 193T Steve Cukrov; 194 Morphart Creation; 196L Morphart Creation; 197B Birute Vijeikiene; 199 Alexander Varbenov; 201T Andrew Koturanov; 202 Kalcutta; 208 chanwangrong; 212 Elena Koromyslova; 215B marilyn barbone; 216 Antony R.
Wellcome Library, London: 17M, 94, 198L, 215T.
Wikimedia Commons: 52B Ikiwaner; 57B Maša Sinreih in Valentina Vivod; 59T Wibowo Djatmiko; 68 Marco Schmidt; 73 MurielBendel; 83T Didier Descouens; 99 Dcrjsr; 101B the Providence Lithograph Company; 111T George Yatskievych; 111B Stan Shebs; 126L H. Zell; 134 Stan Shebs; 137B Maša Sinreih in Valentina Vivod; 179T John Hill; 180 JMK; 181T JMK; 183R INRA DIST.

All other images in this book are in the public domain.

Every effort has been made to credit the copyright holders of the images used in this book. We apologize for any unintentional omissions or errors, and will insert the appropriate acknowledgement to any companies or individuals in subsequent editions of the work.